电工电子技术应用与实践研究

王 霞 著

吉林科学技术出版社

图书在版编目（CIP）数据

电工电子技术应用与实践研究 / 王霞著. -- 长春 : 吉林科学技术出版社, 2023.5

ISBN 978-7-5744-0401-4

Ⅰ. ①电… Ⅱ. ①王… Ⅲ. ①电工技术②电子技术 Ⅳ. ①TM②TN

中国国家版本馆 CIP 数据核字(2023)第 092060 号

电工电子技术应用与实践研究

著 王 霞
出 版 人 宛 霞
责任编辑 乌 兰
封面设计 南昌德昭文化传媒有限公司
制 版 南昌德昭文化传媒有限公司
幅面尺寸 185mm×260mm
开 本 16
字 数 410 千字
印 张 18.75
印 数 1-1500 册
版 次 2023 年 5 月第 1 版
印 次 2024 年 1 月第 1 次印刷

出 版 吉林科学技术出版社
发 行 吉林科学技术出版社
地 址 长春市南关区福祉大路 5788 号出版大厦 A 座
邮 编 130118
发行部电话/传真 0431—81629529 81629530 81629531 81629532 81629533 81629534
储运部电话 0431-86059116
编辑部电话 0431-81629510
印 刷 廊坊市印艺阁数字科技有限公司

书 号 ISBN 978-7-5744-0401-4
定 价 100.00 元

《电工电子技术应用与实践研究》
编审会

王　霞　毛雅雯　于彦鹏

金肇鹏　林　江　徐　源

王瑞利　李　祥　王　艳

陈朝明　于晓黎

前　言

随着现代科技的不断进步发展，智能化成为当前一个主打方向，随着电工电子技术的创新发展，许多企业纷纷开始向着智能化前进，在一定程度上促进了社会经济发展。在科技发展过程中，各个行业均开始重视电工电子技术的使用，将电工电子置于重要位置。电工电子技术在发展过程中要抓住时代带来的机遇与挑战，不断创新电工电子技术，把它合理的运用到我们的日常生产生活中。

本书是电工电子技术应用与实践研究方向的著作，本书从电路与电路分析基础介绍入手，针对电路的组成与基本物理量、电路的基本元件与定律、电路基本元件的串联与并联、电路的基本工作状态与分析方法进行了分析研究；另外对电路的暂态分析与三相电路、交流电路、电动机、磁路与变压器、继电接触器控制做了一定的介绍；还剖析了基本放大电路、集成运算放大器与数字电路、半导体二极管、触发器与时序逻辑电路以及门电路与组合逻辑电路等内容；旨在摸索出一条适合电工电子技术应用与实践的科学道路，帮助其工作者在应用中少走弯路，运用科学方法，提高效率。对电工电子技术应用与实践研究有一定的借鉴意义。

在本书的策划和编写过程中，曾参阅了国内外有关的大量文献和资料，从其中得到启示；同时也得到了有关领导、同事、朋友及学生的大力支持与帮助。在此致以衷心的感谢。本书的选材和编写还有一些不尽如人意的地方，加上编者学识水平和时间所限，书中难免存在缺点，敬请同行专家及读者指正，以便进一步完善提高。

目　录

第一章　电路与电路分析基础

第一节　电路的组成与基本物理量

一、电路的组成

电路，简单地说就是电流流通的路径，它是由电气设备、元件等按一定方式用导线连接而成的。电路的作用是实现能量的输送与转换，或者信号的传递和处理。组成电路的元器件及其连接方式虽然多种多样，但都包含电源（信号源）、负载和中间环节这三个基本组成部分。

①电源。电源是将其他形式能量转换为电能的装置，例如，蓄电池、发电机和信号源。它们可将化学能、机械能、水能、原子能等能量转换为电能。②负载。负载是将电能转换成非电形态能量的用电设备，例如，电动机、照明灯、电炉等。它们可将电能转换成机械能、光能和热能。③中间环节。中间环节包括连接导线、控制开关和保护装置等，主要起传输、控制、分配与保护作用。

例如，一种最简单的电路手电筒电路就由这三部分构成，电池是电源部分，灯泡就是负载，手电筒的金属外壳和开关就是中间环节。

二、电路的基本物理量

电路中涉及的物理量主要有电流、电压、电动势、电位和功率，在进行电路的分析和计算时，需要知道电压和电流的方向。关于电压和电流的方向，有实际方向和参考方向之分，要加以区别。

（一）电流

电流是由带电粒子有规则的定向运动而形成的，其大小等于单位时间内通过导体横截面的电荷量。随时间的变化而变化的电流是交流电，用小写字母 i 表示；不随时间的变化而变化的电流是直流电，用大写字母 I 表示。

在国际单位制中，电流的单位是 A（安［培］）。另外还有 mA（毫安）、μA（微安），它们的换算关系为

$$1\text{A}=10^3\ \text{mA}=10^6\ \mu\text{A}$$

既然电流是由带电粒子有规则的定向运动而形成的，那么电流就是一个既有大小、又有方向的物理量。

习惯上规定正电荷运动的方向或负电荷运动的反方向为电流的实际方向。

因为电流的实际方向可能是未知的，也可能是随时间变动的，所以有必要指定电流的参考方向。在指定的电流参考方向下，电流值的正和负就可以反映出电流的实际方向。所以，今后在分析与计算电路时，都要在电路中标出有关支路电流的参考方向。这样，最后计算出来的电流值的正负才有意义。

（二）电压与电动势

电压这个物理量，是用来表示电场力移动电荷做功本领的。a、b 两点之间的电压 U_{ab}，在数值上就等于电场力将单位正电荷从点 a 移到点 b 所做的功。电动势是用来表示电源移动电荷做功本领的物理量。电源的电动势 E_{ba}，在数值上等于电源把单位正电荷从负极 b（低电位）经由电源内部移到电源的正极 a（高电位）所做的功。电源的符号如图 1-1（a）所示。

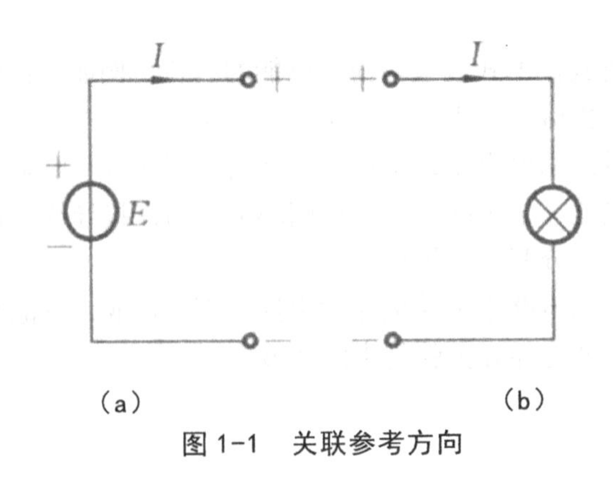

图 1-1　关联参考方向

在国际单位制中，电压和电动势的单位都是V(伏[特另外还有kV(千伏)、mV(毫伏)和μV(微伏)，它们的换算关系为

$$1\text{kV}=10^3\text{V}=10^6\text{mV}=10^9\mu\text{V}$$

电压的实际方向规定为由高电位（“+”极性）端指向低电位（“-”极性）端，即为电位降低的方向。电源电动势的实际方向规定为在电池内部由低电位（“-”极性）端指向高电位(“+”极性)端，即为电位升高的方向。与电流一样，在较为复杂的电路中，往往无法先确定它们的实际方向（或者极性）。因此，在电路图上所标出的也都是电动势和电压的参考方向。若参考方向与实际方向一致，则其值为正；若参考方向与实际方向相反，则其值为负。

原则上参考方向是可以任意选择的，但是在分析某一个电路元件的电压与电流的关系时，需要将它们联系起来选择，这样设定的参考方向称为关联参考方向。今后在单独分析电源或负载的电压与电流关系时，选用图1-1（a）、（b）所示的关联参考方向，其中负载中电流的参考方向是由电压参考方向所假定的由高电位流向低电位的，符合这一规定的参考方向称为关联参考正方向。电源中电压的参考方向与电动势参考方向相反，电流的参考方向是由电压或电动势的参考方向所假定的由低电位经电源内部流向高电位的。

（三）电位

在分析和计算电路时，特别是在电子技术中，常常将电路中的某一点选作参考点，并规定其电位为零。于是电路中其他任何一点与参考点之间的电压便是该点的电位。在同一电路中，如果选择的参考点不同，各点的电位值会随着改变，但是任意两点之间的电压值是不变的。所以各点的电位高低是相对的，而两点间的电压值是绝对的。

原则上，参考点可以任意选择，但为了统一起见，工程上常选大地为参考点。机壳需要接地的设备，可以把机壳选作电位的参考点。有些电子设备，机壳虽不一定接地，但为分析方便起见，可以把它们当中元件汇集的公共端或公共线选作参考点，也称为“地”，在电路图中用

（四）功率

在电路的分析和计算中，功率的计算是十分重要的。这是因为一方面电路在工作状态下总伴随有电能与其他形式能量的相互交换；另一方面，电气设备、电路部件本身都有功率的限制，在使用时要注意其电流值或电压值是否超过额定值，超载会使设备或部件损坏，或不能正常工作。

功率是能量转换的速率，电路中任何元件的功率P，都可用元件的端电压U和其中的电流I相乘求得。

不过，在写表达式求解功率时，要注意U与I的参考方向是否一致。

若U与I的参考方向一致，则

$$P = UI$$

若 U 与 I 的参考方向相反，则

$$P = -UI$$

另外，U 和 I 的值还有正、负之分。当把 U 和 I 的值代人上列两式去计算后，所得的功率也会有正负的不同。功率的正负表示了元件在电路中的作用不同。若功率为正值，则表明该元件在电路中是负载，将电能转换成了其他的能量，电流流过该元件时是电场力做功；若功率是负值，则表明该元件在电路中是电源，将其他形式的能量转换成电能，电流流过该元件时是电源力做功。

在图 1-2 中，已知某元件两端的电压 u 为 5V，点 a 电位高于点 b 电位，电流 i 的实际方向为自点 a 到点 b，其值为 2A，在图 1-2（a）中 u 和 i 为关联参考方向，u、i 表示瞬时电压和电流，瞬时功率 $p=(5\times2)\text{W}=10\text{W}$ 为正值，此元件吸收的功率为 10W。如果指定的 u 和 i 的参考方向为非关联参考方向，如图 1-2（b）所示，则此时 $u=-5\text{V}$，$i=2\text{A}$，瞬时功率 $p=-ui=[-(-5)\times2]\text{W}=10\text{W}$，所以此元件还是吸收了 10W 的功率，与图 1-2（a）求得的结果一致。

在同一个电路中，发出的功率和吸收的功率在数值上是相等的，这就是电路的功率平衡。

在国际单位制中，功率的单位是 W（瓦［特］）。另外还有 kW（千瓦）、mW（毫瓦）等单位，它们的换算关系为

$$1\text{kW} = 10^3\text{W} = 10^6\text{mW}$$

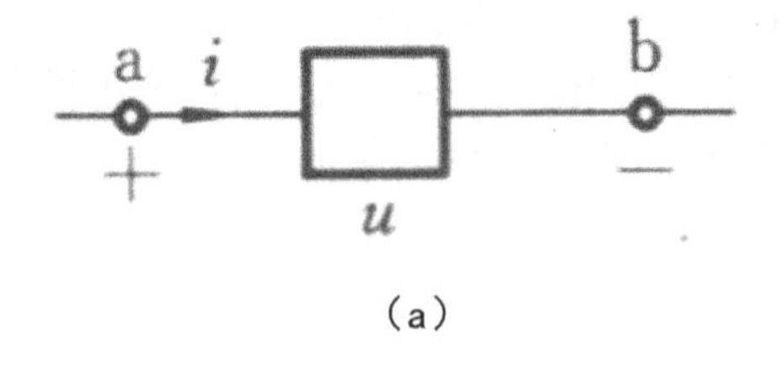

（a）

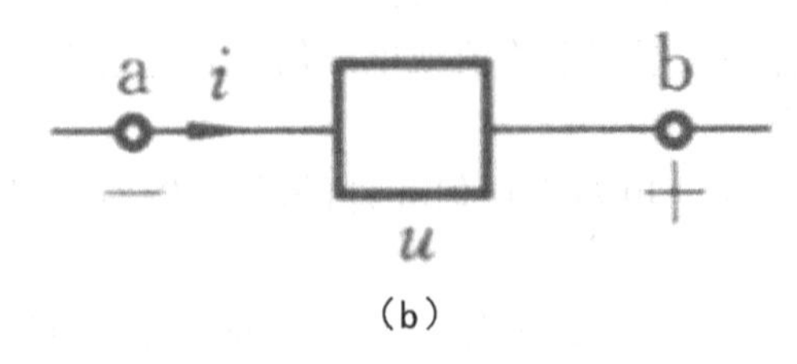

（b）

图 1-2　元件的功率

第二节　电路的基本元件与定律

一、电路的基本元件

电阻元件、电容元件、电感元件都是组成电路模型的理想元件。电阻、电容和电感这三个名词既代表了三种理想的电路元件，又是表征它们量值大小的参数。电源是任何电路中都不可缺少的重要组成部分，它是电路中电能的来源。实际电源有电池、发电机、信号源等。电压源和电流源是从实际电源抽象得到的电路模型。

（一）电阻、电容和电感元件

1. 电阻元件

电阻是表征电路中电能消耗的理想元件。一个电阻器有电流通过后，若只考虑它的热效应，忽略它的磁效应，即成为一个理想电阻元件。电阻元件的图形符号如图 1-3 所示。图中电压和电流都用小写字母表示，表示它们可以是任意波形的电压和电流。图 1-3 中，u 和 i 的参考方向相同，根据欧姆定律得出

$$i=\frac{u}{R} \text{ 或 } R=\frac{u}{i}$$

即电阻元件上的电压与通过的电流成线性关系，两者的比值是一个大于零的常数，称为这一部分电路的电阻，单位是 Ω（欧［姆］）。

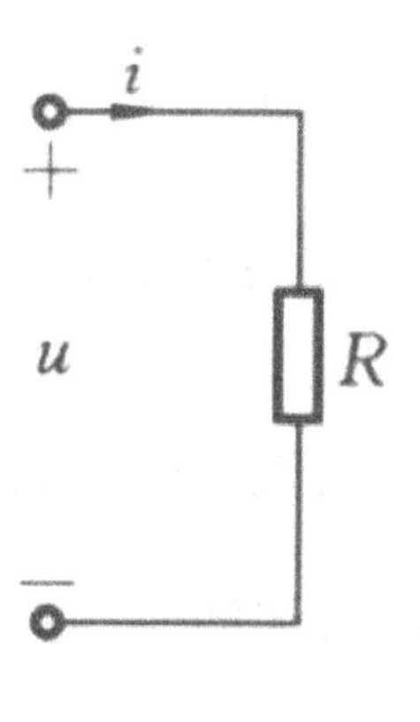

图 1-3　电阻元件

在直流电路中，电阻的电压与电流的乘积即为电功率，单位是 w（瓦［特］）。

$$P = UI = RI^2 = \frac{U^2}{R}$$

在 t 时间内消耗的电能为 $W=Pt$。电能的单位是 J（焦［耳］），工程上电能的计量单位为 kW•h（千瓦・小时），1 kW•h 即 1 度，度与焦的换算关系为 1kW・h=3.6×10^6 J。这些电能或变成热能散失于周围的空间，或转换成其他形态的能量做有用功了。因此，电阻消耗电能的过程是不可逆的能量转换过程。

2. 电容元件

电容是用来表征电路中电场能储存这一物理性质的理想元件。

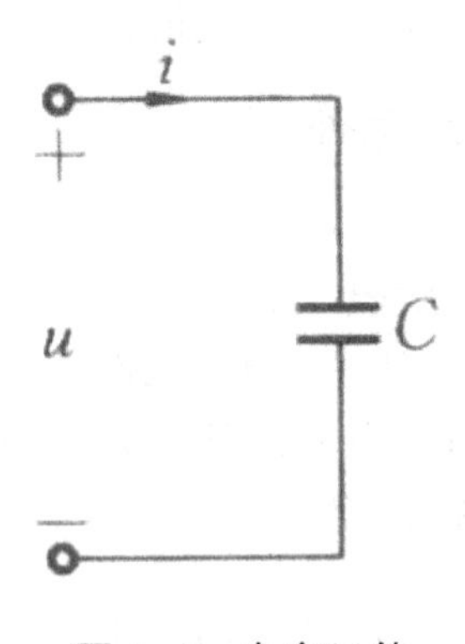

图 1-4　电容元件

图 1-4 所示是一电容器，当电路中有电容器存在时，电容器极板（由绝缘材料隔开的两个金属导体）上会聚集起等量异号电荷。电压 u 越高，聚集的电荷 q 就越多，产生的电场越强，储存的电场能就越多。q 与 u 的比值为

$$C = \frac{q}{u}$$

式中，q 的单位为 C（库［仑］）；u 的单位为 V（伏［特］）；C 称为电容，单位为 F（法［拉］）。工程上多用 μF（微法）或 pF（皮法），它们的换算关系为

$$1\mu\text{F} = 10^{-6}\text{pF}, 1\text{pF} = 10^{-12}\text{F}$$

当极板上的电荷量 q 或电压 u 发生变化时，在电路中就要引起电流流过。其大小为

$$i = \frac{\mathrm{d}q}{\mathrm{d}t} = C\frac{\mathrm{d}u}{\mathrm{d}t}$$

式 $i=\frac{\mathrm{d}q}{\mathrm{d}t}=C\frac{\mathrm{d}u}{\mathrm{d}t}$ 是在 u 和 i 的参考方向相同的情况下得出的，否则要加负号。

当电容器两端加恒定电压时，则由式可知 i=0，电容元件相当于开路。将式 $i=\frac{\mathrm{d}q}{\mathrm{d}t}=C\frac{\mathrm{d}u}{\mathrm{d}t}$ 两边积分，便可得出电容元件上的电压与电路中电流的一种关系式，即

$$u=\frac{1}{C}\int_{-\infty}^{t}i\mathrm{d}t=\frac{1}{C}\int_{-\infty}^{0}i\mathrm{d}t+\frac{1}{C}\int_{0}^{t}i\mathrm{d}t=u_0+\frac{1}{C}\int_{0}^{t}i\mathrm{d}t$$

式中，u_0 是初始值，即在 t=0 时电容元件上的电压。若 $u_0=0$ 或 $q_0=0$，则

$$u=\frac{1}{C}\int_{0}^{t}i\mathrm{d}t$$

如将式两边乘上 u，并积分之，则得

$$\int_{0}^{t}ui\mathrm{d}t=\int_{0}^{u}Cu\mathrm{d}u=\frac{1}{2}Cu^2$$

这说明当电容元件上的电压增加时，电场能量增大，在此过程中，电容元件从电源取用能量（充电），式中的 $\frac{1}{2}\mathrm{C}u^2$ 就是电容元件极板间的电场能量。当电压降低时，则电场能量减小，即电容元件向电源放还能量（放电）。

一般的电容器除了有储能作用外，也会消耗一部分电能，这时，电容器模型就必须是电容元件和电阻元件的组合，由于电容器消耗的电功率与所加的电压直接相关，因此其模型应是两者的并联组合。

3. 电感元件

电感是用来表征电路中磁场能储存这一物理性质的理想元件。例如，当电路中有电感器（线圈）存在时，电流通过线圈会产生比较集中的磁场，因而必须考虑磁场能储存的影响。

设线圈的匝数为 N，电流 i 通过线圈而产生的磁通为 Φ，两者的乘积（$\psi=N\Phi$）称为线圈的磁链，它与电流的比值称为电感器（线圈）的电感，即

$$L=\frac{\psi}{i}$$

式中，ψ 和 Φ 的单位为 Wb（韦［伯］）i 的单位为 A（安［培］）；L 的单位为 H（亨［利］）。

如果线圈的电阻很小，则可以忽略不计，该线圈便可用理想电感元件来代替。当线

圈中的电流变化时，磁通和磁链将随之变化，将会在线圈中产生感应电动势。在规定 e 的方向与磁场线的方向符合右手螺旋定律时 e 为正、否则为负的情况下，感应电动势 e 可以用下式计算，即

$$e=-N\frac{\mathrm{d}\Phi}{\mathrm{d}t}=-\frac{\mathrm{d}\psi}{\mathrm{d}t}$$

电感中感应电动势的另一种计算公式，即

$$e=-L\frac{\mathrm{d}i}{\mathrm{d}t}$$

又因为

$$u=-e=L\frac{\mathrm{d}i}{\mathrm{d}t}$$

此即电感元件上的电压与通过的电流的关系式。

当线圈中通过不随时间而变化的恒定电流时，由式 $u=-e=L\frac{\mathrm{d}i}{\mathrm{d}t}$ 可知，其上电压为零，电感元件可视为短路。

将式 $u=-e=L\frac{\mathrm{d}i}{\mathrm{d}t}$ 两边积分，便可得出电感元件上的电压与电流的关系式，即

$$i=\frac{1}{L}\int_{-\infty}^{t}u\mathrm{d}t=\frac{1}{L}\int_{-\infty}^{t}u\mathrm{d}t+\frac{1}{L}\int_{0}^{t}u\mathrm{d}t=i_0+\frac{1}{L}\int_{0}^{t}u\mathrm{d}t$$

式中：i_0 是初始值，即在 t=0 时电感元件中通过的电流，若 i_0=0，则

$$i=\frac{1}{L}\int_{0}^{t}u\mathrm{d}t$$

最后讨论电感元件中的能量转换问题。如将式 $i=\frac{1}{L}\int_{0}^{t}u\mathrm{d}t$ 两边乘上 L，并积分之，则得

$$\int_{0}^{t}ui\mathrm{d}t=\int_{0}^{i}Li\mathrm{d}i=\frac{1}{2}Li^2$$

这说明当电感元件中的电流增大时，磁场能量增大；在此过程中电能转换为磁能，

即电感元件从电源取用能量。当电流减小时，磁场能量转换为电能，即电感元件向电源放还能量。

（二）电压源

任何一个电源，都含有电动势 E 和内阻 R_0。在分析与计算电路时，往往把它们分开，组成由 E 和 R_0 串联的电源的电路模型，即电压源。如图 1-5 中 a、b 左边部分所示。图中 U 为电源的端电压，当接上负载电阻 R_L 形成回路后，电路中将有电流 I 流过，则电源的端电压为

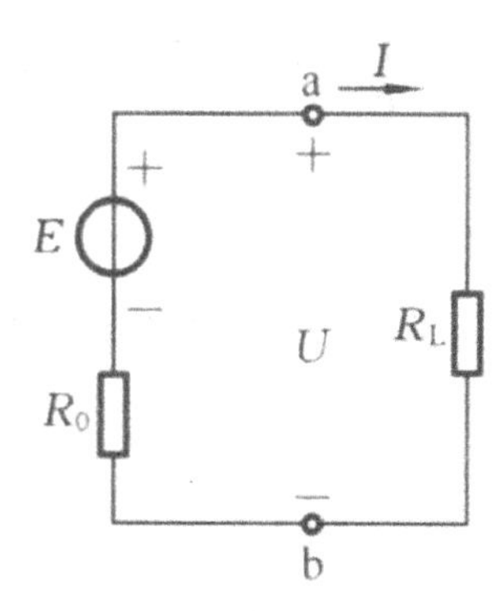

图 1-5　电压源电路

$$U = E - IR_0$$

式中，E 和 R_0 值为常数，U 和 I 的关系称为电源的外特性。

当 I=0（即电压源开路）时，U=U_0=E，（开路电压等于电源的电动势）。

当 U=0（即电压源短路）时，$I = I_S = \dfrac{E}{R_0}$（I_S 称为短路电流）。

当 R_0=0 时，电压 U 恒等于电动势 E，是一定值，而其中的电流 I 则是任意值，由负载电阻位 R_1 及电压 U 本身确定。这样的电压源称为理想电压源或恒压源。

常见实际电源（如发电机、蓄电池等）的工作机理比较接近电压源，其电路模型是 E 和 R_0 的串联组合。理想电压源实际上是不存在的。但在电流源内阻 R_0 远小于负载电阻 R_L，内阻上的压降 IR_0 将远小于 U，则可认为 $U \approx E$，基本上恒定，这时可将此电压源看成是理想电压源。通常用的稳压电源可认为是一个理想电压源。

（三）电流源

电源除用电动势 E 和内阻 R_0 串联的电路模型表示外，还可以用另一种电路并联模型来表示。

如将 U=E−IR_0 两端除以 R_0，则得

$$\frac{U}{R_0}=\frac{E}{R_0}-I=I_S-I$$

即

$$I_S=\frac{U}{R_0}+I$$

这样，就可以用一个电流源$I_S=\frac{E}{R_0}$和一个内阻R_0并联的电路模型去表示一个电源，此即电流源。

式$I_S=\frac{U}{R_0}+I$中I_S和R_0均为常数，U和I的关系称为电流源的外特性。当电流源开路时I=0，$U=U_0=I_S R_0$；当其短路时，U=0，$I=I_S$。内阻R_0越大，则直线越陡，R_0支路对I_S的影响作用就越小。

当$R_0=\infty$（相当于R_0支路断开）时，电流I将恒等于I_S，是一定值，而其两端的电压U则是任意值，由负载电阻R_L及电流I_S本身确定。这样的电源称为理想电流源或恒流源。

像光电池一类的器件，工作时的特性比较接近电流源，其电路模型是电流源与电阻的并联。

理想电流源是不存在的，但是在电源内阻R_0远大于负载电阻R_L，即$R_0 \gg R_L$时，R_0支路的分流作用很小，则可认为$I \approx I_S$基本恒定，这时可将此电流源看成是理想电流源。

二、电路的基本定律

（一）欧姆定律

欧姆定律是电路的基本定律之一，它指流过线性电阻的电流与电阻两端的电压成正比。欧姆定律可用下式表示

$$\frac{U}{I}=R \text{ 或 } U=IR$$

式中，R即为该段电路的电阻值。

在电压U一定的情况下，电阻R越大，则电流越小。可见，电阻具有对电流起阻碍作用的性质。欧姆定律表示了线性电阻两端电压和电流的约束关系。因此，欧姆定律的表达式也称为线性电阻元件约束方程。

欧姆定律的表达式中包含了两套正、负号，一是表达式前面的正、负号，由 U 与 I 的参考正方向是否相同决定；另外是电压 U 和电流 I 本身的值还有正、负之分。所以在使用欧姆定律进行计算时，必须注意这一点。

当电路两端的电压是 1V，通过的电流为 1 A 时，则该段电路的电阻为 1Ω。计量高电阻值时，则以 kΩ（千欧）或 MΩ（兆欧）为单位。

（二）基尔霍夫定律

在电路的分析与计算中，其依据来源于两种电路规律，一种是各类理想电路元件的伏安特性，这一点只取决于元件本身的电磁性质，与电路的连接状况无关；另一种就是与电路的结构及连接状况有关，而与组成电路的元件性质无关的规律。表达电路中电压、电流在结构方面的规律称为基尔霍夫定律。

1. 基尔霍夫电流定律

基尔霍夫电流定律（简称 KCL）描述的是同一节点相连接的各支路中电流之间的约束关系。简单地说就是与节点相关的所有支路电流关系。

定律内容：在任意时刻，流人某一节点电流之和等于流出该节点的电流之和。即

$$\sum I_{入}=\sum I_{出}$$

也可以这样表述：即任一瞬时任一节点上电流的代数和等于零。习惯上流人节点的电流取正号，流出节点的电流取负号。

因为

$$\sum I_{入}-\sum I_{出}=0$$

则

$$\sum I=0$$

在图 1–6 中，对节点 a 可以写出

$$I_1+I_2=I_3 \text{或} I_1+I_2-I_3=0$$

基尔霍夫电流定律通常应用于节点，也可以把它推广应用于包围部分电路的任一假想的封闭面。例如，图 1–7 所示的封闭面包围的是一个三角形电路，它有三个节点。应用电流定律可得出

$$I_A+I_B+I_C=0$$

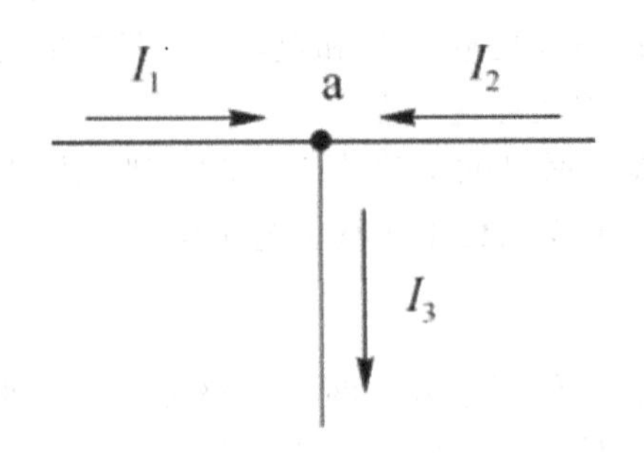

图 1-6　节点

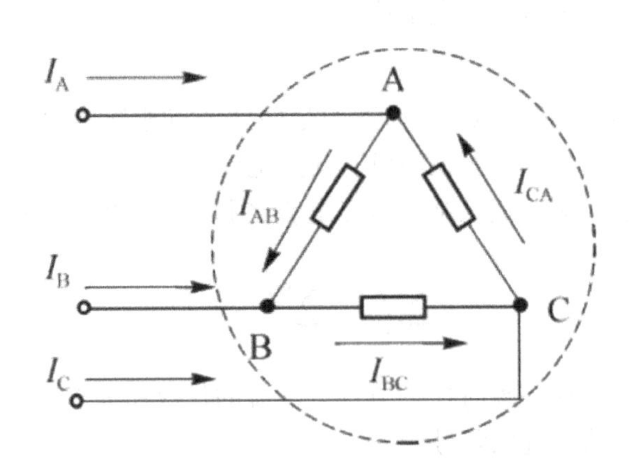

图 1-7　基尔霍夫电流定律的推广应用

可见，在任一瞬时，通过任一封闭面的电流的代数和也恒等于零。根据封闭面基尔霍夫电流定律对支路电流的约束关系可以得到：流出（或流入）封闭面的某支路电流，等于流入（或流出）该封闭面的其余支路电流的代数和。由此可以断言：当两个单独的电路只用一条导线相连接时，此导线中的电流 i 必定为零。在任一时刻，流入任一节点或封闭面全部支路电流的代数和等于零，意味着由全部支路电流带入节点或封闭面内的总电荷量为零，这说明 KCL 是电荷守恒定律的体现。

2. 基尔霍夫电压定律

基尔霍夫电压定律（KVL）用来确定电路中任一闭合回路中各部分电压之间的关系。该定律指出：在任一瞬时，作用于电路中任二闭合回路中的各支路电压的代数和等于零。即

$$\Sigma U_{升} = \Sigma U_{降}$$

移项

$$\Sigma U_{升} - \Sigma U_{降} = 0$$

可表示为

$$\Sigma U = 0$$

即任一瞬时沿任一闭合回路绕行一周，沿绕行方向各部分电压的代数和为零。网孔的 KVL 方程为

$$\Sigma U = -U_{S1} + I_1R_1 + I_3R_3 = 0$$

第三节　电路基本元件的串联与并联

一、电阻、电容和电感元件的串联与并联

如果将若干个电阻依次首尾连接，并且在这些电阻中通过同一电流，则这样的连接形式就称为电阻的串联，如图 1-8（a）所示。

在图 1-8（a）中，$U=U_1+U_2+\cdots+U_n$

$$= IR_1 + IR_2 + \cdots + IR_n$$

$$= I\left(R_1 + R_2 + \cdots + R_n\right)$$

令

$$R = R_1 + R_2 + \cdots + R_n = \sum_{i=1}^{n} R_i$$

则

$$U = IR$$

式中，R 定义为串联电路的等效电阻，其等效电路如图 1-8（b）所示。

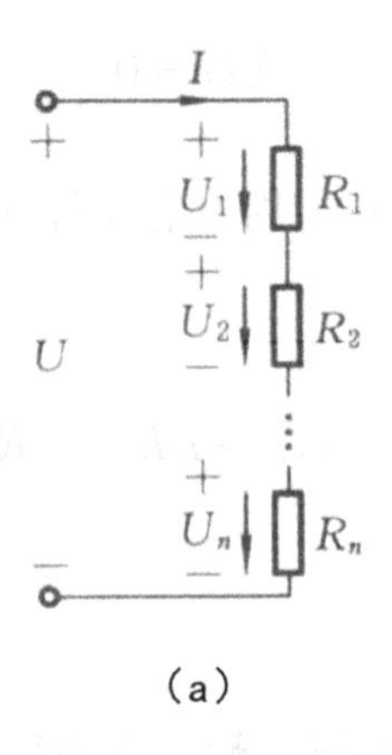

（a）

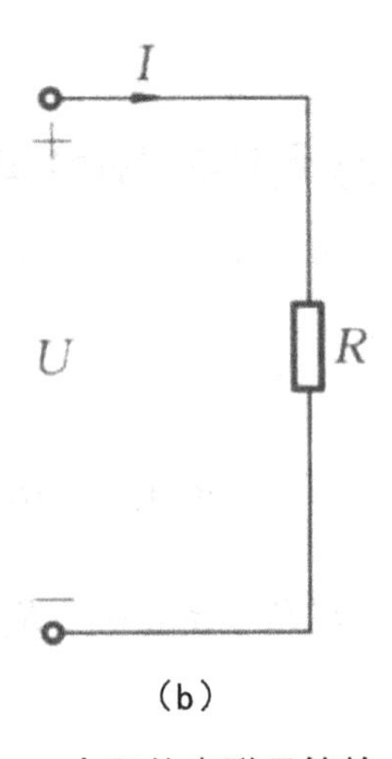

（b）

图 1-8　电阻的串联及等效电阻

电阻的串联可用一个等效电阻 R 来代替，由此简化了电路。由上式和欧姆定律可求出串联各电阻两端的电压与总电压的关系式，即串联电阻的分压公式为

$$\begin{cases} U_1 = IR_1 = \dfrac{R_1}{R}U \\ U_2 = IR_2 = \dfrac{R_2}{R}U \\ \qquad\vdots \\ U_n = IR_n = \dfrac{R_n}{R}U \end{cases}$$

式子说明在电阻串联电路里，当外加电压一定时，各电阻端电压的大小与它的电阻值成正比。当其中某个电阻较其他电阻小很多时，它两端的电压也较其他电阻上的电压要低很多。因此这个电阻的分压作用常忽略不计。分压公式在分析与计算电路时会经常用到，应熟记。电路串联的应用很多。例如，在负载电压低于电源电压的情况下，通常需要与负载串联一个电阻，以降低一部分电压。有时为了限制负载中通过大电流，也可以与负载串联一个限流电阻。如果需要调节电路中的电流时，一般也可以在电路中串联一个变阻器来进行调节。另外，改变串联电阻的大小以得到不同的输出电压，这也是常见的。

如果电路中有若干个电阻连接在两个公共结点之间，使各个电阻承受同一电压，则这样的连接形式就称为电阻的并联，如图 1-9（a）所示。

在图 1-9(a)中，根据 KCL，并联电路的总电流应等于电路中各支路电阻分电流之和，即

$$I = I_1 + I_2 + \cdots + I_n = \frac{U}{R_1} + \frac{U}{R_2} + \cdots + \frac{U}{R_n}$$

$$= U\left(\frac{1}{R_1} + \frac{1}{R_2} + \cdots + \frac{1}{R_n}\right)$$

令

$$\frac{1}{R} = \left(\frac{1}{R_1} + \frac{1}{R_2} + \cdots + \frac{1}{R_n}\right)$$

则

$$I = \frac{U}{R}$$

由式 $\frac{1}{R} = \left(\frac{1}{R_1} + \frac{1}{R_2} + \cdots + \frac{1}{R_n}\right)$ 和欧姆定律可求得通过并联各电阻的电流和总电流的关系式，即并联电阻的分流公式为

$$
\begin{cases}
I_1 = \dfrac{U}{R_1} = \dfrac{IR}{R_1} \\
I_2 = \dfrac{U}{R_2} = \dfrac{IR}{R_2} \\
\vdots \\
I_n = \dfrac{U}{R_n} = \dfrac{IR}{R_n}
\end{cases}
$$

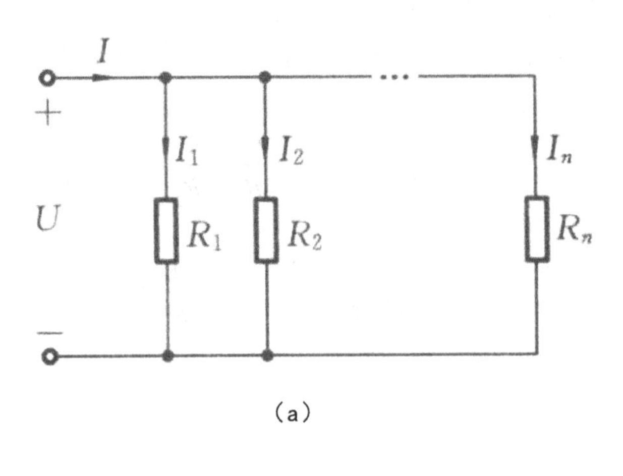

（a）

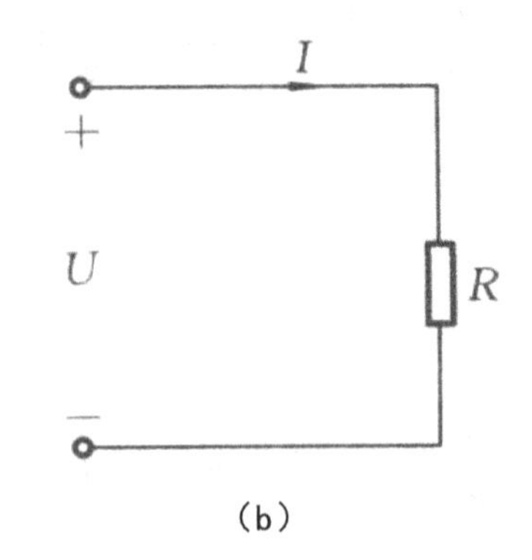

（b）

图 1-9　电阻的并联及等效电阻

可见，并联电阻上电流的分配与电阻成反比，当其中某个电阻较其他电阻大很多时，通过它的电流就较其他电阻上的电流小很多，因此这个电阻的分流作用常可忽略不计。

一般负载都有一定的额定电压，因此总是并联运行的。负载并联运行时，它们处于同一电压之下，可以认为任何一个负载的工作情况不受其他负载的影响。并联的负载电阻越多，则总电阻越小，电路中总电流和总功率也就越大，但每个负载的电流和功率没有变动。

在实际工作中，经常会遇到电容器的电容量大小不合适或电容器的额定耐压不够高等情况。为此，就需要将若干个电容器适当地加以串联、并联以满足需求。

若 n 个电容串联，电路中各点的电流相等。

当外加电压为 u 时，各电容上的电压分别为 u_1，u_2，…，u_n，由 KVL 可知

$$u = u_1 + u_2 + \cdots + u_n$$

若等效电容为 10，则

$$\frac{q}{C} = \frac{q}{C_1} + \frac{q}{C_2} + \cdots + \frac{q}{C_n}$$

即

$$\frac{1}{C} = \frac{1}{C_1} + \frac{1}{C_2} + \cdots + \frac{1}{C_n}$$

由式可知，串联电容的等效电容的倒数等于各电容的倒数之和。

如 n 个电容并联，总电流等于各分支电流之和。当外加电压为“u 时，各电容上所储存的电荷分别为 q_1，q_2，…，q_n，则

$$q = q_1 + q_2 + \cdots + q_n$$

若等效电容为 C，则

$$Cu = C_1 u + C_2 u + \cdots + C_n u$$

即

$$C = C_1 + C_2 + \cdots + C_n$$

由式可知，并联电容的等效电容等于各电容之和。

实际中常常需要将电感元件进行串联或并联连接，以满足实际电路的需要。

n 个电感串联的等效电感为各个电感之和，即

$$L = L_1 + L_2 + \cdots + L_n$$

n 个电感并联，其等效电感的倒数为各个电感倒数之和，即

$$\frac{1}{L}=\frac{1}{L_1}+\frac{1}{L_2}+\cdots+\frac{1}{L_n}$$

二、电压源、电流源的串联与并联

图 1-10（a）所示为 n 个理想电压源的串联，可以用一个电压源等效替代如图 1-10（b）所示，这个等效电压源的电压为

$$u_S=u_{S1}+u_{S2}+\cdots+u_{Sn}=\sum_{k=1}^{n}u_{Sk}$$

如果 u_{sk} 的参考方向与图 1-10（b）中 u_S 的参考方向一致，式中 u_{sk} 的前面取“+”号，不一致时取“-”号。

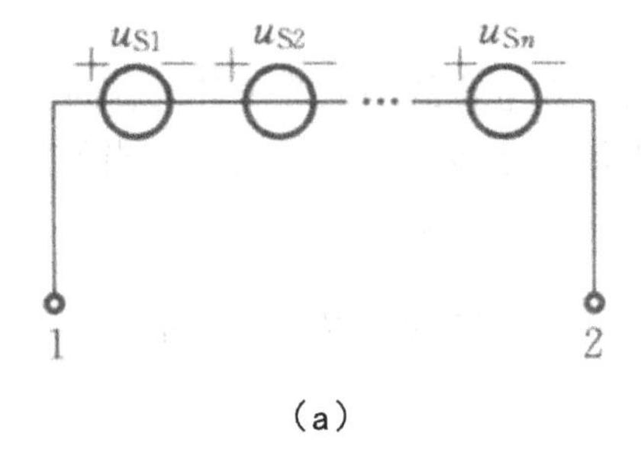

（a）

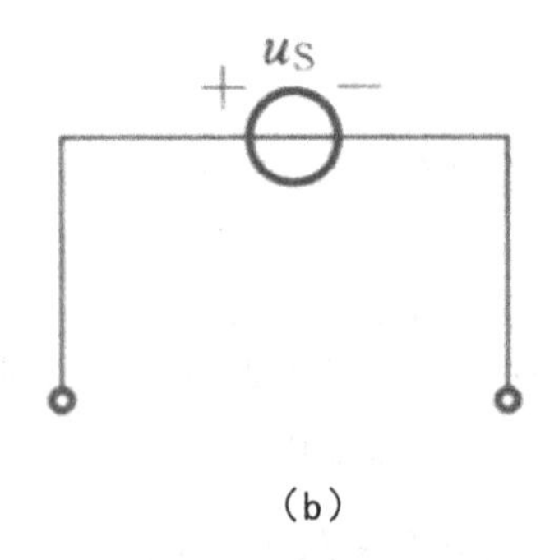

（b）

图 1-10　电压源的串联

只有电压相等、极性一致的理想电压源才允许并联，否则违背 KVL。其等效电路为其中任一电压源。只有电流相等且方向一致的理想电流源才允许串联，否则违背 KCL。其等效电路为其中任一电流源。

理想电压源的输出电压和理想电流源的输出电流是由它们自身确定的定值，与外电路无关，而理想电压源的输出电流和理想电流源的输出电压则与外电路有关。

凡与理想电压源并联的元件，其两端电压均等于理想电压源的电压；凡与理想电流源串联的元件，其电流均等于理想电流源的电流。

第四节　电路的基本工作状态与分析方法

一、电路的基本工作状态

（一）有载工作状态

在图 1-11 中，当开关 S 闭合后，电源和负载接通形成闭合回路，这称为电路的有载工作状态。在有载工作状态下电源输出的电流即为流经负载的电流，因此电路具有下列特征。

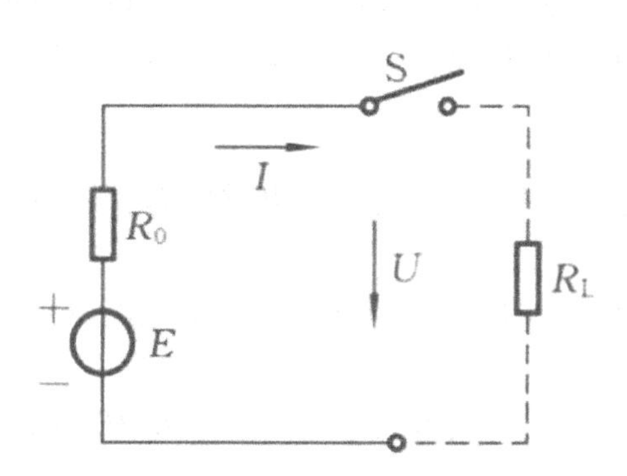

图 1-11　电源的有载工作状态

1. 电路中的电流为

$$I=\frac{E}{R_0+R_L}$$

当 E 和 R_0 一定时，电流 I 由负载电阻 R_L 的值的大小决定。负载越大 R_L，则电流 I 越大。

2. 电源输出的端电压 U 等于负载电阻两端的电压

由 $I=\frac{E}{R_0+R_L}$ 可得

$$U = IR_L = E - IR_0$$

可见，随着负载的增加（R_L的值变小），电流I的值增大，负载两端的电压U将会下降，下降的快慢由电源的内阻R_0的值决定。通常电源内阻R_0的值是很小的。

3. 电源的输出功率为

$$P = UI = EI - I^2 R_0$$

式中，UI为电源的输出功率，EI为电源输出的功率，而I^2R_0为电源内阻的功率损耗。可见，电源产生的功率与电源的输出功率和内阻上所损耗的功率是平衡的。

应当指出：在实际电路中，为了保证电气设备安全可靠地工作，每一个电路元件在工作中都有一定的使用限额，这种限额称为额定值。电气设备的额定值一般都列入产品说明书或直接标明在电气设备的铭牌上。例如，某电动机铭牌上标明“5 kW，380V，199 A”等，这些功率、电压、电流值均指额定值，表明该电动机接在额定电压为380V的电源上，带有额定负载时输出5 kW的额定功率。当所加电压或电流超过额定电压或额定电流很多时，电器设备或元件容易损坏。当在低于额定值很多的状态下工作时，电气设备不能正常运转。额定电压、额定电流和额定功率分别用U_N，I_N，P_N表示。

（二）开路状态

将图1-11中的开关S断开，电路即处于开路状态。开路也称为断路，也称为空载状态。

电路空载时，外电路呈现的电阻为无穷大，这时电路具有下列特征：

电路中电流I=0；

（2）电源的端电压等于电源电动势，即$U=U_0=E-IR_0=E$，U_0称为开路电压或空载电压；

（3）电源的输出功率P_E和负载吸收的功率P均为零，这是因为电源的输出电流I=0。

（三）短路状态

当电源的两个输出端由于某种意外原因而短接时称为短路。

电路短路时，主要特征可用下列式子表示

$$U = 0, I = I_S = \frac{E}{R_0}$$

$$P_E = P_o = I_S^2 R_0$$

由上可知，电源被短路时的电流I_S很大，电源产生的功率P_E全部消耗在内阻上，造成电源过热而损坏。此时负载上没有电流，负载的功率 $P=0$。

短路通常是一种严重的事故，应尽量避免并对电源进行可靠的保护。通常的保护措施是在电路中接入熔断器（俗称保险丝）和自动断路器，以便在发生短路时迅速将故障电路断开。

（四）电位的计算

在电路中任意选取一个参考点，若取该参考点的电位为零，那么电路中某一点到该参考点的电压降就为该点的电位。

电位在数值上等于电场力将单位正电荷沿任意路径从该点移到参考点所做的功。电位用 V 表示。在图 1-12 中点 a 的电位记为 V_a，点 b 的电位记为 V_b 等。

在图 1-12（a）中，若选 O 为参考点，即 $V_o=0$，则可得出

$$V_a=V_{ao}=V_a-V_o=5\text{V}$$

$$V_b=V_{bo}=V_b-V_o=-5\text{V}$$

在图 1-12（b）中，若选 b 为参考点，$V_b=0$，则可得出

$$V_a=V_{ab}=V_a-V_b=10\text{V}$$

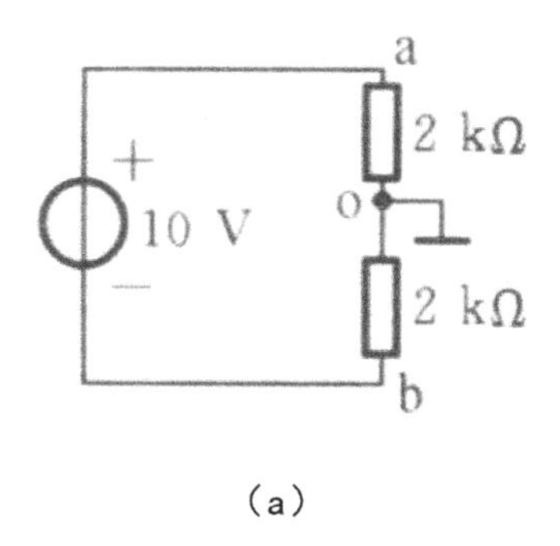

（a）

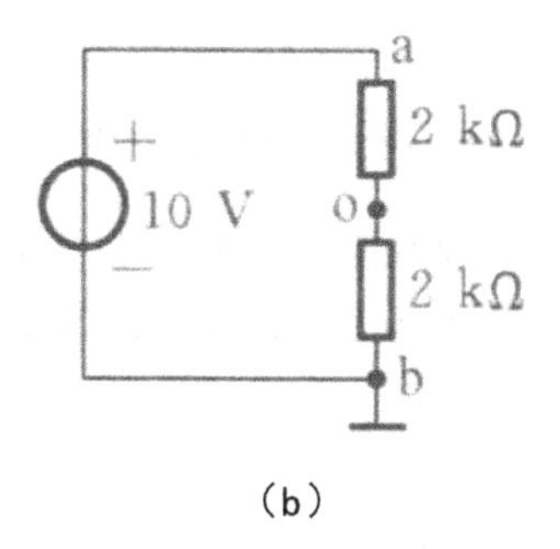

（b）

图 1-12　电位的计算

从上面的结果可以得出以下结论。①电路中某一点的电位等于该点与参考点（电位为零）之间的电压。②参考点选得不同，电路中各点的电位值随着改变，但是任意两点间的电压值是不变的。所以各点电位的高低是相对的，而两点间的电压值是绝对的。③在同一个电路中，只能选取一个参考点。

二、电路的基本分析方法

电路的结构形式是多种多样的，最简单的、只有一个回路的电路称为单回路电路。有的电路虽有多个回路，但易于用串联、并联的方法化简成单回路进行分析和计算，这种电路称为简单电路。但是，有时多回路电路不能用串联、并联的方法化简成单回路电路，或者虽能化简，但化简过程相当烦琐，这种电路称为复杂电路。对于复杂电路，应根据电路的结构特点寻求分析和计算的最简方法。本节将以电阻电路为例，分别介绍支路电流法、结点电压法、叠加原理、电源的等效变换、等效电源定理等几种常用的电路分析方法。这些分析方法都是以欧姆定律和基尔霍夫定律为基础的。

（一）支路电流法

支路电流法是求解复杂电路最基本的方法。它是以支路电流为求解对象，直接应用基尔霍夫定律，分别对结点和回路列出所需要的方程组，然后解出各支路电流。

现以图 1-13 所示电路为例，介绍支路电流法的步骤。

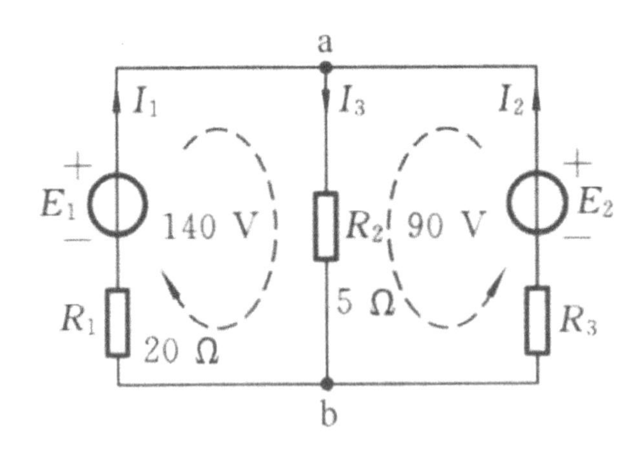

图 1-13　支路电流法

第一步，首先在电路中标出各支路电流的参考正方向。

第二步，应用基尔霍夫电流定律和电压定律列结点电流和 & 回路电压方程式。

对结点 a，有

$$I_1+I_2+I_3=0$$

对结点 b，有

$$I_3 - I_1 - I_2 = 0$$

很显然，此式是不独立的，它可由 $I_1+I_2+I_3=0$ 式得到。

一般来说，对具有 n 个结点的电路，所能列出的独立结点方程为 $n-1$ 个。因此本电路有两个结点，独立的结点方程为 2−1=1 个。

为了列出独立的回路电压方程，一般选电路中的网孔列回路方程。该电路有两个网孔，每个网孔的循行方向如图 1−13 中虚线箭头所示。

左边网孔的回路电压方程为

$$E_1 = I_1R_1 + I_3R_3$$

右边网孔的回路电压方程为

$$E_2 = I_2R_2 + I_3R_3$$

一般而言，一个电路如有 b 条支路，n 个结点，那么独立的结点方程为 $n-1$ 个，网孔回路电压方程应有 $b-(n-1)$ 个，所得到的独立方程总数为 $(n-1)+b-(n-1)=b$ 个，即能求出 b 个支路电流。

第三步，代人数据，求解支路电流

$$I_1 + I_2 - I_3 = 0$$

$$140 = 20I_1 + 6I_3$$

$$90 = 5I_2 + 6I_3$$

解之，得 I_1=4A，I_2=6A，I_3=10A

（二）结点电压法

在电路中任意选择某一结点为参考结点，某结点与此参考结点之间的电压称为结点电压。结点电压的参考极性以参考结点为负，其余独立结点为正。结点电压法以结点电压为求解变量，并对结点用 KCL 列出用结点电压表达的有关支路电流方程。求出结点电压后，所有支路的电压就都确定了，再对各支路运用基尔霍夫定律或欧姆定律，求出各支路电流及其他待求量。

结点电压法特别适用于结点数较少而支路数较多的电路问题的分析。对于有多余支路并联于两个结点之间的电路，应用结点电压法分析特别方便。若用支路电流法计算各支路电流，需要联立求解方程数比较多，比较烦琐。而应用结点电压法计算时只需列出一个方程式将结点 a（或 b）的电位求出后，各支路电流值就很容易求出。

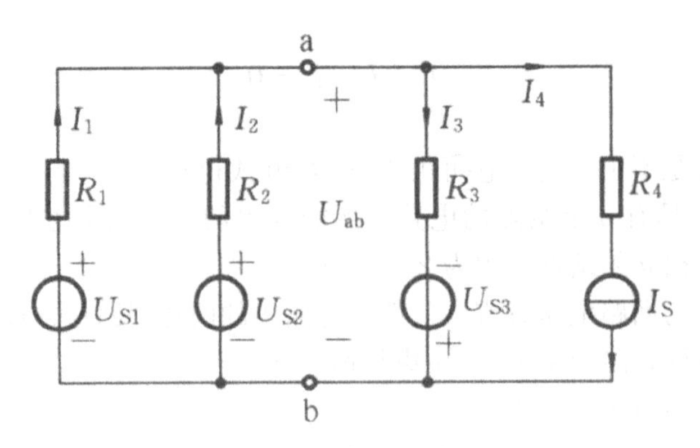

图 1-14　具有两个结点的电路

在如图1-14所示的电路中，选点b为参考点，设 V_b=0。根据图1-14中所示参考方向，由欧姆定律得出各支路的电流。

对结点a列出如下方程

$$\left.\begin{aligned} I_1 &= \frac{U_{s1}-U_{ab}}{R_1} = \frac{U_{s1}}{R_1} - \frac{U_{ab}}{R_1} \\ I_2 &= \frac{U_{s2}-U_{ab}}{R_2} = \frac{U_{s2}}{R_2} - \frac{U_{ab}}{R_2} \\ I_3 &= \frac{U_{s3}-U_{ab}}{R_3} = \frac{U_{S3}}{R_3} - \frac{U_{ab}}{R_3} \end{aligned}\right\}$$

对结点a列出KCL方程

$$I_1 + I_2 - I_3 - I_4 = 0$$

将式 $\left.\begin{aligned} I_1 &= \frac{U_{s1}-U_{ab}}{R_1} = \frac{U_{s1}}{R_1} - \frac{U_{ab}}{R_1} \\ I_2 &= \frac{U_{s2}-U_{ab}}{R_2} = \frac{U_{s2}}{R_2} - \frac{U_{ab}}{R_2} \\ I_3 &= \frac{U_{s3}-U_{ab}}{R_3} = \frac{U_{S3}}{R_3} - \frac{U_{ab}}{R_3} \end{aligned}\right\}$ 代入式 $I_1+I_2-I_3-I_4=0$，经整理后可求得点a的电位，

即点a的结点电压为

$$V_a = U_{ab} = \frac{\frac{U_{S1}}{R_1} + \frac{U_{S2}}{R_2} - \frac{U_{S3}}{R_3} - I_S}{\frac{1}{R_1} + \frac{1}{R_2} + \frac{1}{R_3}} = \frac{\sum \frac{U_S}{R} + I_S}{\sum \frac{1}{R}}$$

上式即结点电压的表达式。式中分母中的各项为除含理想电流源的支路外其余各支路电阻的倒数，且恒为正；分子中各项可正可负，但电源电压 U_s 和结点电压 U_{ab} 的参考方向相同时取正号，相反时取负号，而与各支路电流的参考方向无关。当理想电流源 I_S 与结点电压 U_{ub} 的参考方向相反时，I_S 取正号，否则取负号。

上式仅适用于具有两个结点的电路，超过两个结点的电路不能用此式求解。

（三）叠加原理

叠加原理是分析线性电路的最基本方法之一，它反映了线性电路的两个基本性质，即叠加性和比例性。其内容为：在线性电路中，当有多个独立电源共同作用时，则任一支路的电流（或电压）等于各个独立电源分别单独作用时，在该支路中所产生的电流（或电压）的代数和。

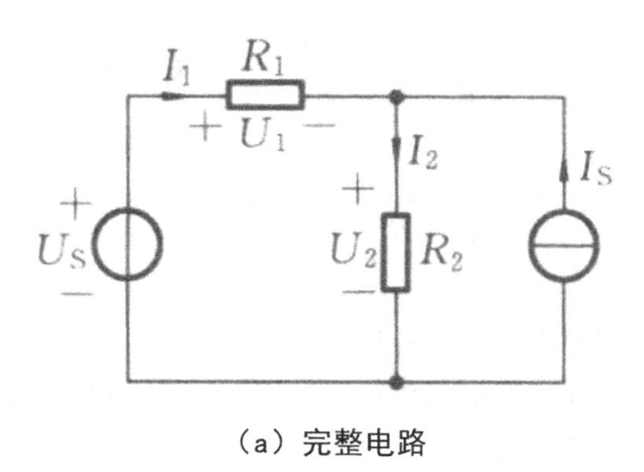

（a）完整电路

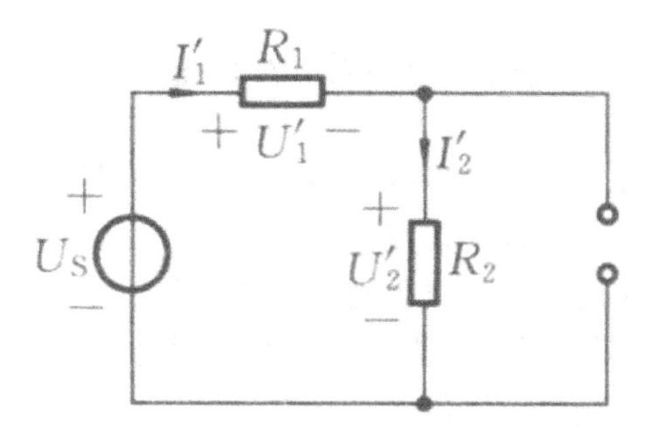

（b）理想电压源单独作用的电路

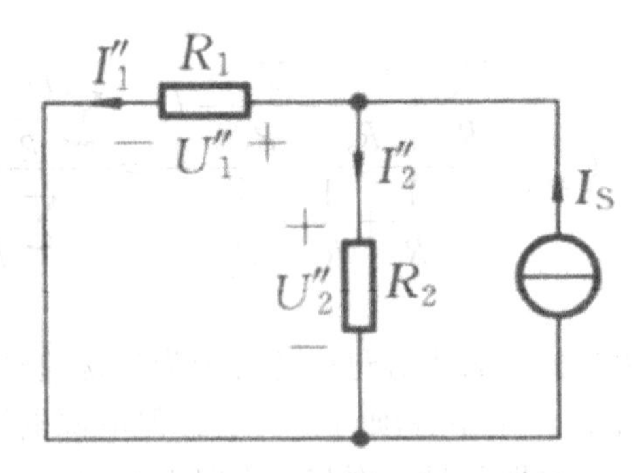

（c）理想电流源单独作用的电路

图 1-15　叠加原理

例如，在图 1-15（a）所示电路中，设 U_S，I_S，R_1，R_2 已知，求电流 I_1 和 I_2。由于只有两个未知电流，利用支路电流法求解时可以只列出两个方程式。

上结点方程为 $I_1-I_2+I_S=0$

左网孔方程为 $R_1I_1+R_2I_2=U_s$

由此解得

$$I_1=\frac{U_S}{R_1+R_2}-\frac{R_1I_S}{R_1+R_2}=I_1'-I_1''$$

$$I_2=\frac{U_S}{R_1+R_2}-\frac{R_2I_S}{R_1+R_2}=I_2'-I_2''$$

其中，I_1' 和 I_2' 是在理想电压源单独作用时，将理想电流源开路，如图 1-15（b）所示产生的电流；I_1'' 和 I_2'' 是在理想电流源单独作用时，将理想电压源短路，如图 1-15（c）所示产生的电流。同样，电压也有

$$U_1=R_1I_1=R_1\left(I_1'-I_1''\right)=U_1'-U_1''$$

$$U_2=R_2I_2=R_2\left(I_2'-I_2''\right)=U_2'-U_2''$$

这样，利用叠加原理可以将一个多电源的电路简化成若干个单电源电路。

在应用叠加原理时，要注意以下几点：

当某一个电源单独作用时，其他电源则“不作用”。对这些不作用的电源应该怎样处理呢？凡是电压源，应令其电动势 E 为零，将电压源短路；凡是电流源，应令其 I_S 为零，将电流源开路，但是它们的电阻应保留在电路中。

当如图 1-15（a）所示的原电路中各支路电流的参考正方向确定后，在求各分电流

的代数和时，各支路中分电流的参考正方向与原电路中对应支路电流的参考正方向一致，则取正值；方向相反，则取负值。

叠加原理只适用线性电路，而不能用于分析非线性电路。

叠加原理只能用来分析和计算电流和电压，不能用来计算功率。因为功率与电流、电压的关系不是线性关系，而是平方关系。例如

$$P_1 = R_1 I_1^2 = R_1 \left(I_1' - I_1'' \right)^2 \neq R_1 I_1'^2 - R_1 I_1''^2$$

$$P_2 = R_2 I_2^2 = R_2 \left(I_2' - I_2'' \right)^2 \neq R_2 I_2'^2 - R_2 I_2''^2$$

（四）电压源与电流源的等效转换

一个电源可用电压源和电流源两种电路模型来表示，且电压源与电流源的外部特性相同。因此，电源的这两种电路模型之间是相互等效的，可以进行等效变换。

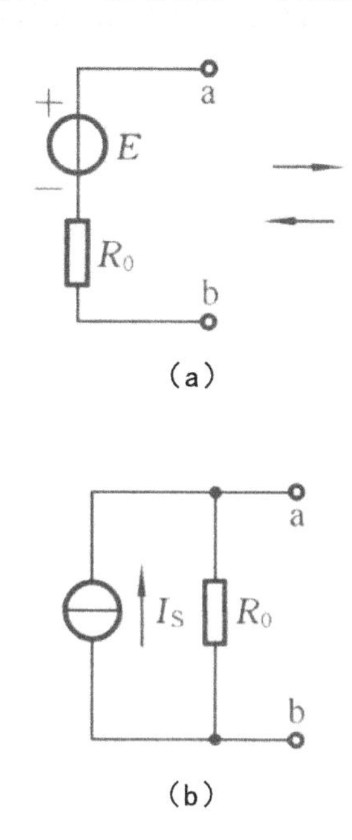

图 1-16　电压源与电流源的等效变换

两者之间进行等效变换的方法如下。

将如图 1-16（a）所示的电压源等效变换为电流源时，电流源的电流 $I_S = \dfrac{E}{R_0}$（即电压源的短路电流）。I_s 流出的方向与 E 的正极相对应，与 I_s 并联的内阻 R_0 就等于与

E 串联的内阻 R_0，等效变换所得的电流源如图 1–16（b）所示。

将图 1–16（b）所示的电流源等效变换为电压源时，电压源的电动势 $E=I_S R_0$（即电流源的开路电压），E 的正极与 I_s 流出的方向相对应；与 E 串联的内阻 R_0 就等于与 I_s 并联的内阻等效变换所得的电压源如图 1–16（a）所示。

但是，电压源和电流源的等效关系只是对外电路而言的，对电源内部是不等效的。例如，图 1–16 中，当电流源开路时，电源内部有损耗，I_S 流过 R_0 产生损耗，而当电流源短路时，电源内部无损耗，R_0 无电流流过。而将其等效变换为图 1–16（a）所示的电压源后，情况就不同了。当电压源开路时，R_0 无电流通过，电源内部无损耗，而当电压源短路时，中有电流 $I_S=\dfrac{E}{R_0}$ 流过，在电源内部产生损耗。

理想电压源和理想电流源之间没有等效的关系。因为对理想电压源（$R_0=0$）来讲，其短路电流 I_S 为无穷大，对理想电流源（$R_0=\infty$）来讲，其开路电压 U_o 为无穷大，都不能得到有限的数值，故这两者之间不存在等效变换的条件。

第二章　电路的暂态分析与三相电路

第一节　电路的暂态分析

一、电路的暂态过程及换路定律

（一）电路的暂态

前面对直流电路和正弦交流电路的分析和计算，都是在电路已处于稳定状态下进行的。这种稳定状态简称“稳态”。但是在含有储能元件（电容、电感）的电路中，当工作条件发生变化时，电路由接通的最初瞬时到稳定状态之间或电路由一种稳定状态到另一种稳定状态，一般来说，这种变换需要经历一定时间才能完成，这一变换过程称为电路的暂态过程或过渡过程，简称“暂态”。就像汽车发动机的关闭会使汽车的速度减小，最后停下来，但是由于本身的惯性，汽车不会立即停。电路的情况也是一样，已充电的电容通过开关接到电阻上，最终是将电荷放完，电容器极板上电压为零，但是过渡到这一状态是需要一定时间的，即必须有一个过程，这个过程称为暂态过程。

产生暂态过程的原因主要在于物质具有的能量不能跃变。若能量可以跃变的话，就意味着能量变化率（即功率）为无穷大，这显然是不可能的。电路中的电容和电感都是储能元件，它们储存能量和释放能量是需要时间的，也是不能跃变的。

由此可见电路产生暂态过程的内因是在电路中含有储能元件（电容和电感），外因是电路的状态要发生变化，如电路的接通、断开等。因此我们充分认识这一物理现象，掌握其规律，加以利用、防止危害，是很有意义的。

（二）换路定律

换路是指电路发生接通、断开、参数突变、电源电压波动等情况，造成电路的状态发生变化。

我们以换路瞬间 t=0 作为计时起点，换路前的终了瞬间用 t=0_ 表示，换路后的初始瞬间用 t=0+ 表示，则可得出电感电路和电容电路的换路定律：

由于电容元件所储存的电场能量 $W=\frac{1}{2}Cu_C^2$ 不能突变，所以电容元件 C 中的电压 u_C 不能突变，即换路后的瞬间电容元件上的电压 u_C (0_+) 等于换路前的一瞬间电容上的电压 u_C (0_-)，其表达式为：

$$u_C(0_+)=u_C(0_-)$$

由于电感元件中储存的磁场能量 $W=\frac{1}{2}Li_L^2$ 不能突变，所以电感元件 L 中电流 i_L 不能突变，即换路后瞬间电感的电流 i_L (0_+) 等于换路前瞬间电感中电流 iL i_L (0_-)。其数学表达式为：

$$i_L(0_+)=i_L(0_-)$$

由于电阻 R 是非储能元件，所以其两端电压 u_R 和流经电阻上的电流 i_R 都看成可以突变的，电容元件中的电流 i_C 和电感元件两端电压 u_L 也可以突变。

因此，确定换路瞬间电路中的初始值步骤如下：

①根据换路定律可以确定 $u_C(0_+)=u_C(0_-)$，$i_L(0_+)=i_L(0_-)$。

②把电容上电压初始值 u_C (0_-) 看成恒压源，电感上的电流初始值 i_L (0_-) 看成恒流源，画出 $t=0_+$ 的等效电路。

③求解该等效电路，从而可以求出其他四个可以突变的，i_R (0_+)，i_C (0+) 、u_R (0_+)，u_L (0_+) 物理量的初始值。

二、AC 电路的暂态过程及三要素法

（一）分析一阶电路暂态过程的三要素法

所谓一阶电路，是指只包含一个储能元件，或用串、并联方法化简后只包含一个储能元件的电路。

如图 2-1 所示的电路中开关 S 接在位置“1”且电容器上的电容的电压 $u_C(0_-)=0$，当 $t=0$ 瞬间 S 由位置“1”合至位置“2”，直流电压电源 U 通过电阻 R 对电容 C 进行充电，随着电容器两端电压的升高，充电电流渐渐减小。当电容器端电压与理想电压源电压相等时，充电电流降为零，电路进入稳定状态。

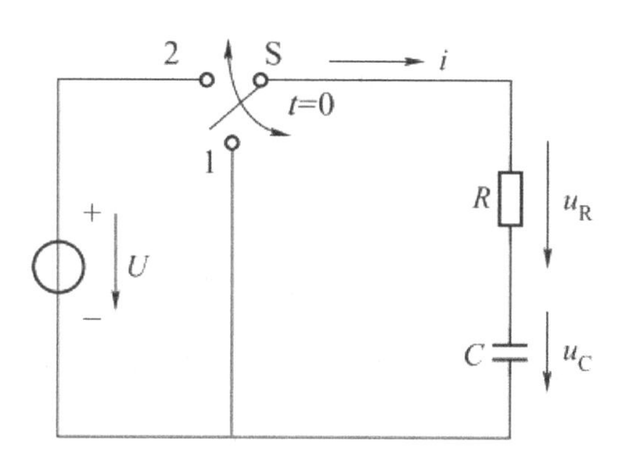

图 2-1　RC 充放电电路

显然，开关 S 接在位置“2”后（$t \geqslant 0$），过渡过程中的回路电压方程式：$R_i+u_C=U$ 即 $i=C\dfrac{\mathrm{d}u_C}{\mathrm{d}t}$，将充电电流 $i=C\dfrac{\mathrm{d}u_C}{\mathrm{d}t}$ 代入得

$$RC\frac{\mathrm{d}u_C}{\mathrm{d}t}+u_C=U$$

该方程是一阶常系数非齐次线性微分方程，按高等数学知识，其通解由两部分组成：即一个特解 u_C'（称为特殊积分）和一个它所对应的齐次方程 $\mathrm{RC}\dfrac{\mathrm{d}u_C}{\mathrm{d}t}+u_C=0$ 的解 u_C''（称为补函数）。

$$u_C'+u_C''=u_C$$

它的特解 u_C' 可由 $t\to\infty$ 即过渡过程已结束）时的值 $u_C(\infty)$ 来确定，又把它称为稳态分量（或叫强制分量）。

$$u_C'=u_C(\infty)=U$$

它所应对的齐次方程的解 u_C'' 是一个时间的指数函数，从电路中看，它只是出现在

电路的变化过程中，所以 u_C'' 称为暂态分量（又称为自由分量）。即

$$u_C'' = Ae^{pt}$$

现将其代入齐次方程，并消去公因子 Ae^{pt}，便可得出该齐次方程的特征方程

$$RCp + 1 = 0$$

所以特征方程的特征根

$$p = -\frac{1}{RC} = -\frac{1}{\tau}$$

式中 τ 是时间常数，具有时间的量纲（秒），它的单位是：欧·法 = 欧·库 / 伏 = 欧·安·秒 / 伏 = 秒。

因此

$$u_C = u_C' + u_C'' = u_C(\infty) + Ae^{-\frac{t}{RC}} = u_C(\infty) + Ae^{-\frac{t}{\tau}}$$

由此可见充电过程电容电压 u_C 可视为稳态分量 $u_C(\infty)$ 与暂态分量 $Ae^{-\frac{t}{\tau}}$ 的叠加，式中积分常数 A 待定，可由换路定律求得，在 t=0 瞬间将初始条件 $u_C(0_+)=u_C(0_-)$ 代入 $u_C = u_C' + u_C'' = u_C(\infty) + Ae^{-\frac{t}{RC}} = u_C(\infty) + Ae^{-\frac{t}{\tau}}$，得

$$u_C(0_+) = u_C(\infty) + A \text{ 或 } A = u_C(0_+) - u_C(\infty)$$

将上式代入式 $u_C = u_C' + u_C'' = u_C(\infty) + Ae^{-\frac{t}{RC}} = u_C(\infty) + Ae^{-\frac{t}{\tau}}$ 可得

$$u_C = u_C(\infty)\left[u_C(0_+) - u_C(\infty)\right]e^{-\frac{t}{\tau}}$$

从式可看出只要知道 $u_C(0_+)$，$u_C(\infty)$ 和 τ 这三个要素后就可方便得出全解 $u_C(t)$，而且可以将这种方法推广到求解电路中其他变量的一般规律，可用数学公式统一表示如下：

$$f(t) = f(\infty) + \left[f(0_+) - f(\infty)\right]e^{-\frac{t}{\tau}}$$

上式是求解一阶线性电路过渡过程中任意变量的一般公式。$f(t)$ 表示过渡过程中电路电压或电流，$f(\infty)$ 表示电压或电流的稳态值，$f(0_+)$ 表示换路瞬间电压或电流的初始值。只要知道 $f(\infty)$、$f(0_+)$、τ 这“三个要素”后，就可方便地求出全解 $f(t)$（电压或电流），这种利用“三要素”来求出一阶线性电路过渡过程的方法称为“三要素”。

（二）RC 电路的充电过程

如图 2-1 所示电路中，在电容器事先未充电 $u_C(0_-)$ 的情况下，利用三要素，$u_C(\infty)=U$ 可得电容器两端电压

$$u_C(t)=U-Ue^{-\frac{t}{t}}=U\left(1-e^{-\frac{1}{t}}\right)$$

同样 $i(0_+)=\dfrac{U}{R}$；　$i(\infty)=0$ 可得

$$i(t)=\frac{U}{R}e^{-\frac{t}{\tau}}$$

$u_R(0_+)=\mathrm{U}$；$u_R(\infty)=0$ 可得

$$u_R(t)=Ue^{-\frac{t}{\tau}}$$

（三）RC 电路的放电过程

在图 2-1 所示电路中，在 $t=0$ 时，开关 S 从位置“2”投到位置“1”，使电路脱离电源并通过电阻 R 放出所储存能量，称之为放电过程。下面我们分析放电过程电路和电流随时间变化的规律。

同理，只需求出换路后的初始值、稳态值和时间常数，便可用三要素法求 RC 电路放电过程和电路中电流随时间变化的规律。

根据换路定律，电容器上的电压 u_C 不能突变，即

$$u_C(0_+)=u_C(0_-)=U$$

电容器放电结束后（$t\to\infty$），电容器的全部储能消耗在电阻 R 上，则 $u_C(\infty)=0$，

将 $u_C(0+)$，$u_C(\infty)$ 和 $\tau=RC$ 三要素代入式 $f(t)=f(\infty)+\left[f(0_+)-f(\infty)\right]e^{-\frac{t}{\tau}}$ 中可得:

$$u_C=u_C(0_+)e^{-\frac{t}{r}}=Ue^{-\frac{t}{r}}$$

同理，将 $i(0_+)=-\frac{U}{R}$，$i(\infty)=$ 和 $u_R(0_+)=-U, u_R(\infty)=0$ 分别代入式

$f(t)=f(\infty)+\left[f(0_+)-f(\infty)\right]e^{-\frac{t}{\tau}}$ 中可得

放电电流和电阻两端电压各为：$i(t)=-\frac{U}{R}e^{-\frac{t}{r}}$

放电电流 $u_R(t)=i(t)R=-Ue^{-\frac{t}{\tau}}$

（四）RC 电路的时间常数

RC 电路暂态过程进行的快慢由时间常数 τ 决定，而 τ 由电路的参数（R、C）决定，τ 越大，过渡过程越长，反之亦然。因为 C 越大，电容充电到同样状态所需的电荷也越多，R 越大，充电电流越小，电容充满到 U 的时间就越长，所以 u_C（t）的上升就越慢。可见，改变参数（R、C）就可以改变过渡过程的时间长短。

时间常数的物理意义可进一步说明：

当 $t=\tau$ 时

$$u_C(t)=U\left(1-e^{-\frac{t}{\tau}}\right)=U\left(1-e^{-1}\right)=U(1-0.368)=0.632U$$

时间常数 τ 在数值上等于 u_C 从零增长到稳态值 U 的 0.632 倍所需的时间。

三、RL 电路的暂态过程

（一）RL 电路与直流电压的接通

图 2-2 所示的电路中，在 $t=0$ 时将开关 S 由位置“1”合在位置“2”上，电感 L 通过电阻 R 与恒压源 U 接通。此时实际输入一阶跃电压 U。

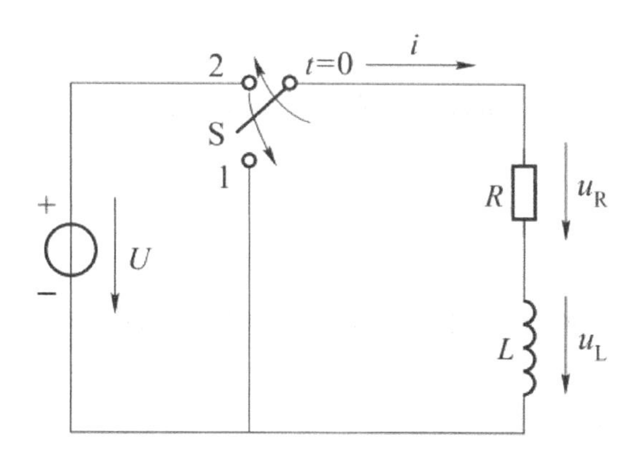

图 2-2　*RL* 电路的过渡过程

根据 KVL 定律知，开关 S 接在位置“2”：

$$u_R + u_L = U \text{ 或 } iR + u_L = U$$

将 $u_L = L\dfrac{di}{dt}$ 代入可得

$$L\frac{di}{dt} + Ri = U$$

该方程是一阶常系数非齐次线性微分方程，可用三要素法求解。

在 t=0 瞬时，根据换路定律知：$i_L(0_+) = i_L(0_-) = 0$ 、$i_L(\infty) = \dfrac{U}{R}$　　$\tau = \dfrac{L}{R}$ 则

$$i(t) = i_L(\infty) + \left[i_L(0_+) - i_L(\infty)\right]e^{-\frac{t}{\tau}} = \frac{U}{R} - \frac{U}{R}e^{-\frac{t}{\tau}} = \frac{U}{R}\left(1 - e^{-\frac{t}{\tau}}\right)$$

时间常数 $\tau = \dfrac{L}{R}$。在 R 一定时，L 值越大，阻碍电流变化的作用也就越强 $\left(e_L = -L\dfrac{di}{dt}\right)$，电流增长的速度就越慢；在 L 值一定时，R 值越小，则在同样电压作用下电流的稳态值或暂态分量的初始值 $\dfrac{U}{R}$ 越大，电流增长到稳态值所需时间就越长。

同理可得电阻的端电压为：

$$u_{\mathrm{R}}(t)=iR=U\left(1-e^{-\frac{t}{\tau}}\right)$$

电感的端电压为：

$$u_{\mathrm{L}}(t)=u_{\mathrm{L}}(\infty)+\left[u_{\mathrm{L}}\left(0_{+}\right)-u_{\mathrm{L}}(\infty)\right]e^{-\frac{t}{\tau}}=u_{\mathrm{L}}\left(0_{+}\right)e^{-\frac{t}{\tau}}=Ue^{-\frac{t}{\tau}}$$

（二）*RL* 电路的短接

如果 *RL* 电路接通直流电压 *U*，并且在电流达到稳态值 $\frac{U}{R}$ 后，在 t=0 时，将图 2-2 电路中开关 S 由位置“2”换接于位置“1”，则由换路定律知：

$$i_{\mathrm{L}}\left(0_{+}\right)=i_{\mathrm{L}}\left(0_{-}\right)=\frac{U}{R}=I_{0}$$

具有初始储能的电感 *L*，通过电阻 *R* 接成回路，将能量进行泄放。在电感初始储能的作用下产生的电压、电流的暂态过程持续到将储能全部消耗在电阻 R 上为止，即 $i_{\mathrm{L}}\left(0_{+}\right)$、$i_{\mathrm{L}}(\infty)=0$ 和 $\tau=\frac{L}{R}$ 的值代入式 $f(t)=f(\infty)+\left[f\left(0_{+}\right)-f(\infty)\right]e^{-\frac{t}{\tau}}$ 可得：

$$i_{\mathrm{L}}(t)=0+\left[I_{0}-0\right]e^{-\frac{t}{\tau}}=I_{0}e^{-\frac{t}{\tau}}$$

电阻的端电压为

$$u_{\mathrm{R}}=i_{\mathrm{L}}\left(0_{+}\right)R=I_{0}Re^{-\frac{t}{\tau}}=Ue^{-\frac{t}{\tau}}$$

电感的端电压为

$$u_{\mathrm{L}}=-u_{\mathrm{R}}=-I_{0}Re^{-\frac{t}{\tau}}=-Ue^{-\frac{t}{\tau}}$$

（三）电感电路突然断开、过电压的产生及防止

具有初始储能的电感电路，在稳态的情况下突然切断开关 S，相当于在开关 S 两端

有一个电阻 R_S($R_S \to \infty$)，$\tau = \dfrac{L}{R + R_S}$ 就很小，电流变化率 $\dfrac{di}{dt}$ 很大，在电感线圈上产生很强的自感应电动势 e_L，其极性如图 2-3 所示。e_L 和电源电压 U 叠加在开关 S 两端，这样就在关触头 a、b 之间使空气电离形成火花或电弧，延缓了电路的断开，而火花和电弧具有极高的温度可能使开关损坏，甚至危及工作人员的安全。同时出现过高的自感电动势也可能将线圈的绝缘材料击穿损坏。

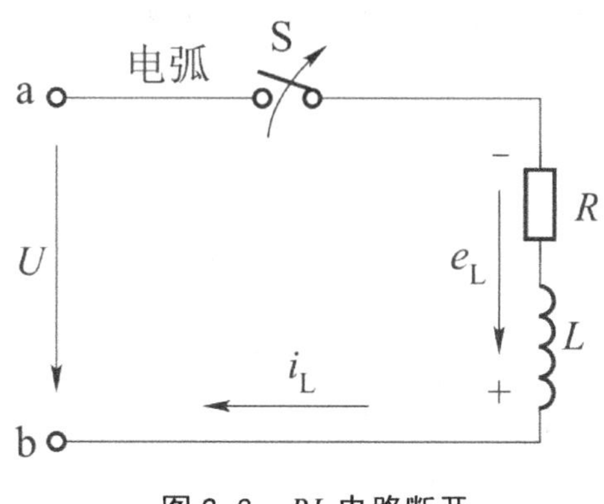

图 2-3　*RL* 电路断开

为了防止这种危害，可在线圈两端并联一适当阻值的电阻 R_0（称为泄放电阻），使 $\tau = \dfrac{L}{R + R_0}$ 适当地增大；或在线圈两端并联适当电容 C，以吸收突然断开电感释放的能量；或用二极管与线圈并联（称为续流二极管）提供放电回路，使电感所储存的能量消耗在自身的电阻中。

第二节　三相电路

一、三相正弦交流电源

（一）三相正弦交流电动势的产生

三相正弦交流电动势是由三相发电机产生的。图 2-4 是一台具有两个磁极的三相交流发电机的结构示意图。三相交流发电机主要由定子和转子组成。发电机固定不动的部分称为定子，在定子内壁槽内均匀嵌放着相互独立、形状尺寸、匝数完全相同，而轴线互差 120° 的 AX、BY、CZ 三个绕组，分别称为 A 相绕组、B 相绕组、C 相绕组。三相绕组的首端分别以 A、B、C 表示，尾端分别以 X、Y、Z 表示。发电机可转动的部分称为转子，转子是一对磁极，在转子铁心上绕有一组励磁绕组，励磁绕组中通以直流励磁电流来建立转子磁场，其磁感应强度沿电枢表面按正弦规律分布。

当转子由原动机（水轮机、汽轮机）带动，以角速度 3 匀速转动时，定子中 3 个绕组依次切割磁力线，分别产生了 e_{XA}，e_{YB}，e_{ZC} 三个正弦感应电动势，取其参考方向如图 2-5 所示。其特征是振幅相同、频率相同、相位上依次相差 120°，故称为对称三相电动势。产生对称三相电动势的电源称为对称三相电源，简称三相电源。

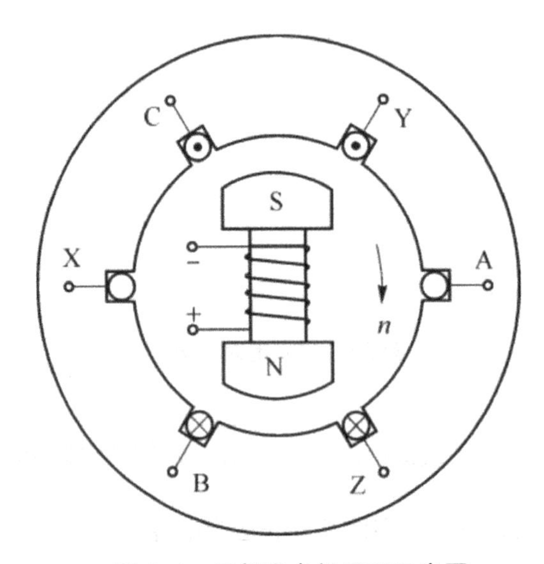

图 2-4　三相发电机原理示意图

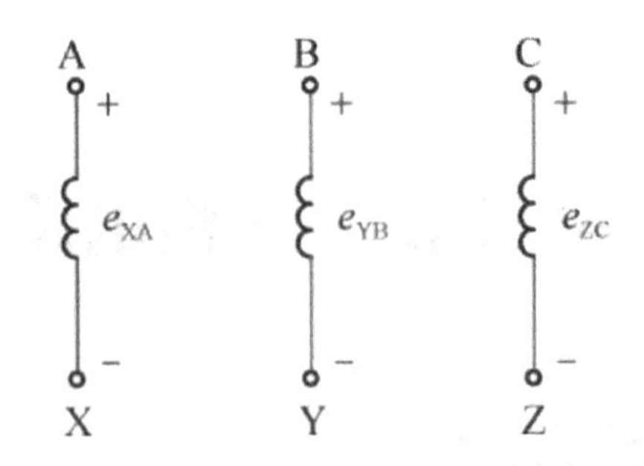

图 2-5　三相电动势

（二）三相电源的表示法

1. 瞬时值和相量式

如图 2-5 所示，以 A 相电压作参考正弦量，则三相正弦交流电动势的瞬时值表示

式为

$$\begin{cases} e_{XA} = E_m \sin \omega t \\ e_{YB} = E_m \sin\left(\omega t - 120^\circ\right) \\ e_{ZC} = E_m \sin\left(\omega t - 240^\circ\right) \end{cases}$$

用有效值相量表示为

$$\begin{cases} \dot{E}_A = E\angle 0^\circ \\ \dot{E}_B = E\angle -120^\circ \\ \dot{E}_C = E\angle 120^\circ \end{cases}$$

2. 波形图和相量图

对称三相电动势的波形图和相量图分别如图 2-6 所示。

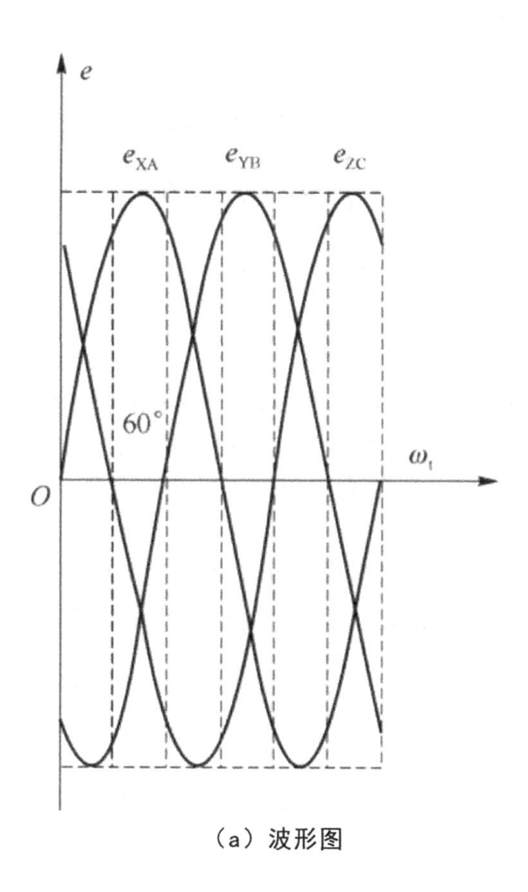

（a）波形图

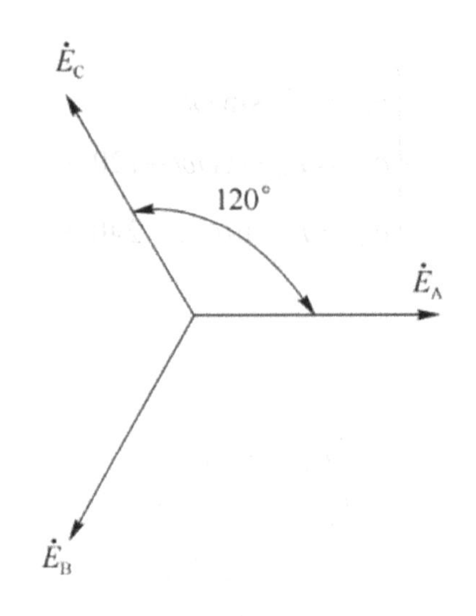

（b）相量图

图 2-6 对称三相电动势的波形图和相量图

（三）三相电源的特征

1. 相量和

从图 2-6 中可以看出，对称三相电动势在任一瞬间的代数和或相量和为零，即

$$e_{XA}+e_{YB}+e_{ZC}=0$$

$$\dot{E}_A+\dot{E}_B+\dot{E}_C=0$$

2. 相序

三相电源中各相电源经过同一值（如最大值）的先后顺序称为相序。相序有正相序和负相序两种。如图 2-6 所示，A 相首先达到最大值，B 相落后 A 相 120°，C 相落后 B 相 120°，即 A—B—C—A，这称为正相序。逆相序是指 A—C—B—A。本章若无特殊说明，三相电源的相序均为顺序。

在三相绕组中，把哪一个绕组当作 A 相绕组是无关紧要的，但 A 相绕组确定后，电动势比 e_{XA} 滞后 120° 的绕组就是 B 相，电动势比 e_{XA} 滞后 240°（超前 120°）的那个绕组则为 C 相。

3. 三相交流电的优点

（1）发电方面

在尺寸相同的情况下，三相发电机比单相发电机输出的功率大，三相式比单相式可提高功率约 50%。

（2）经济方面

在相同条件下（输电距离，功率，电压和损失）三相供电比单相供电省铜约25%。

（3）用电方面

单相电路的瞬时功率随时间交变，而对称三相电路的瞬时功率是恒定的，这使得三相电动机具有恒定转矩，比单相电动机运行稳定、结构简单、便于维护。

（4）配电方面

三相变压器比单相变压器更经济，在不增加任何设备的情况下，可供单相和三相负载共同使用。

（四）对称三相电源的联结

对称三相电源的联结方式有两种，分别是星形联结和三角形联结。

1. 三相交流电源的星形联结

从三相电源的正极性端引出三根输出线，称为端线（俗称火线），三相电源的负极性端连接为一点，称为电源中性点或零点，用N表示。这种连接方式的电源称为星形电源。如图2-7所示，从首端A、B、C引出的三根线称为火线，在实验和变压所中通常用黄、绿、红三种颜色表示。

以上这种联结方式，就供电方式而言，称为三相四线制，若无中线，称三相三线制。在星形联结时，可提供相电压和线电压两种电压。相电压是指端线与中线之间的电压，即发电机每相绕组的电压。如图2-8所示用$\dot{U}_A,\dot{U}_B,\dot{U}_c$表示，相电压的有效值常用$U_p$表示。线电压是指火线与火线之间的电压，如图2-8所示用$\dot{U}_{AB},\dot{U}_{BC},\dot{U}_{CA}$表示，习惯上采用的正方向为A指向B，B指向C，C指向A。线电压的有效值常用U_l U_l表示。

如图2-8所示，对称三相电源电动势每相振幅相同、频率相同、相位上依次相差120°，对应的相量式为

$$\begin{cases}\dot{U}_A=U\angle 0^\circ\\ \dot{U}_B=U\angle -120^\circ\\ \dot{U}_C=U\angle +120^\circ\end{cases}$$

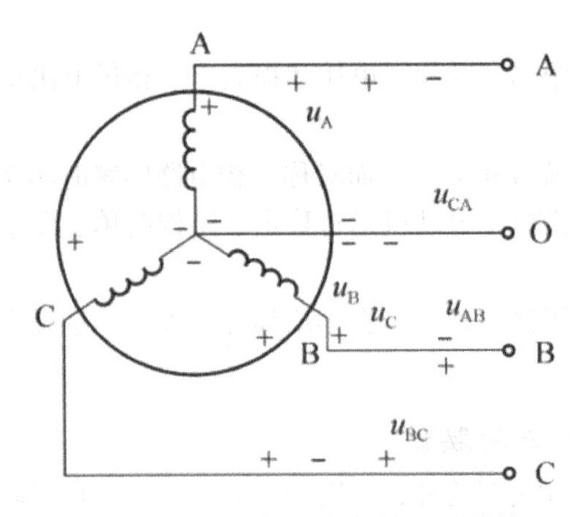

图 2-7　三相发电机的星形联结

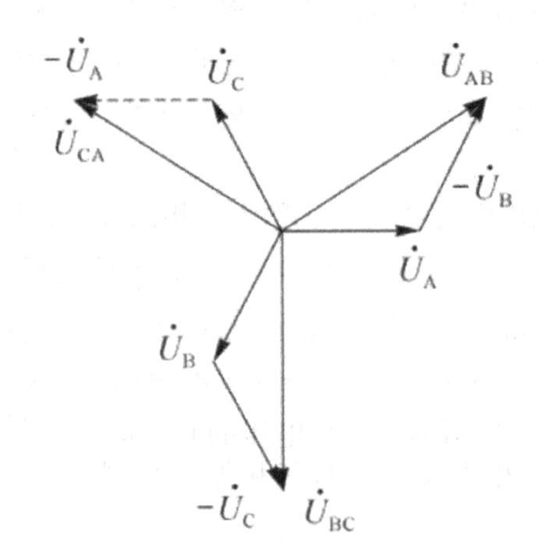

图 2-8　发电机绕组星形联结的相量图

根据基尔霍夫电压定律，星形电源线电压与相电压的关系为

$$\begin{cases}\dot{U}_{AB}=\dot{U}_A-\dot{U}_B\\ \dot{U}_{BC}=\dot{U}_B-\dot{U}_C\\ \dot{U}_{CA}=\dot{U}_C-\dot{U}_A\end{cases}$$

将式$\begin{cases}\dot{U}_A=U\angle 0^\circ\\ \dot{U}_B=U\angle -120^\circ\\ \dot{U}_C=U\angle +120^\circ\end{cases}$代入式$\begin{cases}\dot{U}_{AB}=\dot{U}_A-\dot{U}_B\\ \dot{U}_{BC}=\dot{U}_B-\dot{U}_C\\ \dot{U}_{CA}=\dot{U}_C-\dot{U}_A\end{cases}$可得

$$\begin{cases}\dot{U}_{AB}=U\angle 0^{\circ}-U\angle -120^{\circ}=\sqrt{3}U\angle 30^{\circ}\\ \dot{U}_{BC}=U\angle -120^{\circ}-U\angle 120^{\circ}=\sqrt{3}U\angle -90^{\circ}\\ \dot{U}_{CA}=U\angle 120^{\circ}-U\angle 0^{\circ}=\sqrt{3}U\angle 150^{\circ}\end{cases}$$

式子表明，对称三相电源星形联结时，具有以下特点：

（1）对 Y 接法的对称三相电源，相电压对称，则线电压也对称。

（2）线电压和相电压的有效值关系为$U_l=\sqrt{3}U_p$。

（3）线电压相位领先对应相电压 30°，所谓的“对应”是指对应相电压用线电压的第一个下标字母标出，例如$\dot{U}_{AB}$对应是$\dot{U}_{A}$。通常在低压配电系统中，相电压为 220V，线电压为 380V $(380\approx\sqrt{3}\times 220)$。

图 2-8 是 Y 形联结线电压和相电压的相量图。由相量图也可以看出，三个线电压相量的特点是有效值相等、相位互差 120°，并且也是对称的。

2. 三相交流电源的三角形联结

三个绕组的电动势互相串联。由对称性分析，根据基尔霍夫电压定律和对称三相电源的特征，三相电动势瞬时值的代数和或其相量和等于零，虽然三个绕组形成一个闭合回路，但由于合成电动势为零，其中没有电流。在实际发电机中，三相电动势难免会有些不对称，因而合成电动势并不严格为零，三相绕组中就有一定的环流形成。如果绕组联结的顺序首尾搞错，则会引起很大的合成电动势，产生很大的环流，致使发电机烧毁，这是必须要严格防止的。所以，在大容量的三相发电机的绕组很少采用三角形联结。

三角形联结时，相电压是绕组上的电压，线电压仍然是端线间的电压，从对称三相三角形联结线电压等于相电压，这就是 Y 接法的对称三相电源的特点。即

$$\begin{cases}\dot{U}_{AB}=\dot{U}_{A}\\ \dot{U}_{BC}=\dot{U}_{B}\\ \dot{U}_{CA}=\dot{U}_{C}\end{cases}$$

二、三相负载及对称三相电路的分析与计算

与三相电源一样，三相负载也有两种联结方式即星形联结和三角形联结。电源一般总是对称的，负载则可能是对称的，也可能是非对称的。各相复阻抗相等的三相负载称为对称负载；各相复阻抗不相等的三相负载称为非对称负载。

（一）三相负载的联结

将三相负载 Z_a，Z_b，Z_e 的一端连在一起，这一联结点称为 n，并与三相电源的中线相联结，而各负载的另一端分别接到三相电源的端线上，这就构成星形联结。如图 2-9 所示，三根端线与一根中线这样的电路称为三相四线制电路。

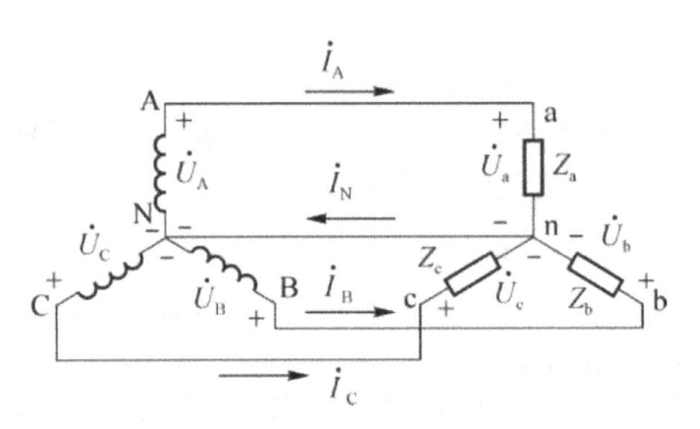

图 2-9　Y-Y_0 联结的三相电路

将三相负载首尾依次连接成三角形后，分别接到三相电源的三根端线上，这种联结称为三角形联结。作为负载三角形联接的电路，只能是三相三线制电路。

按电源和负载的不同联结方式可分为 5 种联结方式：

① Y-Y 联结，电源 Y 形联结，负载 Y 形联结，无中线。

② Y-Y_0 联结，电源 Y 形联结，负载 Y 联结，有中线，这称为三相四线制电路。

③ Y △联结，电源 Y 形联结，负载△形联结，无中线。

④△△联结，电源△形联结，负载△形联结，无中线。

⑤△ -Y 联结，电源△形联结，负载 Y 形联结，无中线。

（二）对称三相电路的计算

在三相电路中，如果三相电源和三相负载都对称，且三相负载阻抗相等，则称为对称三相电路。分析三相电路可依据正弦交流电路中的各种分析方法，但由于对称三相电路具有对称性，利用这一特点，可以简化对称三相电路的分析计算。

1. Y-Y_0 联结（三相四线制电路）

如图 2-9 所示，Y-Y_0 电路中三相负载中的电流分为线电流和相电流，流过每根端线的电流 $\dot{I}_A,\dot{I}_B,\dot{I}_C$ 称为线电流，其有效值一般用 I_l 表示，它的正方向由电源指向负载；在各相负载中流过的电流称为相电流，其有效值一般用 I_P 表示，相电流的正方向与电压正方向一致，即指向中点 n。在 Y-Y_0 联结的三相电路中，除上述线电流与相电流以外，还有中线电流，即中线上流过的电流用 $\dot{I}_N$ 表示，其正方向由负载指向电源。

很显然，Y-Y_0 联结电路的线电流等于相电流，即

$$\dot{I}_l = \dot{I}_p$$

而中线电流相量为三个线电流相量之和，即

$$\dot{I}_{\mathrm{N}} = \dot{I}_{\mathrm{A}} + \dot{I}_{\mathrm{B}} + \dot{I}_{\mathrm{C}}$$

下面计算相（或线）电流，其中 $Z_A=Z_B=Z_C=Z$，设

$$\dot{U}_{\mathrm{A}} = U\angle 0^{\circ}$$

$$\dot{U}_{\mathrm{B}} = U\angle -120^{\circ}$$

$$\dot{U}_{\mathrm{C}} = U\angle +120^{\circ}$$

$$Z = |Z|\angle\varphi$$

以 N 点为参考点，对 n 点列写节点方程

$$\left(\frac{1}{Z}+\frac{1}{Z}+\frac{1}{Z}\right)\dot{U}_{\mathrm{nN}} = \frac{1}{Z}\dot{U}_{\mathrm{A}} + \frac{1}{Z}\dot{U}_{\mathrm{B}} + \frac{1}{Z}\dot{U}_{\mathrm{C}}$$

整理得

$$\frac{3}{Z}\dot{U}_{\mathrm{nN}} = \frac{1}{Z}\left(\dot{U}_{\mathrm{A}} + \dot{U}_{\mathrm{B}} + \dot{U}_{\mathrm{C}}\right) = 0$$

因为对称三相电动势在任一瞬间相量和为零，即 $\dot{U}_{\mathrm{A}} + \dot{U}_{\mathrm{B}} + \dot{U}_{\mathrm{C}} = 0$，则

$$\dot{U}_{\mathrm{nN}} = 0$$

式 $\dot{U}_{\mathrm{nN}} = 0$ 说明 N、n 两点等电位，故负载侧电压为电源的相电压，即

$$\dot{U}_{\mathrm{an}} = \dot{U}_{\mathrm{A}}$$

$$\dot{U}_{\mathrm{bn}} = \dot{U}_{\mathrm{B}}$$

$$\dot{U}_{\mathrm{cn}} = \dot{U}_{\mathrm{C}}$$

故相（或线）电流为

$$\dot{I}_{A}=\frac{\dot{U}_{A}}{Z}=\frac{U}{|Z|}\angle-\varphi$$

$$\dot{I}_{B}=\frac{\dot{U}_{B}}{Z}=\frac{U}{|Z|}\angle-120^{\circ}-\varphi$$

$$\dot{I}_{C}=\frac{\dot{U}_{C}}{Z}=\frac{U}{|Z|}\angle+120^{\circ}-\varphi$$

将故相电流公式代入 $\dot{I}_{N}=\dot{I}_{A}+\dot{I}_{B}+\dot{I}_{C}$ 可得

$$\dot{I}_{N}=\dot{I}_{A}+\dot{I}_{B}+\dot{I}_{C}=0$$

这样便可将三相电路的计算化为一相电路的计算，这就是所谓得一相法。当求出相应的电压、电流后，再由对称性，可以直接写出其他两相的结果。

对于 Y-Y_0 联结（三相四线制电路）可以得到以下结论：

①由于 $\dot{U}_{nx}=0$，中线电流为零。有无中线对电路情况没有影响。因此，Y-Y 联结（无中线）电路与 Y-Y_0 联结（有中线）电路计算方法相同。且中线有阻抗时可短路掉。

②负载 Y 联结时，线电流等于相电流，即 $\dot{I}_{l}=\dot{I}_{p}$。

③对称情况下，各相电压、电流都是对称的，只要算出某一相的电压、电流，则其他两相的电压、电流可直接写出。

2. 对称三相负载三角形联结及电路计算

图 2-10 是三相负载的三角形联结电路，流过每相负载的电流 $\dot{I}_{AB}$,$\dot{I}_{BC}$,$\dot{I}_{CA}$ 称为相电流；流过端线的电流 $\dot{I}_{A}$,$\dot{I}_{B}$,$\dot{I}_{C}$ 称为线电流。两种电流的正方向是按习惯选定的。从图中可以看出负载相电压等于电源线电压，即 U_{lp}=U_{l}。一般电源线电压对称，因此不论负载是否对称，负载相电压始终对称。

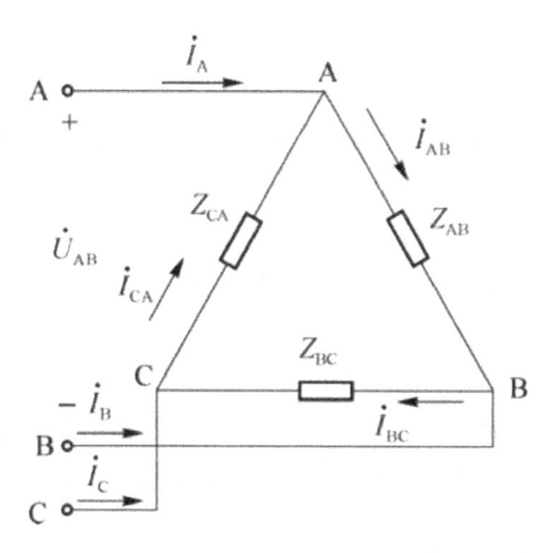

图 2-10　三相负载的三角形联结电路

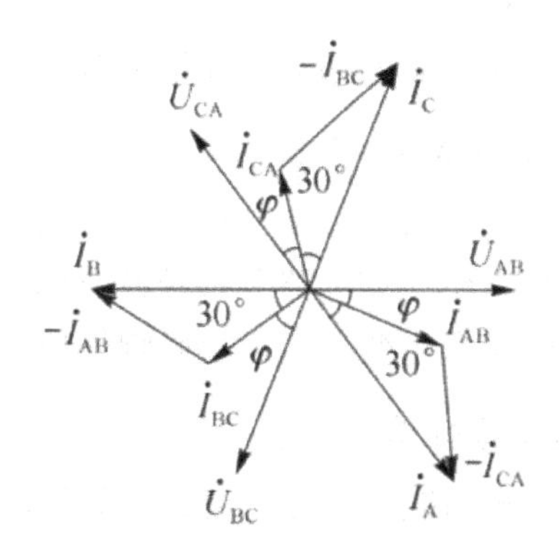

图 2-11　三相负载三角形联结的相量图

根据电路图可得三相负载的相电流为

$$\dot{I}_{AB}=\frac{\dot{U}_{AB}}{Z_{AB}}\quad \dot{I}_{BC}=\frac{\dot{U}_{BC}}{Z_{BC}}\quad \dot{I}_{CA}=\frac{\dot{U}_{CA}}{Z_{CA}}$$

根据 KCL 可知则三相三角形负载相电流和线电流关系为

$$\begin{cases}\dot{I}_A=\dot{I}_{AB}-\dot{I}_{CA}\\ \dot{I}_B=\dot{I}_{BC}-\dot{I}_{AB}\\ \dot{I}_C=\dot{I}_{CA}-\dot{I}_{BC}\end{cases}$$

如果三个相电流对称，且设、$\dot{I}_{AB}=I_p\angle0^{\circ}$、$\dot{I}_{BC}=I_p\angle-120^{\circ}$　$\dot{I}_{CA}=I_p\angle+120^{\circ}$，并代入上式可得

$$\dot{I}_A=\dot{I}_{AB}-\dot{I}_{CA}=I_p\angle0^{\circ}-I_p\angle-120^{\circ}=\sqrt{3}\dot{I}_{AB}\angle-30^{\circ}$$

同理

$$\dot{I}_B=\dot{I}_{BC}\angle-30^{\circ},\dot{I}_C=\dot{I}_{CA}\angle-30^{\circ}$$

以上叙述表明三相负载三角形联结的特点是：①负载相电压等于电源线电压；如果相电流对称，则线电流也是对称的。②线电流有效值为相电流有效值的$\sqrt{3}$倍；在相位上，线电流滞后于相应的相电流 30°　。它们的相量关系如图 2-11 所示。

三、不对称三相电路

在三相电路中，只要电源、负载和线路中有一部分不对称，就称为不对称三相电路。一般来讲三相电源、线路都是对称的，主要是负载的不对称引起电路的不对称，比如日常生活的照明电路。下面以三相四线制电路为例介绍不对称三相电路的分析与计算。

（一）不对称三相电路的分析计算

当不对称的负载联结成星形而具有中线时，由于中线的存在使得负载两端的相电压为电源两端的相电压。因此也可以将三相电路分别转换成单相电路来计算。这样三相可分别独立计算。若其中某一相电路发生变化，不会影响另外两相的工作状态。

（二）不对称负载电路的注意事项

由单相负载组成的 $Y-Y_0$ 三相四线制在运行时，多数情况是不对称的，中性点电压不等于 0，各负载上电压、电流都不对称，必须逐相计算。负载不对称而又没有中性线时，负载上可能得到大小不等的电压，有的超过用电设备的额定电压，有的达不到额定电压，都不能正常工作。为使负载正常工作，中性线不能断开。由三相电动机组成的负载都是对称的，但在一相断路或一相短路等故障情况下，形成不对称电路，也必须逐相计算。

中线的作用：保证星形联结三相不对称负载的相电压对称。即使星形连接的不对称负载得到相等的相电压。不对称 Y 形三相负载，必须连接中性线。三相四线制供电时，中性线的作用是很大的，中性线使三相负载成为三个互不影响的独立回路，甚至在某一相发生故障时，其余两相仍能正常工作。为了保证负载正常工作，规定中性线（指干线）内不允许接熔断器或刀闸开关，而且中性线本身的机械强度要好，接头处必须连接牢固，以防断开。

由单相负载组成不对称 Y 形三相负载，安装时总是力求各相负载接近对称，中性线电流一般小于各线电流，中性线导线可以选用比三根端线小一些的截面。

四、三相电路的功率

三相电路的功率主要有瞬时功率、有功功率、无功功率、视在功率。

（一）三相电路的瞬时功率

在三相电路中，总的瞬时功率是各相瞬时功率的代数和。以对称三相四线制电路为例，设

$$u_{\mathrm{A}}=\sqrt{2}U_{p}\sin(\omega t)$$

$$i_{\mathrm{A}}=\sqrt{2}I_{p}\sin(\omega t-\varphi)$$

则

$$P_{\mathrm{A}}(t)=u_{\mathrm{A}}(t)i_{A}(t)=U_{p}I_{p}[\cos\varphi-\cos(2\omega t-\varphi)]$$

同理

$$P_{\mathrm{B}}(t)=U_{p}I_{p}\left[\cos\varphi-\cos\left(2\omega t-240^{\circ}-\varphi\right)\right]$$

$$P_{\mathrm{C}}(t)=U_{p}I_{p}\left[\cos\varphi-\cos\left(2\omega t-480^{\circ}-\varphi\right)\right]$$

他们的和为

$$P=P_{\mathrm{A}}+P_{\mathrm{B}}+P_{\mathrm{C}}=3U_{p}I_{p}\cos\varphi$$

式 $P=P_{\mathrm{A}}+P_{\mathrm{B}}+P_{\mathrm{C}}=3U_{p}\ I_{p}\ \cos\varphi$ 表明，对称三相电路在相电压，相电流以及功率因数恒定的情况下，它的总瞬时功率为一常量。这种性能称为瞬时平衡功率，这是三相制较单项制的又一优点。因为三项电路瞬时平衡功率，三相发电机的电动机的瞬时功率为常数，它所产生的机械转矩是恒定的。所以三相电动机比单相电动机运行平稳，机械振动较小，可以得到均衡的机械力矩。

（二）三相负载的有功功率 P 和无功功率 Q

三相负载吸收的总有功功率 P 为

$$P=P_{\mathrm{A}}+P_{\mathrm{B}}+P_{\mathrm{C}}=U_{\mathrm{A}}I_{\mathrm{A}}\cos\varphi_{\mathrm{A}}+U_{\mathrm{B}}I_{\mathrm{B}}\cos\varphi_{\mathrm{B}}+U_{\mathrm{C}}I_{\mathrm{C}}\cos\varphi_{\mathrm{C}}$$

若是对称三相电路则

$$P = 3U_p I_p \cos\varphi$$

Y 形联结时 $U_l=\sqrt{3}U_p$，$I_l=I_p$；△形联结时 $U_l=U_p$，$I_l=\sqrt{3}I_p$。即对称三相电路的有功功率的计算公式为

$$U_l = U_p \quad I_l = \sqrt{3}I_p \quad P = \sqrt{3}U_l I_l \cos\varphi$$

与负载的连接方式无关，但物仍然是相电压与相电流之间的相位差，由负载的阻抗角决定。不要误以为是线电压与线电流的相位差。

同理，若三相负载是对称的无论负载接成星形还是三角形，则有

$$Q = 3U_p I_p \sin\varphi = \sqrt{3}U_l I_l \cos\varphi$$

三相负载的视在功率 S 为

$$S = \sqrt{P^2 + Q^2}$$

在对称三相电路中 $S=3U_p\, I_p=\sqrt{3}U_l\, I_l$，但要注意在不对称三相制中，视在功率不等于各相电压与相电流之和，即 $S \neq S_v+S_v+S_w$。

第三章 交流电路

第一节 正弦交流电的基本概念

工农业生产及日常生活中最为广泛应用的是交流电。在交流电路中，电流、电压、电动势的大小与方向随时间作周期性交替变化，若电路含有正弦电源而且电路各部分的电流和电压按正弦规律变化，则所研究电路称为正弦交流电路。交流发电机产生的电动势和正弦信号发生器输出的电压信号都是按正弦规律变化的。一般所说的交流电，都是指正弦交流电。

正弦交流电是目前供电和用电的主要形式。正弦交流电的广泛应用，有其理论和技术上的原因。如同频率正弦量的加、减、微分、积分后仍为同频率的正弦量，这样电路各部分的电压、电流波形相同；正弦量波形光滑，不像非正弦周期量含有高次谐波，因而有利于电气设备运行；正弦交流电在输送时可以利用变压器升压，以减小在远距离输送过程中的电能损耗：在使用时可根据需要降压，以满足各种不同设备电压需要，有利于安全供电；正弦交流发电机和电动机结构相对简单、运行平稳可靠、维护方便等。在一些需要直流电的场合，可通过整流的方法将交流电变换成直流电；在电子技术中，可将一些非正弦周期信号通过分解为不同频率的正弦量来进行分析。由于正弦交流电应用十分广泛，所以它是电工技术中的重要研究内容。

在交流电路中，电压和电流随时间周期性地改变方向和大小，在电路分析中同样需要设定电压、电流的参考方向并分别以“+、-”号或箭标表示，如图 3-1 所示电路中设定的交流电压、电流的参考方向。当电压或电流的实际方向与参考方向相同时，相应的正弦函数处于正半周，其值为正；当电压或电流的实际方向与参考方向相反时，相应的正弦函数处于负半周，其值为负。若实际方向在某一瞬间与假设的参考方向一致，则在这一瞬间电压和电流值为正，表示 u，i 在正半周；若实际方向在某一瞬间与假设的参考方向相反，则在这一瞬间电压和电流值为负，表示 u，i 在负半周。只有选定了参考方向才能说明任一瞬间电流、电压的正负。

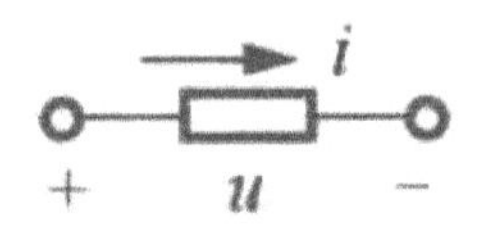

图 3-1　交流电的正方向

一、正弦量的三要素

以正弦交流电压为例。正弦量还可以用时间 t 的正弦函数来表示，其数学表达式为

$$u(t)=U_{\mathrm{m}}\sin(\omega t+\psi)$$

式中：$u(t)$ 为正弦电压随时间变化的瞬时值；U_{m} 为幅值或者最大值；ω 为正弦电压的角频率；ψ 为正弦电压在 t=0 时的相位，称为初相位。

U_{m}、ω 和 ψ 分别用来表示一个正弦量的大小、变化速度和初始状态。对任一正弦量，当其幅值、角频率和初相位确定以后，该正弦量就可以完全确定下来。因此幅值、角频率和初相位是区别不同正弦量的依据，称为正弦量的三要素。

（一）周期、频率和角频率

正弦量变化一周所需的时间称为周期，用 T 表示，单位为秒（s）。每秒正弦量变化的次数称为频率，用 f 表示，单位是赫兹（Hz）。因为正弦量重复一次需 T 秒，所以频率和周期互为倒数，即

$$f=\frac{1}{T} \text{ 或 } T=\frac{1}{f}$$

正弦量表达式中的 ω 表示每经过单位时间，瞬时相位所增加的角度，称为角频率。因为正弦量每经过一个周期的时间，相应的相位增加 2π 弧度，所以角频率为

$$\omega = \frac{2\pi}{T} = 2\pi f$$

其单位为弧度/秒（rad/s）。

周期、频率和角频率都是反映正弦量变化快慢的量。T越小，f越大，ω越大，正弦量循环变化越快；反之变化越慢。

我国电力工业标准频率是50Hz，称为工频，通常的交流电动机和照明负载都采用这种频率。有些国家，如美国、日本等，采用60Hz作为电力工业标准频率。

在其他不同的技术领域内使用着各种不同的频率，千赫（kHz）和兆赫（MHz）是在高频下常用的频率单位。例如，航空工业用的交流电频率是400Hz；的中频炉使用的频率是500 ~ 8000Hz；高频炉的频率是200 ~ 300kHz；无线电工程的频

率高达500kHz ~ 300GHz。

正弦量变化的快慢也可用弧度ωt表示。

（二）瞬时值、幅值（最大值）和有效值

正弦量在任一瞬间的值称为瞬时值，用小写字母表示，如u，i，e分别表示电压、电流和电动势的瞬时值。它们是时间的函数，大小随时间按正弦规律变化。瞬时值中最大的值称为幅值或最大值，用带下标m的大写字母来表示，如U_m、I_m、E_m分别表示电压、电流和电动势的最大值。

正弦量的大小一般不用瞬时值，也不用幅值计量，而是用有效值来衡量。有效值是从电流的热效应来规定的，因为在电工技术中，电流常表现出其热效应。不论是周期性变化的电流还是直流电流，只要它们在相等的时间内通过同一电阻产生的热效应相等，就把他们的安培值看作是相等的。

有效值的规定是：假设一个周期性电流i通过一个电阻R时，在一个周期内产生热量Q_a，和一个恒定的直流电流I通过这个电阻R时，在相同的时间内产生的热量Q_d相等，即直流电流I和周期电流i产生的热效应是等效的，则把该直流电流的数值大小I定义为这个周期电流i的有效值。

根据焦耳－楞次定律，周期电流i通过电阻R，在一个周期T内所产生的热量为

$$Q_a = \int_0^T i^2 R \mathrm{d}t$$

恒定的直流电流I通过相同电阻R，在相同时间内产生的热量为

$$Q_d = I^2 RT$$

根据有效值的规定，令Q_d=Q_a，即

$$I^2RT=\int_0^T i^2R\mathrm{d}t$$

由此，可得出周期电流 i 的有效值为

$$I=\sqrt{\frac{1}{T}\int_0^T i^2\mathrm{d}t}$$

由式 $I=\sqrt{\frac{1}{T}\int_0^T i^2\mathrm{d}t}$ 可知，有效值是由周期电流瞬时值的平方在一个周期内的平均值再取平方根计算出来的，因此，有效值又称方均根值，该定义对正弦量和非正弦周期量都适用。有效值用大写字母来表示，如 U, I, E 分别表示电压、电流和电动势的有效值。

当周期电流为正弦量时，设 $i=I_\mathrm{m}\sin(\omega t+\psi)$ 代入式 $I=\sqrt{\frac{1}{T}\int_0^T i^2\mathrm{d}t}$ ，可得

$$\begin{aligned}I&=\sqrt{\frac{1}{T}\int_0^T\left[I_\mathrm{m}\sin(\omega t+\psi)\right]^2\mathrm{d}t}\\&=I_\mathrm{m}\sqrt{\frac{1}{T}\int_0^T\frac{[1-\cos(2\omega t+2\psi)]\mathrm{d}t}{2}}\\&=I_\mathrm{m}\sqrt{\frac{1}{T}\left[t-\frac{\sin(2\omega t+2\psi)}{2\omega}\right]_0^T}=\frac{I_\mathrm{m}}{\sqrt{2}}\end{aligned}$$

同理，对于正弦电压和正弦电动势，也有类似的结论，即正弦交流电的电流、电压和电动势的有效值为

$$\begin{cases}I=\dfrac{I_\mathrm{m}}{\sqrt{2}} \text{ 或 } I_\mathrm{m}=\sqrt{2}I\\U=\dfrac{U_\mathrm{m}}{\sqrt{2}} \text{ 或 } U_\mathrm{m}=\sqrt{2}U\\E=\dfrac{E_\mathrm{m}}{\sqrt{2}} \text{ 或 } E_\mathrm{m}=\sqrt{2}E\end{cases}$$

必须注意的是，只有周期量为正弦函数时，式子的关系才成立，即对于正弦量而言，最大值是有效值的 $\sqrt{2}$ 倍。

在工程上，正弦电压和电流的大小一般皆指其有效值。如通常所说的交流电源电压

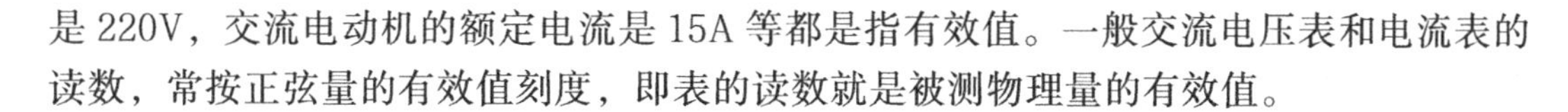
是 220V，交流电动机的额定电流是 15A 等都是指有效值。一般交流电压表和电流表的读数，常按正弦量的有效值刻度，即表的读数就是被测物理量的有效值。

（三）相位、初相位和相位差

设正弦量

$$i = I_{\mathrm{m}} \sin(\omega t + \psi)$$

式中，随时间连续变化的角度 $\omega t+\psi$ 称为正弦量的相位角，简称相位，它反映出正弦量变化的进程。时间 t 不同，相位角 $\omega t+\psi$ 不同，瞬时值 i 也不同。ψ 为 $t=0$ 时正弦量的相位，称为初相位，它反映了正弦量在 7=0 时的状态。初相位不同，正弦量的初始值也不同。

相位和初相位的单位为弧度（rad）或度（°）。画波形图时，一般横坐标用弧度表示。初相位的取值范围通常为 $|\psi| \leqslant \pi$。

两个同频率正弦量的相位之差，称为相位差，用 φ 表示。例如，两个同频率的正弦量 u，i 分别为

$$u = U_{\mathrm{m}} \sin\left(\omega t + \psi_u\right)$$

$$i = I_{\mathrm{m}} \sin\left(\omega t + \psi_i\right)$$

则 u 和 i 之间的相位差为

$$\varphi = \left(\omega t + \psi_u\right) - \left(\omega t + \psi_i\right) = \psi_u - \psi_i$$

因此，两个同频率正弦量的相位差也就是它们的初相位之差。

相位差与时间无关，用来描述两个同频率正弦量的超前、滞后关系。

当 $\psi_u > \psi_i$ 时，$\varphi=\psi_u-\psi_i>0$，则称 u 超前于 $i\varphi$ 角，意为 u 比 i 先达到正最大值。

当 $\psi_u < \psi_i$ 时，$\varphi=\psi_u-\psi_i<0$，则称 u 滞后于 $i|\varphi|$ 角，即 u 比 i 后达到正最大值。

如果 $\psi_u=\psi_i$，$\varphi=\psi_u-\psi_i=0$ 则称 u 和 i 同相位（简称同相）。

如果 $\psi_u=\psi_i$，$\varphi=\psi_u-\psi_i=0$，则称 u 和 i 反相位（简称反相）。

（二）正弦量的相量表示法

正弦交流量可以通过三角函数解析式（瞬时值表达式）和波形图来描述，这两种表示方法比较直观，但当用其来分析和计算正弦交流电路时，则很不方便。

线性交流电路中，如果电源激励都是同频率的正弦量，则电路中电压、电流的全部稳态响应也都将是同频率的正弦量，因此，确定正弦量的三要素中的频率这个要素可以作为不变的已知量，只需根据幅值和初相位两个要素来确定一个正弦量。为使电路的分计算得以简化，这里将介绍在电工技术里常用的正弦量的相量表示法。

相量表示法的基础是复数，下面首先介绍复数的基本形式和四则运算，然后讨论如何用复数分析计算正弦交流电路。

根据数学中的知识可知，复数 A 可以用由实轴和虚轴构成的复平面上的一条有向线段来表示。为了与一般的复数相区别，把表示正弦量的复数称为相量，并在大写字母上面加“ . ”，记为 $\dot{A}$。（图 3-2）

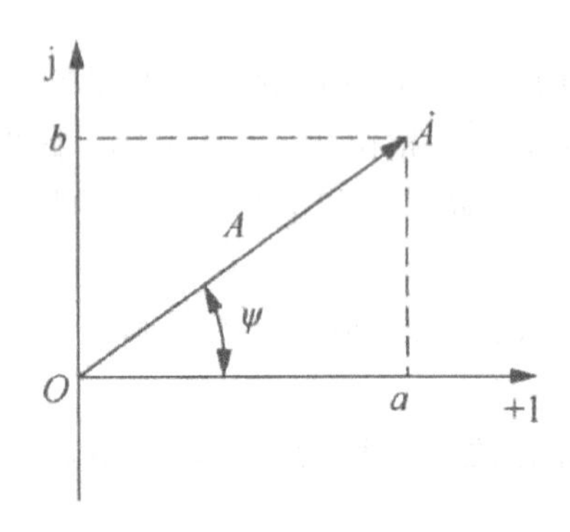

图 3-2　复平面及相量表示法

相量 $\dot{A}$ 的长度 A 称为复数的模；$\dot{A}$ 与实轴的夹角 ψ 称为复数的辐角。相量 $\dot{A}$ 在实轴上的投影为 a，在虚轴上的投影为 b，a 与 b 分别称为复数的实部与虚部。

于是，相量 $\dot{A}$ 有下述复数表达形式：

$$\dot{A}=a+\mathrm{j}b \text{（复数的代数式）}$$

式中，$\mathrm{j}=\sqrt{-1}$ 为虚数单位。在电工技术中用 j 表示虚部，是为了避免与电流 i 相混淆。由图 3-2 可得复数的模、辐角与实部、虚部之间的关系为

$$A=\sqrt{a^2+b^2},\quad \psi=\arctan\frac{b}{a}$$

$$a=A\cos\psi,\quad b=A\sin\psi$$

所以，相量 $\dot{A}$ 还可表示为

$$\dot{A}=A\cos\psi+\mathrm{j}A\sin\psi \text{（复数的三角函数式）}$$

根据欧拉公式

$$\cos\psi=\frac{\mathrm{e}^{\mathrm{j}\varphi}+\mathrm{e}^{-\mathrm{j}\varphi}}{2},\sin\psi=\frac{\mathrm{e}^{\mathrm{j}\varphi}-\mathrm{e}^{-\mathrm{j}\varphi}}{2}$$

有

$$e^{j\psi} = \cos\psi + j\sin\psi$$

因此，相量 $\dot{A}$ 又可表示为

$$\dot{A} = Ae^{j\psi} \text{（复数的指数式）}$$

$$\dot{A} = A\angle\psi \text{（复数的极坐标式）}$$

用 $\angle\psi$ 代替 $e^{j\psi}$，是电工上的习惯用法。

对于同一个相量，其复数的几种表达形式可以进行互相转换，究竟采用哪种表示法，视具体运算方便而定。

由于

$$j = \cos 90^\circ + j\sin 90^\circ = e^{j90^\circ} = 1\angle 90^\circ$$

$$-j = \cos 90^\circ - j\sin 90^\circ = e^{-j90^\circ} = 1\angle -90^\circ$$

任一相量乘以 j 时，其模不变，辐角增大 90°，即向前（逆时针）旋转 90°；乘以 -j 时，其模不变，辐角减小 90°，即向后（顺时针）旋转 90°。因此，把 j 称为旋转 90° 算子。

复数进行四则运算时，一般加、减运算采用代数式，分别把实部与实部相加减，虚部与虚部相加减；乘、除运算一般采用极坐标形式（或指数式），相乘时，模和模相乘，辐角相加；相除时，模和模相除，辐角相减。如有两个复数：

$$\dot{A}_1 = a_1 + jb_1 = A_1 e^{j\psi_1}, \quad \dot{A}_2 = a_2 + jb_2 = A_2 e^{j\psi_2}$$

则它们进行四则运算时，有

$$\dot{A}_1 \pm \dot{A}_2 = (a_1 \pm a_2) + j(b_1 \pm b_2)$$

$$\dot{A}_1 \cdot \dot{A}_2 = A_1 A_2 e^{j(\psi_1 + \psi_2)} = A_1 A_2 \angle(\psi_1 + \psi_2)$$

$$\frac{\dot{A}_1}{\dot{A}_2} = \frac{A_1}{A_2} e^{j(\psi_1 - \psi_2)} = \frac{A_1}{A_2} \angle(\psi_1 - \psi_2)$$

由图 3-2 可看出，若用复数的模表示正弦量的大小（幅值或有效值），用复数的辐角表示正弦量的初相位，则这个复数就可用来表示正弦量。如 $\dot{U}_m$ 和 $\dot{I}_m$ 分别表示电压和电流的最大值相量；$\dot{U}$ 和 $\dot{I}$ 分别表示电压和电流的有效值相量。

将同频率的正弦量用相量表示方法画在同一复平面中的图称为相量图。相量图可明确表示同一电路中各正弦量（电压、电流）的相位和大小关系。用平行四边形法则，同样可以方便地进行相量的加减运算。

以正弦电流 $i=I_m\sin(\omega t+\psi)=\sqrt{2}I\sin(\omega t+\psi)$ 为例，其用复数表示的最大值相量表达式为

$$\dot{I}_m=I_m e^{j\psi}=I_m\angle\psi=I_m(\cos\psi+j\sin\psi)$$

有效值相量表达式为

$$\dot{I}=Ie^{j\psi}=I\angle\psi=I(\cos\psi+j\sin\psi)$$

第二节　正弦交流电路分析

一、单一参数的正弦交流电路

用来表征电路元件基本性质的物理量称为电路参数。电阻、电感和电容是交流电路的三个基本参数。在恒定的直流电路中，磁场和电场都是恒定的，电路在稳定状态下，电感元件可视作短路，电容元件可视作开路，因此可以不考虑它们的影响，只需考虑电路中电阻元件的作用。但在交流电路中，因电压和电流是不断交变的，磁场和电场总在变化，这就必须考虑电感元件和电容元件对电路所起的作用。

只具有一种电路参数的电路称为单一参数电路。实际的电路总是同时存在电阻、电感和电容效应的，但当电路中只有一种电路参数起主要作用，而其余电路参数可以忽略不计时，就可以把这个电路看成是单一参数电路。

分析交流电路的目的在于确定电路中电压与电流之间的大小和相位关系，并讨论电路中能量的转换和功率问题。掌握单一参数交流电路的分析方法和基本规律，是分析复杂交流电路的基础。

（一）电阻电路

1. 电压和电流之间的关系

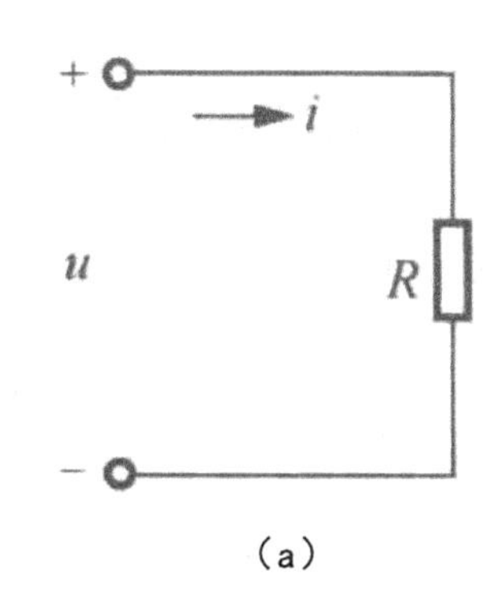

（a）

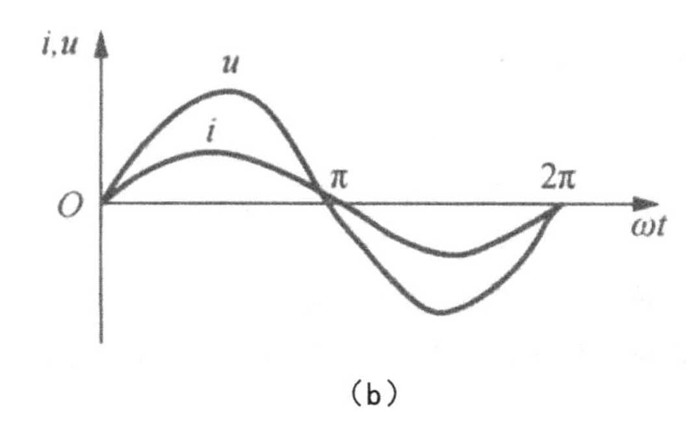

（b）

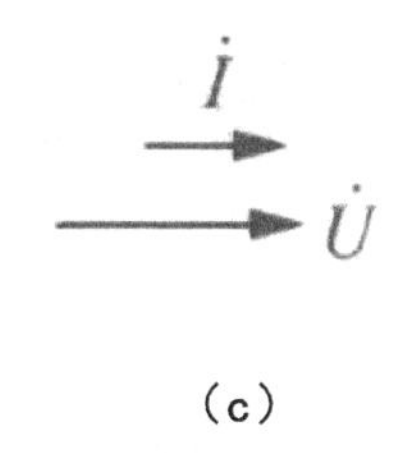

（c）

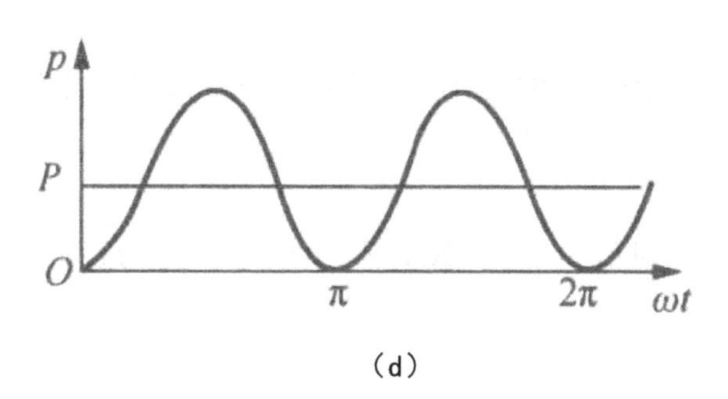

（d）

图 3-3　电阻电路及其电压、电流和功率

设正弦交流电源电压 u 为

$$u = U_{\mathrm{m}} \sin \omega t$$

欧姆定律对交流瞬时值也成立，即

$$i = \frac{u}{R} = \frac{U_{\mathrm{m}}}{R} \sin \omega t = I_{\mathrm{m}} \sin \omega t$$

可以看出，电阻元件上的电压和电流为同频率的正弦量，并且电流 i 和电压 u 同相位，即 u 和 i 之间的相位差 $\varphi=0$。电压和电流的波形图如图 3-3（b）所示。

由式 $i = \frac{u}{R} = \frac{U_{\mathrm{m}}}{R} \sin \omega t = I_{\mathrm{m}} \sin \omega t$ 可知

$$I_{\mathrm{m}} = \frac{U_{\mathrm{m}}}{R} \text{ 或 } I = \frac{U}{R}$$

这说明电阻元件上正弦量的最大值和有效值都满足欧姆定律。

如果用复数表示正弦量，则电阻元件上电压和电流的有效值相量表示为

$$\dot{U} = U\mathrm{e}^{\mathrm{j}\psi} = U\angle 0^{\circ}$$

$$\dot{I} = I\mathrm{e}^{\mathrm{j}\psi} = \frac{U}{R}\mathrm{e}^{\mathrm{j}0^{\circ}} = \frac{U}{R}\angle 0^{\circ}$$

相量图如图 3-3（c）所示。因此有

$$\dot{U} = \dot{I}R$$

通常将上式称为欧姆定律的相量表示法，即电阻元件上正弦电压和电流的相量关系也满足欧姆定律。

2. 功率

在任意瞬间，电压瞬时值 u 和电流瞬时值 i 的乘积，称为瞬时功率，用小写字母 p 表示，即

$$p = u \cdot i$$

电阻元件的瞬时功率为

$$p = u \cdot i = U_{\mathrm{m}} \sin \omega t \cdot I_{\mathrm{m}} \sin \omega t$$

$$=U_{\mathrm{m}}I_{\mathrm{m}}\sin^2\omega t$$

$$=U_{\mathrm{m}}I_{\mathrm{m}}\frac{1-\cos 2\omega t}{2}$$

$$=UI-UI\cos 2\omega t$$

其波形图如图 3-3（d）所示。

由上式可知，瞬时功率 p 由一个常量 UI 和一个两倍于电源频率的周期交变量 $UI\cos 2\omega t$ 两部分组成，且在任意时刻，$p\geqslant 0$。这说明无论交流电压、电流的大小和方向如何变化，电阻总是要消耗电能。

瞬时功率也可以写成

$$p=i^2R \text{ 或 } p=\frac{u^2}{R}$$

在实际应用中，更常用的是平均功率。平均功率是电路在一个周期内消耗电能的平均速率，即瞬时功率在一个周期内的平均值，用大写字母 P 表示，单位是 W 或 kW。

电阻元件的平均功率为

$$P=\frac{1}{T}\int_0^T p\mathrm{d}t=\frac{1}{T}\int_0^T UI(1-\cos 2\omega t)\mathrm{d}t$$

$$=UI=I^2R=\frac{U^2}{R}$$

平均功率又称有功功率，反映了电阻负载实际消耗了的电能。通常所说的功率，就是指平均功率。如一只标有“220V 100W”的灯泡，就是指灯泡接 220V 额定电压时，平均功率为 100 W。

（二）电感电路

1. 电压和电流之间的关系

电压 u、电流 i 和感应电动势 e_L 的正方向，有

$$u=-e_L=L\frac{\mathrm{d}i}{\mathrm{d}t}$$

设电感元件中通过的正弦交流电流 i 为

$$i = I_{\mathrm{m}} \sin \omega t$$

则

$$u = L\frac{\mathrm{d}i}{\mathrm{d}t} = L\frac{\mathrm{d}\left(I_{\mathrm{m}} \sin \omega t\right)}{\mathrm{d}t}$$

$$= \omega L I_{\mathrm{m}} \cos \omega t$$

$$= U_{\mathrm{m}} \sin\left(\omega t + 90^{\circ}\right)$$

可见，电感元件上的电压和电流为同频率的正弦量，且电压 u 超前于电流 i 90°，即 u 和 i 之间的相位差 φ=90°。

由上式可以得出

$$U_{\mathrm{m}} = I_{\mathrm{m}} \omega L = I_{\mathrm{m}} X_{L}$$

式中

$$X_{L} = \omega L = 2\pi f L$$

则电感元件上电压和电流的有效值之间的关系为

$$U = I X_{L}$$

式中，X_L 称为感抗，它体现了电感元件阻碍交流电流的性质。显然 X_L 与频率 f 成正比，频率越高，感抗越大。在直流电路中，f=0，故 X_L=0，因此电感对直流可视为短路。当频率 f 的单位为 Hz，电感 L 的单位为 H 时，感抗 X_L 的单位为 Ω。

如果用复数表示正弦量，则电感元件上电压和电流的有效值相量表示为

$$\dot{I} = I\angle 0^{\circ}$$

$$\dot{U} = U\angle 90^{\circ} = I X_{L}\angle 90^{\circ}$$

电压和电流的有效值相量之间的关系表达式为

$$\dot{U}=\mathrm{j}X_L\dot{I}\ \text{或}\ \dot{I}=\frac{\dot{U}}{\mathrm{j}X_L}=-\mathrm{j}\frac{\dot{U}}{X_L}$$

式中，$\mathrm{j}X_L$ 为感抗的复数形式。

2．功率

电感元件的瞬时功率为

$$p=ui=U_{\mathrm{m}}\sin\left(\omega t+90^{\circ}\right)\cdot I_{\mathrm{m}}\sin\omega t$$

$$=U_{\mathrm{m}}I_{\mathrm{m}}\cos\omega t\sin\omega t=\frac{U_{\mathrm{m}}I_{\mathrm{m}}}{2}\sin 2\omega t=UI\sin 2\omega t$$

即电感元件的瞬时功率是一个幅值为 UI、角频率为 2ω 的正弦量。当 $p>0$ 时，电感从电源取用能量转化为磁能，存储在磁场中；当 $p<0$ 时，电感将磁场中存储的能量释放给电源，即电感以两倍于电源频率的速度不断地与电源进行能量的交换。

电感元件的平均功率（有功功率）为

$$P=\frac{1}{T}\int_0^T p\,\mathrm{d}t=\int_0^T UI\sin 2\omega t\,\mathrm{d}t=0$$

即在电感电路中，没有能量的消耗，只有电感和电源之间能量的互相交换。

瞬时功率的幅值反映了能量交换规模的大小，称为无功功率，用大写字母 Q 表示。电感电路的无功功率又称为感性无功功率，记作 Q_L。它在数值上等于电压、电流有效值的乘积，即

$$Q_L=UI=I^2X_L=\frac{U^2}{X_L}$$

为了与有功功率相区别，无功功率的单位用乏（var）或千乏（kvar）表示。

在这里，电感元件与后面要讲的电容元件都是储能元件，它们与电源进行能量互换是工作所需。这对电源来说是一种负担，但对储能元件本身来说，没有能量损耗，故将往返于电源和储能元件之间的功率命名为无功功率，而平均功率也称为有功功率。

（三）电容电路

1．电压和电流之间的关系

设正弦交流电源电压 u 为

$$u = U_{\mathrm{m}} \sin \omega t$$

则

$$i = C\frac{\mathrm{d}u}{\mathrm{d}t} = C\frac{\mathrm{d}\left(U_{\mathrm{m}} \sin \omega t\right)}{\mathrm{d}t}$$

$$= U_{\mathrm{m}}\omega C \cos \omega t$$

$$= I_{\mathrm{m}} \sin\left(\omega t + 90^{\circ}\right)$$

可见，电容元件上的电压和电流也为同频率的正弦量，且电流 i 超前于电压 u 90°，或者说电压 u 滞后于电流 i 90°，即 u 和 i 之间的相位差 $\varphi = -90^{\circ}$。

由上式可以得出

$$I_{\mathrm{m}} = U_{\mathrm{m}}\omega C = \frac{U_{\mathrm{m}}}{X_C}$$

式中

$$X_C = \frac{1}{\omega C} = \frac{1}{2\pi fC}$$

则电容元件上电压和电流的有效值之间的关系为

$$I = \frac{U}{X_C}$$

可见，式 $I = \frac{U}{X_C}$ 也与欧姆定律形式相同。式中，X_C 称为容抗。显然 X_C 与频率 f 成反比，频率越低，容抗越大。在直流电路中，$X_C = \infty$，表明电容对直流可视为开路；相反，频率越高，容抗越小，因此，电容具有“隔直传交”的作用。当频率 f 的单位为 Hz，电容 C 的单位为 F 时，容抗 X_C 的单位为 Ω。

如果用复数表示正弦量，则电容元件上电压和电流的有效值相量表示为

$$\dot{U} = U\angle 0^{\circ}$$

$$\dot{I} = I\angle 90^\circ = \frac{U}{X_C}\angle 90^\circ$$

电压和电流的有效值相量之间的关系表达式为

$$\dot{I} = \frac{\dot{U}}{-\mathrm{j}X_C} = \mathrm{j}\frac{\dot{U}}{X_C} \text{ 或 } \dot{U} = -\mathrm{j}X_C\dot{I}$$

式中，$-\mathrm{j}X_C$ 无为容抗的复数形式。

当电压 $\dot{U}$ 的初相位为任意角度，或以电流 $\dot{I}$ 为参考相量时的相量图，读者可自行分析画出，以加深理解。

2．功率

电容元件的瞬时功率为

$$\begin{aligned} p = ui &= U_\mathrm{m}\sin\omega t \cdot I_\mathrm{m}\sin\left(\omega t + 90^\circ\right) \\ &= U_\mathrm{m}I_\mathrm{m}\sin\omega t\cos\omega t = \frac{U_\mathrm{m}I_\mathrm{m}}{2}\sin 2\omega t = UI\sin 2\omega t \end{aligned}$$

同电感元件一样，电容元件的瞬时功率也是一个幅值为 UI、角频率为 2ω 的正弦量。当 $p>0$ 时，电容充电，从电源取用电能并将其存储在电场中；当 $p<0$ 时，电容放电，将电场中存储的能量释放给电源，即电容以两倍于电源频率的速度不断地与电源进行能量的交换。

电容元件的平均功率（有功功率）为

$$P = \frac{1}{T}\int_0^T p\,\mathrm{d}t = \frac{1}{T}\int_0^T UI\sin 2\omega t\,\mathrm{d}t = 0$$

说明电容电路中，也没有能量的消耗，只有电容和电源之间能量的互相交换。

电容电路能量交换的规模，用容性无功功率 Q_C 来衡量，数值上仍等于瞬时功率的最大值。它也是电压、电流有效值的乘积。为与感性无功功率 Q_L 相区别，Q_C 取负值，即

$$Q_C = -UI = -I^2X_C = -\frac{U^2}{X_C}$$

Q_C 的单位也为乏（var）或千乏（kvar）。

二、电阻、电感与电容元件串联的交流电路

（一）电压与电流之间的关系

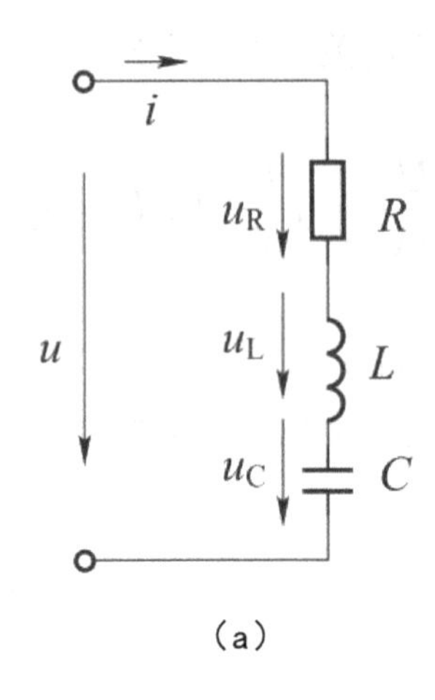

（a）

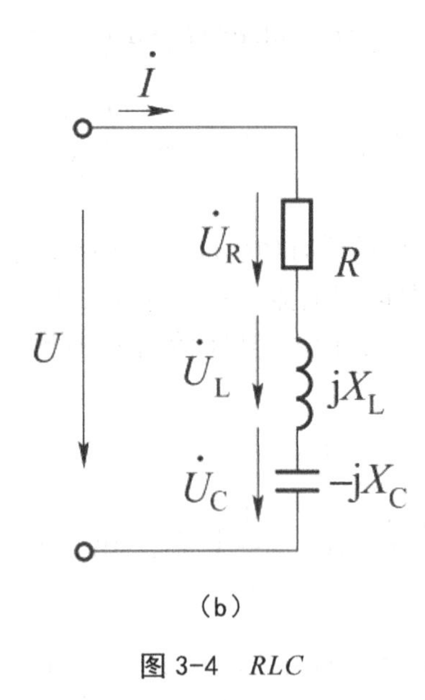

（b）

图 3-4　*RLC*

串联电路的特点是各元件流过同一电流。为方便起见，设电路中电流为

$$i = I_{\mathrm{m}} \sin \omega t$$

根据基尔霍夫电压定律列出回路电压方程，并将单一参数电路中电压、电流的关系代入，可得 *RLC* 串联电路的电压、电流瞬时值关系式为

$$u = u_R + u_L + u_C$$

$$= iR + L\frac{\mathrm{d}i}{\mathrm{d}t} + \frac{1}{C}\int i\mathrm{d}t$$

$$= I_m R\sin\omega t + I_m X_L \sin\left(\omega t + 90^\circ\right) + I_m X_C \sin\left(\omega t - 90^\circ\right)$$

同理，可得电压、电流的相量关系式为

$$\dot{U} = \dot{U}_R + \dot{U}_L + \dot{U}_C = \dot{I}R + \mathrm{j}X_L\dot{I} - \mathrm{j}X_C\dot{I} = \dot{I}\left[R + \mathrm{j}\left(X_L - X_C\right)\right]$$

令

$$Z = R + \mathrm{j}\left(X_L - X_C\right)$$

则

$$\dot{U} = \dot{I}Z \text{ 或 } Z = \frac{\dot{U}}{\dot{I}}$$

式 $\dot{U} = \dot{I}Z$ 或 $Z = \frac{\dot{U}}{\dot{I}}$ 与欧姆定律的相量表示法形式相同。式中，Z 称为复阻抗，其实部为电阻虚部为感抗与容抗的差 $X_L-X_C=X$，X 称为电抗。应注意复阻抗不是正弦量的复数表示，而只是复数计算量。电抗、复阻抗的单位都为 Ω。

复阻抗体现 RLC 串联交流电路的性质，表示电路电压相量与电流相量之间的关系。由式 $\dot{U} = \dot{I}Z$ 或 $Z = \frac{\dot{U}}{\dot{I}}$，可知

$$Z = \frac{U}{I}\angle\left(\psi_u - \psi_i\right) = |Z|\angle\varphi$$

式中，复数 Z 的模 $|Z|$ 称为电路的阻抗，它反映了电压和电流的大小关系，其值是电压与电流的有效值之比，即

$$|Z| = \frac{U}{I}$$

复数 Z 的辐角 φ 称为阻抗角，它反映了电压与电流的相位关系，是电压超前于电流的角度，即电压与电流的相位差

$$\varphi = \psi_u - \psi_i$$

由 $Z = R + \mathrm{j}(X_L - X_C)$，可得

$$|Z| = \sqrt{R^2 + (X_L - X_C)^2}$$

$$\varphi = \arctan\frac{X_L - X_C}{R} = \arctan\frac{X}{R}$$

由此可见，阻抗的单位仍为 Ω，并且电阻 R、电抗 $X(=X_L-X_C)$ 和阻抗 $|Z|$ 的的大小满足一个直角三角形的三边关系，将此直角三角形称为阻抗三角形。

在频率 f 一定时，阻抗角伊的大小和正负，是由电路参数决定的，即 $X_L>X_C$ 时，$\varphi>0$，电压超前电流 φ 角，电路为感性的；$X_L<X_C$ 时，$\varphi<0$，电流超前电压 φ 角，电路为容性的；$X_L=X_C$ 时，$\varphi=0$，电压与电流同相位，电路为电阻性的。因此，根据阻抗角的正、负，就可以判断电路的性质。

画串联电路的相量图时，以电流 $\dot{I}=I\angle0^\circ$ 为参考相量，则电阻上的电压 $\dot{U}_R$ 与电流 $\dot{I}$ 同相；电感上的电压 $\dot{U}_L$ 超前于电流 $\dot{I}$ 90°；电容上的电压 $\dot{U}_c$ 滞后于电流 $\dot{I}$ 90°。假定 $U_L>U_C$，利用平行四边形法则将 $\dot{U}_R,\dot{U}_L,\dot{U}_C$ 相加，其合成相量即为近 RLC 串联电路的总电压 $\dot{U}$。

利用电压三角形，可得出 RLC 串联电路的电压、电流有效值之间的关系式为

$$\begin{aligned} U &= \sqrt{U_R^2 + (U_L - U_C)^2} \\ &= \sqrt{(IR)^2 + (IX_L - IX_C)^2} \\ &= I\sqrt{R^2 + (X_L - X_C)^2} \\ &= I|Z| \end{aligned}$$

将电压三角形中各部分电压除以电流，所以 RLC 串联电路中的阻抗三角形与电压三角形相似。

由式 $Z=R+j(X_L-X_C)$ 的复阻抗的定义可知：

当 $X_C=0$ 时，$Z=R+\mathrm{j}X_L$，为 RL 串联电路；

当 $X_L=0$ 时，$Z=R-\mathrm{j}X_C$，为 RC 串联电路；

当 $X_L=X_C=0$ 时，$Z=R$，为电阻电路；

当 $R=X_C=0$ 时，$Z=\mathrm{j}X_L$，为电感电路；

当 $R=X_L=0$ 时，$Z=-\mathrm{j}X_C$，为电容电路。

所以说，RLC 串联电路是一个典型电路，而 RL 串联、RC 串联和单一参数电路，都是它的特例。

（二）功率

设 RLC 串联电路中的电流、端电压分别为

$$i = I_{\mathrm{m}} \sin \omega t$$

$$u = U_{\mathrm{m}} \sin(\omega t + \varphi)$$

则瞬时功率为

$$p = ui = U_{\mathrm{m}} \sin(\omega t + \varphi) \cdot I_{\mathrm{m}} \sin \omega t = 2UI \sin(\omega t + \varphi) \sin \omega t$$

$$= UI[\cos \varphi - \cos(2\omega t + \varphi)] = UI \cos \varphi - UI \cos(2\omega t + \varphi)$$

有功功率，也就是平均功率为

$$P = \frac{1}{T} \int_0^T p \mathrm{d}t$$

$$= \frac{1}{T} \int_0^T [UI \cos \varphi - UI \cos(2\omega t + \varphi)] \mathrm{d}t$$

$$= UI \cos \varphi$$

式中，$\cos\varphi$ 称为功率因数；φ 角又称功率因数角，φ 角是 $\dot{U}$ 与 $\dot{I}$ 的相位差，也是电路的阻抗角。

可见，交流电路的有功功率，不仅与电压、电流有效值的乘积有关，而且还受功率因数大小的影响。功率因数大小由电路参数决定。

$\dot{U}_R$ 与 $\dot{I}$ 同相位，所以把 $\dot{U}_R$ 称为电压 $\dot{U}$ 的有功分量，而把垂直于 $\dot{I}$ 的 $(\dot{U}_L+\dot{U}_C)$ 称为电压 # 的无功分量。因为在数值上 $(\dot{U}_L+\dot{U}_C)$ 的大小为 U_L-U_C，且由电压三角形可知 $U_L-U_C=U\sin\varphi$，所以无功功率为

$$Q = UI \sin \varphi = (U_L - U_C) I$$

$$= U_L I - U_c I$$

$$= I^2 X_L - I^2 X_C$$

$$=Q_L+Q_C$$

即交流电路的无功功率 Q 是感性无功功率 Q_L 和容性无功功率 Q_c 的代数和，说明 Q_L 和 Q_c 在电路中是互相补偿的。与有功功率不同，无功功率是有正负的，对于感性电路，Q 为正值；对于容性电路，Q 为负值。

在电工电子技术中，将正弦交流电路的端电压的有效值 U 和端电流的有效值 I 的乘积称为视在功率，或表观功率，用大写字母 S 表示：

$$S=UI=I^2|Z|$$

视在功率的单位为伏安（V·A）或千伏安（kV·A）。

视在功率用于表示一些交流电气设备的容量。有些电气设备的容量是不能用有功功率来表示的，如某些发电机和变压器，因为它们所带负载的功率因数是未知的，所以用视在功率来表示容量。视在功率表示最大可能输出的功率。如额定电压为 U_N、额定电流为 I_N 的电源设备的额定容量为 $S_N=U_N I_N$。

显然，有功功率、无功功率和视在功率满足

$$\begin{cases}P=S\cos\varphi\\Q=S\sin\varphi\\S=\sqrt{P^2+Q^2}\end{cases}$$

三、复阻抗的串联、并联与混联

在直流电路中，若干电阻的串联、并联或混联都可等效变换为一个电阻。在正弦交流电路中，由成 R，L，C 构成的无源网络也可以用一个复阻抗等效。

（一）复阻抗的串联

根据欧姆定律和基尔霍夫电压定律的相量形式，有

$$\begin{aligned}\dot{U}&=\dot{U}_1+\dot{U}_2+\cdots+\dot{U}_n\\&=\dot{I}Z_1+\dot{I}Z_2+\cdots+\dot{I}Z_n\\&=\dot{I}\left(Z_1+Z_2+\cdots+Z_n\right)\\&=\dot{I}Z\end{aligned}$$

式中：Z_1，Z_2，…，Z_n 表示复阻抗。

由此可见，若干个串联的复阻抗可用一个等效复阻抗来代替，等效复阻抗等于串联的各复阻抗之和，即

$$Z = Z_1 + Z_2 + \cdots + Z_n$$

$$= R_1 + \mathrm{j}(X_{L1} - X_{C1}) + R_2 + \mathrm{j}(X_{L2} - X_{C2}) + \cdots + R_n + \mathrm{j}(X_{Ln} - X_{Cn})$$

$$= \sum R + \mathrm{j}\sum(X_L - X_C)$$

等效复阻抗的阻抗值、阻抗角分别为

$$|Z| = \sqrt{\left(\sum R\right)^2 + \left[\sum(X_L - X_C)\right]^2}$$

$$\varphi = \arctan\frac{\sum(X_L - X_C)}{\sum R}$$

各电压与电流的有效值大小关系分别为

$$U_k = I|Z_k| \quad (k = 1, 2, \cdots, n)$$

注意，一般来讲 =$|Z| \neq |Z_1| + |Z_2| + \cdots + |Z_n|$。

复阻抗 Z_k $(k=1,2,\cdots,n)$ 上的电压相量为

$$\dot{U}_k = \frac{Z_k}{Z_1 + Z_2 + \cdots + Z_n}\dot{U}$$

上式为相量形式的串联电路分压公式。

在正弦交流电路中，有功功率和无功功率满足功率的可加性，电路中总的有功功率等于电路中各部分的有功功率之和，总的无功功率等于电路中各部分的无功功率之和，但在一般情况下，视在功率不满足可加性。

对于复阻抗串联电路来说，总有功功率为串联的各复阻抗有功功率的算术和，总无功功率为串联的各复阻抗无功功率的代数和，即

$$P = UI\cos\varphi = P_1 + P_2 + \cdots + P_n$$

$$Q = UI\sin\varphi = Q_1 + Q_2 + \cdots + Q_n$$

$$S = UI = \sqrt{P^2 + Q^2}$$

注意一般情况下，$S \neq S_1 + S_2 + \cdots + S_n$。

（二）复阻抗的并联

根据欧姆定律和基尔霍夫电流定律的相量形式，显然有

$$\dot{I} = \dot{I}_1 + \dot{I}_2 + \cdots + \dot{I}_n = \frac{\dot{U}}{Z_1} + \frac{\dot{U}}{Z_2} + \cdots + \frac{\dot{U}}{Z_n} = \frac{\dot{U}}{Z}$$

由此可见，若干个并联的复阻抗可用一个等效复阻抗来代替，等效复阻抗的值满足

$$\frac{1}{Z} = \frac{1}{Z_1} + \frac{1}{Z_2} + \cdots + \frac{1}{Z_n}$$

复阻抗并联电路功率的计算方法和复阻抗串联电路功率的计算方法相同。

复阻抗并联电路的相量图常常以电压$\dot{U}$为参考相量，画出各支路电流，再合成总电流。

（三）复阻抗的混联

所谓复阻抗的混联是指复阻抗既有串联也有并联的电路。求解复阻抗混联电路的方法就是利用复阻抗串联、并联的关系，合理地应用电路的基本定律和分析方法，列出相量方程求解。

根据欧姆定律和基尔霍夫定律的相量形式，可以得出此混联电路中各部分电压、电流之间的关系，而功率的计算方法和复阻抗串联、并联电路功率的计算方法相同。

混联的复阻抗也可以用一个等效复阻抗代替，等效复阻抗为

$$Z = Z_1 + \frac{Z_2 Z_3}{Z_2 + Z_3} = |Z| \angle\varphi$$

各支路电流关系满足基尔霍夫电流定律，即

$$\dot{I}_1 = \dot{I}_2 + \dot{I}_3$$

各部分电压关系满足基尔霍夫电压定律，即

$$\dot{U}=\dot{U}_1+\dot{U}_{AB}$$

根据欧姆定律，可得出各复阻抗上电压、电流之间的关系分别为

$$\dot{U}=\dot{I}_1Z,\dot{U}_1=\dot{I}_1Z_1,\dot{U}_{AB}=\dot{I}_2Z_2=\dot{I}_3Z_3$$

有功功率、无功功率及视在功率分别为

$$P=UI_1\cos\varphi$$

$$=P_1+P_2+P_3=U_1I_1\cos\varphi_1+U_{AB}I_2\cos\varphi_2+U_{AB}I_3\cos\varphi_3$$

$$Q=UI_1\sin\varphi$$

$$=Q_1+Q_2+Q_3=U_1I_1\sin\varphi_1+U_{AB}I_2\sin\varphi_2+U_{AB}I_3\sin\varphi_3$$

$$S=UI_1=\sqrt{P^2+Q^2}$$

需要说明的是，上述表达式中的 φ 既是等效复阻抗 Z 的阻抗角，也是$\dot{U}$ 、$\dot{I}_1$的相位差，还是电路的功率因数角，而 φ_1，φ_2，φ_3 分别是三个复阻抗的阻抗角。

第三节　复杂交流电路的分析

若正弦量用相量表示，电路参数用复阻抗表示，则前面介绍的基本定律和分析方法在正弦交流电路中同样适用。因此复杂交流电路也可以应用线性电

路的分析方法，如支路电流法、戴维宁定理、叠加原理等来分析与计算。注意在有多个正弦交流电源的电路中，我们只考虑各电源频率相同的情况。

下面通过例题具体说明复杂交流电路的分析与计算。

例：已知$\dot{U}_{s1}=\dot{U}_{s2}=220\angle0^{\circ}\,\mathrm{V}$，$R=X_L=X_C=22\Omega$，求各支路电流。

解：根据基尔霍夫定律列结点电流方程和回路电压方程，即

$$\begin{cases}\dot{I}_1+\dot{I}_2+\dot{I}_3=0\\ \dot{U}_{s1}-\dot{U}_{s2}-\dot{I}_2R+\dot{I}_1\mathrm{j}X_L=0\\ \dot{U}_{s2}=-\dot{I}_2R+\dot{I}_3\left(-\mathrm{j}X_C\right)\end{cases}$$

代入已知数据，有

$$\begin{cases}\dot{I}_1+\dot{I}_2+\dot{I}_3=0\\ -22\dot{I}_2+\mathrm{j}22\dot{I}_1=0\\ 220\angle 0^\circ=-22\dot{I}_2+\dot{I}_3(-\mathrm{j}22)\end{cases}$$

解此方程组，可得

$$\dot{I}_1=10\angle-180^\circ\,\mathrm{A},\dot{I}_2=10\angle-90^\circ\,\mathrm{A},\dot{I}_3=10\sqrt{2}\angle 45^\circ\,\mathrm{A}$$

第四节　功率因数的提高

在正弦交流电路中，有功功率与视在功率的比值为功率因数，即

$$\frac{P}{S}=\cos\varphi$$

功率因数是正弦交流电路中一个非常重要的物理量，其大小决定于负载的性质。功率因数的提高在实际应用中有着非常重要的经济意义。

一、提高功率因数的意义

首先，提高功率因数，可以提高电源设备的利用率。

因为用视在功率表示的电源设备的容量 S_N 是一定的，由 $P=S\cos\varphi$ 可知，电源能够输出的有功功率 P 与功率因数 $\cos\varphi$ 成正比。例如一台发电机的容量 S_N=75000kV·A，若功率因数 $\cos\varphi=1$，则发电机输出有功功率为 75000kW；若功率因数 $\cos\varphi=0.6$，则发电机只能输出有功功率 45000kW，即电源的利用率只有 60%，这说明由于 $\cos\varphi$ 低，发电机不能输出最大功率。若采取措施提高功率因数，则同一电源设备可向更多负载供电。

其次，提高功率因数，还可以减少发电机绕组和输电线路上的功率损耗和电压损失。

因为 $I=\dfrac{P}{U\cos\varphi}$，当输电线路的电压 U 和传输的有功功率 P 一定时，输电线上的电流 I 与功率因数 $\cos\varphi$ 成反比。$\cos\varphi$ 越高，电流 I 越小。设发电机绕组和线路电阻为 r，则功率损耗为 I^2r，电压损失 ΔU 为 Ir。因此，功率因数提高可以使电流通过输电线产生的功率损耗和电压损失也减小。

在供电系统电路中，大量使用的是感性负载，如交流电动机、感应炉、日光灯等，

功率因数都较低。例如，作为动力的交流异步电动机，满载时功率因数为 0.7 ~ 0.85. 轻载时只有 0.4 ~ 0.5. 空载时甚至只有 0.2；日光灯电路的功率因数为 0.3 ~ 0.5；感应炉的功率因数也小于 1。这是造成实际电路中功率因数不高的主要原因。

作为工业上很重要的技术经济指标的功率因数，一般要求为 0.85 ~ 0.9。因此，在保证负载正常工作的前提下，提高功率因数是必须要解决的问题。应注意的是，这里所说的提高功率因数是指提高线路的功率因数，而不是提高某一感性负载的功率因数。

二、提高功率因数的方法

提高功率因数，首先要改善负载本身的工作状态，设计要合理，安排使用要恰当。例如，在选择异步电动机时，尽量使其在满载下工作，减少轻载和空载工作，即要避免“大马拉小车”现象。

在现代工业生产中，大量使用的用电设备是电感性负载—电动机，它是造成功率因数低下的根本原因。在额定负载时功率因素 $\cos\varphi$ 约为 0.7 ~ 0.9，轻载时更低。要提高功率因数，最常用的方法是在电感性负载的两端并联电容器，功率提高的相量图如图 3–5 所示。

并联电容后，电感性负载的电流 $I_{\mathrm{RL}}=\dfrac{U}{\sqrt{R^2+X_{\mathrm{L}}^2}}$、功率因素

$\cos\varphi_1=\dfrac{R}{\sqrt{R^2+X_{\mathrm{L}}^2}}$， $P=RI_{\mathrm{RL}}^2=UI_{\mathrm{RL}}\cos\varphi_1=UI\cos\varphi_2$ 均未发生变化，这是因为所加电压和负载的参数没有改变。但从相量图，上看电压 u 和线路电流 i 之间的相位差 φ_2 变小了，即总功率因素 $\cos\varphi_2$ 变大了。功率因素的提高是指电源或电网功率因素提高，而不是提高某个感性负载的功率因素。

电容的作用是补偿了一部分电感性负载所需要的无功功率，从而使负载与电源间的能量交换减少，提高了电源设备的利用率。即 $C\uparrow\rightarrow\varphi_2\downarrow\rightarrow\cos\varphi_2\uparrow\rightarrow I\downarrow$。一般功率因数补偿到接近 1 即可。那么如何根据具体的功率因素补偿的要求计算电容 C 的值呢？

若把功率因素由 $\cos\varphi_1$ 提高到 $\cos\varphi_2$，则由图 3–5 的相量图可求得电容 C 的值。由

$$\frac{U}{I_{\mathrm{C}}}=X_{\mathrm{C}}=\frac{1}{\omega C}$$

$$C=\frac{I_{\mathrm{C}}}{\omega U}=\frac{I_{\mathrm{RL}}\sin\varphi_1-I\sin\varphi_2}{\omega U}$$

得

$$=\frac{\frac{U}{U\cos\varphi_1}\sin\varphi_1-\frac{U}{U\cos\varphi_2}\sin\varphi_2}{\omega U}$$

$$=\frac{P}{\omega U^2}\left(\tan\varphi_1-\tan\varphi_2\right)$$

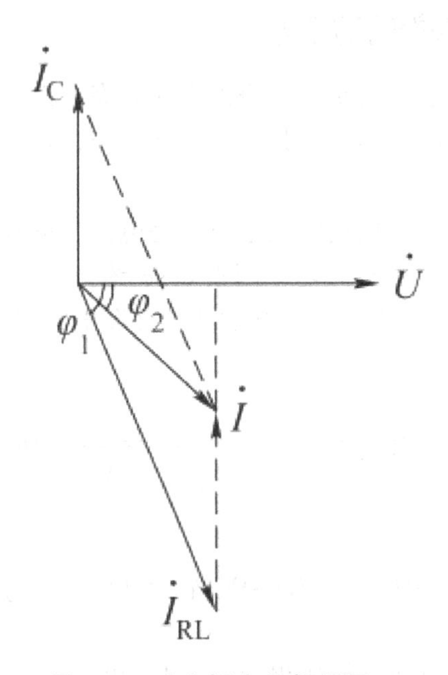

图 3-5 功率提高的相量图

例: 有一感性负载, P=10kW, $\cos\varphi_{RL}$=0.6, 接到 U=220V、f=50Hz 的正弦交流电源上。①若将功率因数提高到 0.9，求需并联多大的电容，并比较并联电容前后线路中总电流的大小；②若要求将功率因数从 0.9 进一步提高到 1，求还需并联多大电容；若并联的电容继续增加，功率因数将会如何变化?

解：① $\cos\varphi_{RL}$=0.6 时，φ_{RL}=53.1°；　$\cos\varphi$=0.9 时，φ=25.8°。

$$C=\frac{P}{\omega U^2}\left(\tan\varphi_{RL}-\tan\varphi\right)=\frac{10\times10^3}{2\pi\times50\times220^2}\left(\tan53.1^\circ-\tan25.8^\circ\right)\approx558.3\mu\text{F}$$

并联电容前的线路电流，即负载电流为

$$I_{RL}=\frac{P}{U\cos\varphi_{RL}}=\frac{10\times10^3}{220\times0.6}\approx75.76\text{A}$$

并联电容后的线路总电流为

$$I = \frac{P}{U\cos\varphi} = \frac{10\times10^3}{220\times0.9} \approx 50.51\text{A}$$

即并联电容后线路的总电流减小了。

②功率因数从 0.9 提高到 1. 需再增加的电容值为

$$C = \frac{10\times10^3}{2\pi\times50\times220^2}\left(\tan25.8^\circ - \tan0^\circ\right) = 292.9\mu\text{F}$$

通过并联电容提高功率因数，在理论上可以达到以下三种情况：

并联电容后的电路仍为感性，$\cos\varphi<1$，称为欠补偿。本例中可以看出，欠补偿时，电容越大，功率因数越高。

功率因数提高到 1 时，电路呈电阻性，称为全补偿。

并联的电容继续增加，电路将呈容性，$\cos\varphi<1$，称为过补偿。过补偿时，随电容的增加，功率因数将降低。

第五节　交流电路中的谐振

由电阻、电感、电容三种基本元件组成的交流电路，可能呈现感性或容性，还可能呈电阻性。如果调节电路参数或电源频率，使电感和电容的作用互相抵消，电路显示纯电阻性，即此时电路的端电压与端电流同相，这种现象叫做电路的谐振。根据电路的连接方式不同，谐振分串联谐振和并联谐振两种。

一、串联谐振（电压谐振）

在交流电路中，当电压和电流同相，即电路的性质为电阻性时，就称此电路发生了谐振。

谐振状态下的各量加注下标“0”表示。

（一）谐振条件和谐振频率

根据谐振的概念可知，谐振时该电路的复阻抗为

$$Z = R + \text{j}\left(\omega L - \frac{1}{\omega C}\right)$$

其虚部为零，即

$$\omega L=\frac{1}{\omega C}$$

这就是 RLC 串联电路的谐振条件。由此式可得谐振时的谐振角频率 ω_0 和谐振频率 f_0

$$\omega_0=\frac{1}{\sqrt{LC}}$$

$$f_0=\frac{1}{2\pi\sqrt{LC}}$$

（二）串联谐振电路的特点

1. 最小的纯阻性阻抗

RLC 串联电路的阻抗为

$$\left|Z_0\right|=\sqrt{R^2+\left(X_{\mathrm{L}}-X_{\mathrm{C}}\right)^2}=R$$

2. 最大的谐振电流为

$$I_0=\frac{U}{\left|Z_0\right|}=\frac{U}{R}$$

3. 谐振时，因 $X_{L0}=X_{C0}$，使 $\dot{U}_{L0}=-\dot{U}_{C0}$，即电感和电容上的电压相量等值反相；电路的总电压等于电阻上的电压，即 $\dot{U}=\dot{U}_{R}$。

串联谐振时，电感（或电容）上的电压与电阻上的电压之比值，通常用 Q 表示，即

$$Q=\frac{U_{\mathrm{L0}}}{U_{\mathrm{R}}}=\frac{U_{\mathrm{C0}}}{U_{\mathrm{R}}}=\frac{\omega_0 L}{R}=\frac{1}{\omega_0 CR}=\frac{1}{R}\sqrt{\frac{L}{C}}$$

Q 称为电路的品质因素。一般 Q 远远大于 1. 在高频电路中可达几百。因此，串联谐振时，电感（或电容）上的电压远大于电路的总电压（或电阻上的电压），即

$$U_{\mathrm{L0}}=U_{\mathrm{C0}}=QU$$

故串联谐振又称电压谐振。串联谐振在无线电中应用十分广泛。如调谐选频电路，可以通过调节 C（或 L）的参数，使电路谐振于某一频率，使这一频率的信号被接收，

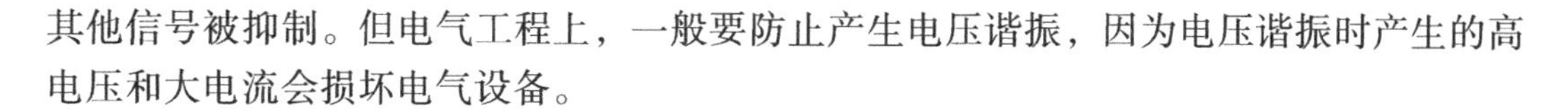

其他信号被抑制。但电气工程上，一般要防止产生电压谐振，因为电压谐振时产生的高电压和大电流会损坏电气设备。

（三）串联谐振的应用

串联谐振时，在电感元件和电容元件上可能产生高电压。若电压 U_L 或 U_C 过高，可能将线圈或电容器的绝缘击穿，产生事故，所以在电力系统中，必须注意避免谐振。但在无线电工程中，常利用串联谐振的这个特点，在某个频率上获得高电压。

在无线电接收设备中，常利用串联谐振来选择电台信号，即从各种微弱的信号电压中，获得较强的某一频率的信号。例如，收音机的调谐回路，由电感线圈 L 和可变电容 C 组成，L_1 为天线线圈。

由于每一个电台都有自己的广播频率，不同电台发射出不同的电磁波信号，在收音机的天线回路中就产生各自的感应电动势。由于天线回路与 L_C 调谐回路之间的互感作用，在 L_C 调谐回路中将感应出许多频率不同的电动势 e_1，e_2，…。

调节可变电容 C，使电路对某一电台频率发生串联谐振，此时在电容两端产生与该电台同频率的电压最高。其他各种不同频率的信号，虽然在调谐回路中出现，但由于它们的频率与谐振频率不一致，所以不显著。调节 C 值，调谐回路就会对不同频率发生串联谐振，于是就可收到不同电台的节目。电路的品质因数越大，频率选择性越好。

二、并联谐振（电流谐振）

发生在并联电路中的谐振称为并联谐振。

（一）谐振条件和谐振频率

在实际工程电路中，最常见的、应用最广泛的是由电感线圈和电容器并联而成的谐振电路，如图 3-6 所示。电路的等效阻抗 Z 为

$$Z=\frac{(R+\mathrm{j}\omega L)\dfrac{1}{\mathrm{j}\omega C}}{(R+\mathrm{j}\omega L)+\dfrac{1}{\mathrm{j}\omega C}}=\frac{R+\mathrm{j}\omega L}{1+\mathrm{j}\omega RC+\omega^2 LC}$$

通常电感线圈的电阻很小，所以一般在谐振时 $\omega L\gg$ R，则上式可表示为

$$Z\approx\frac{\mathrm{j}\omega L}{1+\mathrm{j}\omega RC-\omega^2 LC}=\frac{1}{\dfrac{RC}{L}+\mathrm{j}\left(\dfrac{1}{\omega L}-\omega C\right)}$$

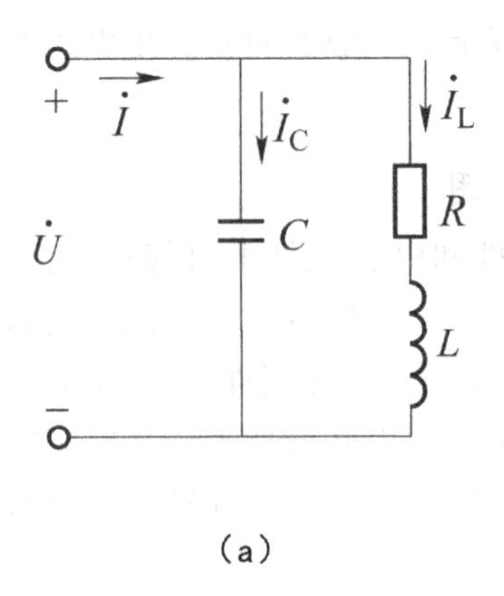

（a）

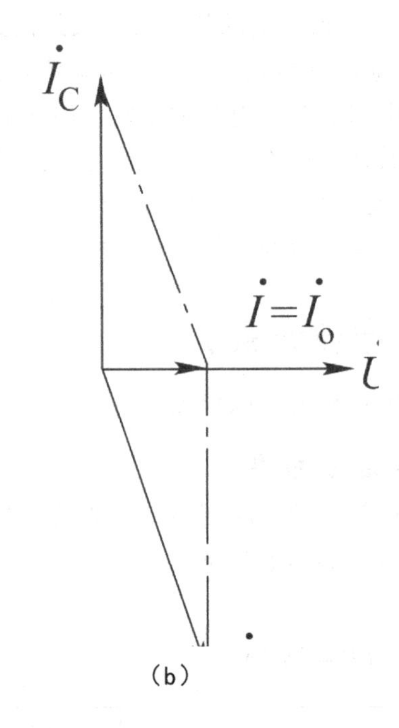

（b）

图 3-6　*RL* 与 *C* 并联电路

谐振的条件是端口的电压与电流同相位，即复阻抗 Z 的虚部为零，由此可得并联谐振的条件与谐振的频率。

谐振的条件为

$$\omega_0 C = \frac{1}{\omega_0 L}$$

由此可得谐振频率（与串联谐振近似相等）

$$f_0 \approx \frac{1}{2\pi\sqrt{LC}}$$

（二）并联谐振电路的特点

阻抗达到最大值，电流为最小值。

$$|Z_0| = \frac{L}{RC}$$

在电源电压一定的情况下，电路的电流 I 在谐振时最小

$$I_0 = \frac{U}{|Z_0|} = \frac{RC}{L}U$$

谐振时，支路电流为总电流的 Q 倍，即 $I_L=I_C=QI$。Q 是品质因数，定义为

$$Q = \frac{1}{R}\sqrt{\frac{L}{C}}$$

因此，并联谐振又叫电流谐振。RLC 并联谐振电路在无线电技术中有着广泛的应用，是各种谐振器和滤波器的重要组成部分。

第六节　非正弦周期信号的交流电路

在生产和科研中所用的电源主要是正弦交流电。但在实际应用的交流电路中，除了正弦交流信号外，还常常会遇到非正弦周期性变化的电压和电流信号。

在线性电路中，一般利用傅里叶级数展开的方法，将非正弦的周期信号分解为直流分量和一系列不同频率的正弦信号分量之和，然后利用叠加原理，分析研究各分量单独对线性电路的作用，这种方法称为谐波分析法。

在数学分析中已经指出：一切满足狄利赫里条件（即周期函数在一个周期内只含有有限个极值点及有限个第一类不连续点）的周期函数都可以分解为傅里叶级数。在电工技术中的非正弦周期信号，不论电动势、电压或电流，通常都满足这个条件，因此，只要知道其数学解析式或波形，都可以展开成傅里叶级数形式。

如角频率为 ω 的非正弦周期电压 u 可分解为

$$u=U_0+U_{1m}\sin(\omega t+\psi_1)+U_{2m}\sin(2\omega t+\psi_2)+\cdots+U_{Km}\sin(K\omega t+\psi_K)$$

$$=U_0+\sum_{K=1}^{\infty}U_{Km}\sin(K\omega t+\psi_K)$$

式中，U_0 为直流分量或恒定分量；U_{1m} $\sin(\omega t+\psi_1)$ 为基波或一次谐波；U_{Km} $\sin(K_{\omega t}+\psi_K)$ 为 K 次谐波。除了直流分量和基波外，其余的各次谐波都被称为高次谐波。由于傅里叶级数的收敛性，谐波的次数越高，其幅值越小，所以次数很高的谐波一般可忽略。

利用三角变换可将上式化成下列形式：

$$u=U_{\text{fh}}+\sum_{k=1}^{\infty}(A_{Km}\cos K\omega t+B_K\quad\sin K\omega t)$$

式中

$$A_{Km}=U_{Km}\sin\psi_K;\quad B_{Km}=U_{Km}\cos\psi_K$$

将一非正弦周期信号展开成式 $u=U_0+\sum_{k=1}^{\infty}(A_{Km}\cos K\omega t+B_{Km}\sin K\omega t)$ 形式的傅里叶级数，关键在于求出傅里叶系数 U_0，A_{Km}，B_{Km}。可以证明，U_0，A_{Km}，B_{Km} 可由下式确定：

$$U_0=\frac{1}{T}\int_0^T u\mathrm{d}t$$

$$A_{Km}=\frac{2}{T}\int_0^T u\cos K\omega t\mathrm{d}t$$

几种非正弦周期电压的傅里叶级数的展开式分别如下：

单相全波整流电压为

$$u=\frac{2U_m}{\pi}\left(1-\frac{2}{3}\cos 2\omega t-\frac{2}{15}\cos 4\omega t-\frac{2}{35}\cos 6\omega t-\cdots\right)$$

锯齿波电压为

$$u=U_{\mathrm{m}}\left[\frac{1}{2}-\frac{1}{\pi}\left(\sin\omega t+\frac{1}{2}\sin 2\omega t+\frac{1}{3}\sin 3\omega t+\cdots\right)\right]$$

三角波电压为

$$u=\frac{8U_{\mathrm{m}}}{\pi^2}\left(\sin\omega t-\frac{1}{9}\sin 3\omega t+\frac{1}{25}\sin 5\omega t-\cdots\right)$$

矩形波电压为

$$u=\frac{4U_{\mathrm{m}}}{\pi}\left(\sin\omega t+\frac{1}{3}\sin 3\omega t+\frac{1}{5}\sin 5\omega t+\cdots\right)$$

非正弦周期电流 i 在一个周期内的平均值就是其直流分量，有效值可由定义计算可得，即

$$I=\sqrt{\frac{1}{T}\int_0^T i^2\,\mathrm{d}t}$$

经计算后得出

$$I=\sqrt{I_0^2+I_1^2+I_2^2+\cdots}$$

式中，$I_1=\dfrac{I_{1\mathrm{m}}}{\sqrt{2}},I_2=\dfrac{I_{2\mathrm{m}}}{\sqrt{2}}$ 为基波、二次谐波的有效值。

应用谐波分析法，分析、求解非正弦周期信号线性电路的步骤如下：①首先将电路中给定的非正弦周期信号分解为傅里叶级数，可利用查表方法求得。傅里叶级数为无穷级数，高次谐波取到哪一项为止，要看所需精度而定。②分别计算信号直流分量和若干不同频率谐波分量对电路单独作用时的响应。

由于各次谐波频率不同，计算感抗和容抗时应注意频率变化：

直流分量作用时，电路中的电容视为开路，电感视为短路；

基波作用时，感抗为 $X_{L1}=\omega L$，容抗为 $X_{C1}=\dfrac{1}{\omega C}$（$\omega$ 为基波频率）；

K 次谐波作用时，$X_{LK}=K\omega L=KX_{L1},X_{CK}=\dfrac{1}{K\omega C}=\dfrac{1}{K}X_{C1}$。

③利用叠加原理求出叠加后的总响应。叠加时应注意，不同频率的正弦谐波分量是不能用相量图或复数式相加减的，只能用瞬时值表达式或正弦波形图来进行。

第四章 电动机

第一节 三相异步电动机

电动机的作用是将电能转换成机械能。现代各种生产机械都广泛使用电动机来作为动力源，这样可简化生产机械的结构，提高生产率和产品质量，实现自动控制和远程操纵以及减轻繁重的体力劳动。

电动机可分为交流电动机和直流电动机两大类。交流电动机又分为异步电动机（又称感应电动机）和同步电动机。直流电动机按励磁方式的不同分为他励、并励、串励和复励四种。

实际生产中主要使用交流电动机，特别是异步电动机，它被广泛地用来驱动各种金属切削机床、起重机、锻压机、传送带、铸造机械、通风机、水泵、油泵等。直流电动机主要应用在调速性能要求较高的场合。同步电动机主要应用于功率较大、不需调速、工作时间较长的各种生产机械上，如压缩机、水泵、通风机等。单相异步电动机常用于功率不大的电动工具和某些家用电器中除上述动力用电动机外，在自动控制系统中还用到各种控制电机。

一、三相异步电动机的基本结构

异步电动机结构简单、运行可靠、效率高、制造容易、成本低，但其不易平滑调速、调速范围较窄且降低了电网功率因数（对电网而言是感性负载）。

一台鼠笼式三相异步电动机：主要由定子和转子两大部分组成，定转子之间是空气隙。此外，还有端盖、轴承、机座、风扇等部件。

（一）异步电动机的定子

异步电动机的定子由定子铁芯、定子绕组和机座三个部分组成。

1. 定子铁芯

定子铁芯是电动机磁路的一部分，装在机座里。为了降低定子铁芯的铁损耗，定子铁芯用0.5mm厚的硅钢片叠压而成，在硅钢片的两面还应涂上绝缘漆。定子槽、开口槽，用于大、中型容量的高压异步电动机中；半开口槽，用于中型500V以下的异步电动机中；半闭口槽，用于低压小型异步电动机中。

2. 定子绕组

高压的大、中型容量异步电动机定子绕组常采用Y连接，只有三根引出线。对中、小容量低压异步电动机，通常把定子三相绕组的六根出线头都引出来，根据需要可接成Y形或△形。定子绕组用绝缘的铜（铝）导线绕成，嵌在定子槽内，绕组与槽壁间用绝缘隔开

3. 机座

机座的作用主要是为了固定与支撑定子铁芯。如果是端盖轴承电机，还要支撑电机的转子部分。因此，机座应有足够的机械强度和刚度。对中、小型异步电动机，通常用铸铁机座；对大型电机，一般采用钢板焊接的机座，整个机座和座式轴承都固定在同一个底板上。

（二）气隙

在定、转子之间有一气隙，气隙大小对异步电动机的性能有很大影响。气隙大则磁阻大，要产生同样大小的旋转磁场就需较大的励磁电流，由于励磁电流基本上是无功电流，所以为了降低电机的空载电流，提高功率因数，气隙应尽量小。一般气隙长度应为机械条件所容许达到的最小值，中、小型异步电动机的气隙一般为0.2 ~ 1.5mm。

（三）异步电动机的转子

异步电动机的转子由转子铁芯、转子绕组和转轴组成。

1. 转子铁芯

转子铁芯也是电动机磁路的一部分，用0.5mm厚的硅钢片叠压而成。整个转子铁芯固定在转轴或转子支架上，其外表呈圆柱状。

2. 转子绕组

转子绕组分为鼠笼式和绕线式两类。

鼠笼式绕组与定子绕组大不相同，它是一个自己短路的绕组。在转子的每个槽里放

上一根导体，每根导体都比铁芯长，在铁芯的两端用两个端环把所有的导条连接起来，形成一个自己短路的绕组。如果把转子铁芯拿掉，则可看出，剩下来的绕组形状像松鼠笼子，因此叫鼠笼转子。导条的材料有用铜的，也有用铝的。如果用的是铜料，就需要把事先做好的裸铜条插入转子铁芯上的槽里，再用铜端环套在伸出两端的铜条上，最后焊在一起。如果用的是铝料，就用熔化了的铝液直接浇铸在转子铁芯上的槽里，连同端环、风扇一次铸成。

绕线式转子的槽内嵌放有用绝缘导线组成的三相绕组，一般都连接成 Y 形。转子绕组的三根引线分别接到三个滑环上，用一套电刷装置引出来。这样就可以把外接电阻串联到转子绕组回路里去，以改善电动机的启动性能或调节电动机的转速。

与鼠笼式转子相比较，绕线式转子结构稍复杂、价格稍贵，一般在要求启动电流小、启动转矩大的场合使用。

二、三相异步电动机的工作原理

电动机转动的基本原理是载流导体在磁场中受到电磁力而产生转矩。因此有必要先讨论三相异步电动机中的磁场。

（一）旋转磁场

1. 旋转磁场的产生

三相异步电动机的定子铁芯中放有三相对称绕组 U_1U_2，V_1V_2 和 W_1W_2。假设将三相绕组连接成星形，接在三相电源上，绕组中便通入三相对称电流

$$i_U = I_m \sin \omega t$$

$$i_V = I_m \sin\left(\omega t - 120^\circ\right)$$

$$i_W = I_m \sin\left(\omega t + 120^\circ\right)$$

其接线与波形如图 4-1 所示。取绕组始端到末端的方向作为电流的参考方向，在电流的正半周时，其值为正，其实际方向与参考方向一致；在负半周时，其值为负，其实际方向与参考方向相反。

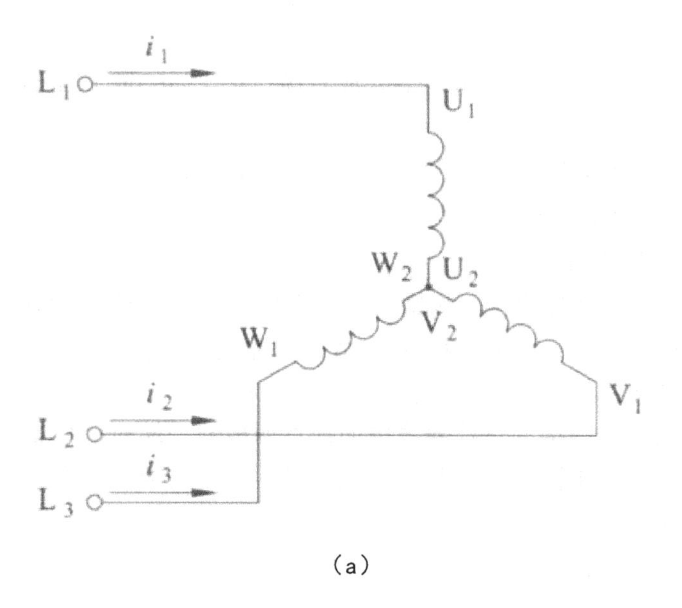

（a）

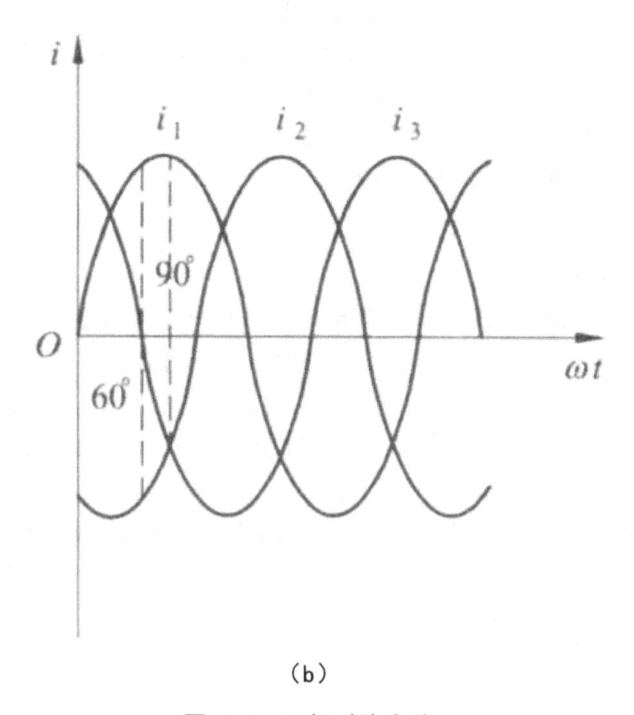

（b）

图 4-1　三相对称电流

在 $\omega t=0$ 的瞬时，这时 $i_U=0$，i_V 是负的，其方向与参考方向相反，即从 V_2 到 V_1；i_W 是正的，其方向与参考方向相同，即从 W_1 到 W_2。将每相电流所产生的磁场相加，便得出三相电流的合成磁场。

ωt=60°时，定子绕组中电流的方向和三相电流的合成磁场的方向，这时的合成磁场已在空间转过了 60°。

同理可得在 ωt=90°时的三相电流的合成磁场，它比 ωt=60°时的合成磁场在空间又转过了 30° 。

由上可知，当定子绕组中通入三相电流后，它们共同产生的合成磁场是随电流的交变而在空间不断地旋转着，这就是旋转磁场。

2. 旋转磁场的转向

U 相电流 $i_U=+I_m$，这时旋转磁场轴线的方向恰好与 U 相绕组的轴线一致。在三相电流中，电流出现正幅值的顺序为 U→V→W，因此磁场的旋转方向是与这个顺序一致的，即磁场的转向与通入绕组的三相电流的相序有关。

如果将同三相电源连接的三根导线中的任意两根的一端对调位置（如对调了 V 和 W 两相），则电动机三相绕组的 V 相与 W 相对调（注意电源三相端子的相序未变），旋转磁场因此反转。

3. 旋转磁场的极数

三相异步电动机的极数就是旋转磁场的极数。旋转磁场的极数和三相绕组的安排有关。每相绕组只有一个线圈，绕组的始端之间相差 120° ，则产生的旋转磁场具有一对极，即 p=1（p 是磁极对数）。如果将定子每相绕组安排成由两个线圈串联，绕组的始端之间相差 60° ，则产生的旋转磁场具有两对极，即 p=2。

如果要产生三对极，即 p=3 的旋转磁场，则每相绕组必须有均匀安排在空间的串联的三个线圈，绕组的始端之间相差 40° 。

同理可得更多对磁极的旋转磁场。

4. 旋转磁场的转速

至于三相异步电动机的转速，它与旋转磁场的转速有关，而旋转磁场的转速决定于磁场的极数。在一对极的情况下，当电流从 ωt=0°经历了 60° 时，磁场在空间也旋转了 60° 。当电流交变了一次（一个周期）时，磁场恰好在空间旋转了一转。设电流的频率为 f_1，即电流每秒钟交变 f_1 次或每分钟交变 60f_1 次，则旋转磁场的转速为 n_0=60 f_1。转速的单位为转每分（r/min）。

在旋转磁场具有两对极的情况下，当电流也从 ωt=0°到 ωt=60°经历了 60° 时，磁场在空间仅旋转 30° 。就是说，当电流交变了一次时，磁场仅旋转了半转，是 p=1 情况下转速的一半，即 $n_0=\dfrac{60f_1}{2}$。

同理，在三对极的情况下，电流交变一次，磁场在空间仅旋转了 $\dfrac{1}{3}$ 转，只是 p=1↑

情况下的转速的三分之一，即 $n_0=\dfrac{60f_1}{3}$。

由此推知，当旋转磁场具有 p 对极时，磁场的转速为

$$n_0=\frac{60f_1}{p}$$

因此，旋转磁场的转速 n_0 决定于电流频率 f_1 和磁场的极对数 p，而后者又决定于三相绕组的安排情况。对某一异步电动机来说，f_1 和 p 通常是一定的，所以磁场转速 n_0 是一个常数。

（二）电动机的转动原理

三相异步电动机的定子绕组接三相对称交流电源后，电机内便形成圆形旋转磁场，假设其转动方向为顺时针。若转子不转，转子绕组导条与旋转磁场有相对运动，导条中就有感应电势 e，方向由右手定则确定。由于转子导条彼此在端部短路，于是导条中有电流 i，不考虑电动势与电流的相位差时，电流方向同电动势方向。这样，导条就在磁场中受到电磁力 f，用左手定则确定受力方向。转子受力后产生电磁转矩 T，方向与旋转磁场方向相同，转子便在该方向上旋转起来。

转子旋转后，转速为 n，只要 $n<n_0$（n_0 为旋转磁场的同步转速），转子导条与磁场仍有相对运动，产生与转子不转时相同方向的感应电势、电流并受力，电磁转矩 T 仍旧为顺时针方向，转子继续旋转，稳定运行在 $T=T_L$ 情况下。

（三）转差率

电动机转子转动的方向与磁场旋转的方向相同，但转子的转速 n 不可能达到与旋转磁场的转速 n_0 相等，即 $n<n_0$。如果两者相等，则转子与旋转磁场之间就没有相对运动，因而磁通就不切割转子导条，转子电动势、转子电流以及转矩也就都不存在，转子就不可能继续以 n_0 的转速转动。因此，转子转速与磁场转速之间必须要有差异，这就是异步电动机名称的由来。而旋转磁场的转速 n_0 常称为同步转速。

我们用转差率 s 来表示转子转速 n 与磁场转速 n_0 相差的程度，即

$$s=\frac{n_0-n}{n_0}$$

转差率是异步电动机的一个重要的物理量。转子转速愈接近磁场转速，则转差率愈小。由于三相异步电动机的额定转速与同步转速接近，所以它的转差率很小。通常异步电动机在额定负载时的转差率约为 1% ~ 5%。

当 $n=0$ 时（起动初始瞬间），$s=1$，这时转差率最大。式 $s=\dfrac{n_0-n}{n_0}$ 也可写为

$$n=(1-s)n_0$$

三、三相异步电动机的电磁转矩和机械特性

电磁转矩 T（以下简称转矩）是三相异步电动机最重要的物理量之一，而机械特性是电动机的主要特性，分析电动机时往往都要用到。要讨论三相异步电动机的电磁转矩和机械特性，首先需要讨论它们的物理关系。

（一）三相异步电动机的电路分析

和变压器相比，定子绕组相当于变压器的原绕组，转子绕组（正常运行时短路）相当于副绕组。定子和转子每相绕组的匝数分别为 N_1 和 N_2。

1. 定子电路

和分析变压器原绕组一样，定子电阻压降和漏磁电动势可以忽略，得出

$$u_1\approx -e_1,\quad \dot{U}_1\approx -\dot{E}_1$$

$$E_1=4.44f_1N_1\Phi\approx U_1$$

式中，Φ 是每极磁通；f_1 是 e_1 的频率。因为旋转磁场和定子之间的相对转速为 n_0，故

$$f_1=\frac{pn_0}{60}$$

2. 转子电路

因为旋转磁场和转子间相对运动的转速为（n_0-n），所以转子频率

$$f_2=\frac{p\left(n_0-n\right)}{60}=\frac{\left(n_0-n\right)}{n_0}\frac{pn_0}{60}=sf_1$$

转子不转时 n=0，s=1。转子电动势

$$E_{20}=4.44f_1N_2\Phi$$

转子转动时的电动势

$$E_2 = 4.44 f_2 N_2 \Phi = 4.44 s f_1 N_2 \Phi = s E_{20}$$

转子电抗

$$X_2 = 2\pi f_2 L_2 = 2\pi s f_1 L_2 = s X_{20}$$

式中，$X_{20}=2\pi f_1 L_2$ 为转子不转时的电抗。

每相转子电流

$$I_2 = \frac{E_2}{\sqrt{R_2^2 + X_2^2}} = \frac{s E_{20}}{\sqrt{R_2^2 + \left(s X_{20}\right)^2}}$$

转子电路的功率因数

$$\cos\varphi_2 = \frac{R_2}{\sqrt{R_2^2 + X_2^2}} = \frac{R_2}{\sqrt{R_2^2 + \left(s X_{20}\right)^2}}$$

（二）转矩公式

异步电动机的转矩是由旋转磁场的每极磁通 Φ 与转子电流 I_2 相互作用而产生的。但因转子电路是电感性的，转子电流 $\dot{I}_2$ 比转子电动势 $\dot{E}_2$ 滞后 φ_2 角；又因电磁转矩与电磁功率 P_M 成正比，和讨论有功功率一样，也要引入 $\cos\varphi_2$。于是得出

$$T = K_T \Phi I_2 \cos\varphi_2$$

式中，K_T 是一常数，它与电动机的结构有关。

转矩的另一个公式

$$T = k \frac{s R_2 U_1^2}{R_2^2 + \left(s X_{20}\right)^2}$$

式中，k 是一常数。

由上式可见，转矩 T 还与定子每相电压 U_1 的平方成正比，所以当电源电压有所变动时，对转矩的影响很大。此外，转矩 T 还受转子电阻 R_2 的影响。

（三）机械特性曲线

在一定的电源电压 U_1 和转子电阻 R_2 之下，转矩与转差率的关系曲线 $T=f(s)$，或转速与转矩的关系曲线 $n=f(T)$，称为电动机的机械特性曲线。

1. 额定转矩 T_N

在等速转动时，电动机的转矩 T 必须与阻转矩 T_L 相平衡，即

$$T = T_L$$

阻转矩主要是机械负载转矩 T_2。此外，还包括空载损耗转矩（主要是机械损耗转矩）T_0。由于 T_0 很小，常可忽略，所以，

$$T = T_2 + T_0 \approx T_2$$

并由此得

$$T \approx T_2 = \frac{P_2}{\frac{2\pi n}{60}}$$

式中，P_2 是电动机轴上输出的机械功率。上式中转矩的单位是牛·米（N·m），功率的单位是瓦（W），转速的单位是转每分（r/min）。功率如用千瓦为单位，则得出

$$T = 9550\frac{P_2}{n}$$

额定转矩是电动机在额定负载时的转矩，它可通过电动机铭牌上的额定功率（输出机械功率）和额定转速应用式 $T = 9550\frac{P_2}{n}$ 求得。

例如某普通车床的主轴电动机（Y132M—4 型）的额定功率为 7.5 kW，额定转速为 1 440r/min，则额定转矩为

$$T_N = 9550\frac{P_{2N}}{n_N} = 9550 \times \frac{7.5}{1440} = 49.7\text{N} \cdot \text{m}$$

当负载转矩增大时（如车床切削时的吃刀量加大，起重机的起重量加大），在最初瞬间电动机的转矩 $T<T_L$，所以它的转速 n 开始下降。随着转速的下降，电动机的转矩增加了，因为这时 I_2 增加的影响超过 $\cos\varphi_2$ 减小的影响。当转矩增加到 $T=T_L$ 时，电动机在新的稳定状态下运行，这时转速较前为低。当负载在空载与额定值之间变化时，电动机的转速变化不大。这种特性称为硬的机械特性，三相异步电动机的这种硬特性非常适用于一般金属切削机床。

2. 最大转矩 T_{max}

从机械特性曲线上看，转矩有一个最大值，称为最大转矩或临界转矩。对应于最大转矩的转差率为 s_m，它由 $\frac{dT}{ds}$ 求得，即

$$s_m = \frac{R_2}{X_{20}}$$

再将 s_m 代入式 $T = k\frac{sR_2U_1^2}{R_2^2 + \left(sX_{20}\right)^2}$，则得

$$T_{max} = k\frac{U_1^2}{2X_{20}}$$

由上列两式可见，T_{max} 与 U_1^2 成正比，而与转子电阻 R_2 无关；s_m 与 R_2 有关，R_2 愈大，s_m 愈大。

当负载转矩超过最大转矩时，电动机就带不动负载了，将发生所谓闷车现象。闷车后，电动机的电流马上升高 6 ~ 7 倍，电动机将严重过热以致烧坏。

另外一个方面，也说明电动机的最大过载可以接近最大转矩。如果过载时间较短，电动机不至于立即过热，这是容许的。因此，最大转矩也表示电动机短时容许过载能力。电动机的额定转矩 T_N 比 T_{max} 要小，两者之比称为过载系数 λ，即

$$\lambda = \frac{T_{max}}{T_N}$$

一般三相异步电动机的过载系数为 1.8 ~ 2.2。

在选用电动机时，必须考虑可能出现的最大负载转矩，再根据所选电动机的过载系数算出电动机的最大转矩，它必须大于最大负载转矩。否则，就要重选电动机。

3. 启动转矩 T_{st}

电动机刚启动（n=0，s=1）时的转矩称为启动转矩。将 s=1 代入式

$T = k\frac{sR_2U_1^2}{R_2^2 + \left(sX_{20}\right)^2}$ 即得出

$$T_{st} = k\frac{R_2 U_1^2}{R_2^2 + X_{20}^2}$$

由上式可见，T_{st} 与 U_1^2 及 R_2 有关，当电源电压 U_1 降低时，起动转矩会减小。当转子电阻适当增大时，启动转矩会增大。当 R_2=X_{20} 时，T_{st} =T_{max}，s_m=1。但继续增大 R_2 时，T_{st} L 要随着减小，这时。

四、三相异步电动机的运行特性

（一）功率关系

当三相异步电动机以转速 n 稳定运行时，从电源输入的功率为

$$P_1 = 3U_{1p}I_{1p}\cos\varphi_1 = \sqrt{3}U_{1l}I_{1l}\cos\varphi_1$$

式中，U_{1p} 和 I_{1p} 是定子绕组的相电压和相电流，U_{1l} 和 I_{1l} 是定子绕组的线电压和线电流。$\cos\varphi_1$ 是定子边的功率因数，也是异步电动机的功率因数。

电动机输出的机械功率

$$P_2 = T_2\Omega = \frac{2\pi}{60}T_2 n$$

式中，Ω 是转子旋转的角速度，T_2 是异步电动机的输出转矩。

P_1 和 P_2 之差是电动机总的功率损耗 $\sum p$，它包括铜损耗 p_{Cu}、铁损耗 p_{Fe}、机械损耗 p_m，即

$$\sum p = P_1 - P_2 = p_{Cu} + p_{Fe} + p_m$$

三相异步电动机的效率

$$\eta = \frac{P_1}{P_2}\times 100\% = 1 - \frac{\sum p}{P_2 + \sum p}\times 100\%$$

（二）工作特性

异步电动机的工作特性是指在电动机的定子绕组加额定频率的额定电压（即 U_1=U_N、f_1=f_N 时），电动机的转速 n、定子电流 I_1、功率因数 $\cos\varphi_1$、电磁转矩 T、效率等与输出功率 P_2 的关系，可以通过直接给异步电动机带负载测得工作特性，也可以利用等值电路计算而得。

1. 转速特性 $n=f_1(P_2)$

三相异步电动机空载时，转子的转速 n 接近于同步转速 n_0。随着负载的增加，转速 n 要略微降低，此时转子电动势 E_2 和转子电流 I_2 增大，以产生较大的电磁转矩来平衡负载转矩。因此，随着 P_2 的增加，转子转速 n 下降，转差率 s 增大。

2. 定子电流特性 $I_1=f_2(P_2)$

当电动机空载时，转子电流 I_2 约等于零，定子电流 I_1 等于励磁电流 I_0。随着负载的增加，转速下降，转子电流增大，定子电流也增大。

3. 定子功率因数特性 $\cos\varphi_1=f_3(P_2)$

三相异步电动机运行时必须从电网中吸收无功功率，它的功率因数永远小于1。空载时，定子功率因数很低，不超过0.2。当负载增大时，定子电流中的有功电流增加，使功率因数提高，接近额定负载时的 $\cos\varphi_1$ 最高。如果负载进一步增大，由于转差率 s 的增大使 φ_1 增大，$\cos\varphi_1$ 又开始减小。

4. 电磁转矩特性 $T=f_4(P_2)$

稳定运行时异步电动机的转矩方程为

$$T=T_0+T_2$$

输出功率 $P_2=T_2\Omega$，所以

$$T=T_0+\frac{P_2}{\Omega}$$

当电动机空载时，电磁转矩 $T=T_0$。随着负载增加，P_2 增大，由于机械角速度 Ω 变化不大，电磁转矩 T 随 P_2 的变化近似是一条直线。

5. 效率特性 $\eta=f_5(P_2)$

根据 $\eta=\dfrac{P_2}{P_1}=1-\dfrac{\sum p}{P_2+\sum p}$ 知道，电动机空载时，$P_2=0$，$\eta=0$，随着输出功率 P_2 的增加，效率 η 也在增大。在正常运行范围内因主磁通变化很小，所以铁损耗变化不大，机械损耗变化也很小，合起来称为不变损耗。转子铜损耗与电流平方成正比，变化很大，称为可变损耗。当不变损耗等于可变损耗时，电动机的效率达到最大。对中、小型异步电动机，大约 $P_2=0.75P_N$ 时，效率最高。如果负载继续增大，效率反而要降低。一般来说，电动机的容量越大，效率越高。

五、三相异步电动机的铭牌数据

电动机的外壳上都附有电动机的铭牌，上面标有该电动机的型号和主要额定数据等。要正确使用电动机，必须看懂铭牌，正确理解各项数据的意义。

以 Y 系列电动机为例来说明铭牌数据的意义。Y 系列电动机是我国自行设计的封闭型鼠笼式三相异步电动机，是取代 JO 等老系列的更新换代产品，它不仅符合国家标准，也符合国际电工委员会（IEC）标准。功率范围为 0.55 ~ 160kW。在输出功率相同的情况下，与 JO 等老系列相比，Y 系列电动机具有体积小、重量轻、起动转矩大等优点。表 4-1 所示为某台 Y 系列电动机的铭牌。

表 4-1　某台 Y 系列电动机的铭牌

三相异步电动机		
型号 Y132S-6	功率 3kW	频率 50Hz
电压 380V	电流 7.2A	连接 Y
转速 960r/min	功率因数 0.76	绝缘等级 B

（一）异步电动机的型号

电机产品的型号一般采用大写印刷体的汉语拼音字母和阿拉伯数字组成。其中汉语拼音字母是根据电机的全名称选择有代表意义的汉字，再用该汉字的第一个拼音字母组成。上面的三相异步电动机表示如下：

6 代表磁极数：6 极。

S- 代表机座长度代号：短机座（M 表示中机座，L 表示长机座）。

132 代表规格代号：机座中心高 132mm。

Y 代表产品代号：异步电动机。

（二）异步电动机的额定值

1. 额定功率 P_N

指电动机在额定条件下运行时轴上输出的机械功率，单位符号常用 kW。

2. 额定电压 U_N

指额定运行状态下加在定子绕组上的线电压，单位符号为 V。它与定子绕组的连接方式有对应的关系。Y 系列电动机的额定电压一般为 380V，额定功率小于 3 kW 时为 Y 形连接，额定功率大于或等于 4 kW 时为 △ 形连接。有些小容量电动机，U_N 为 380/660V，连接方式为 △ /Y，这表示电源电压为 380V 时，为 △ 形连接；电源电压为 660V 时，为 Y 形连接。

3. 额定电流 I_N

指电动机在定子绕组上加额定电压、轴上输出额定功率时，定子绕组中的线电流，单位符号为 A。额定电流就是电动机在长期运行时所允许的定子线电流。若定子绕组有两种连接方式，则铭牌上标出两种额定电流，如 380/660V，△ /Y，2/1.15 A。

4. 额定频率 f_N

指电动机在额定条件下运行时，定子绕组所加交流电压的频率，我国工业用电的频率是 50 Hz。

5. 额定转速 n_N

指电动机定子加额定频率的额定电压，且轴端输出额定功率时电机转子的转速，单位符号为 r/min。异步电动机的额定转速接近而略小于同步转速，因此，只要知道了额定转速，就能确定同步转速和极对数，如 n_N=960r/min，则 n_0=1000r/min，p=3。

6. 额定功率因数 $\cos\varphi_N$

指电动机带额定负载时，定子边的功率因数。因为电动机是电感性负载，定子相电流比相电压滞后一个 φ 角。

三相异步电动机的功率因数较低，额定负载时约为 0.7 ~ 0.9，其在轻载或空载时更低，空载时只有 0.2 ~ 0.3。所以，必须正确选择电动机的容量，防止“大马拉小车”，并力求缩短空载的时间。

额定功率

$$P_N = \sqrt{3}U_N I_N \eta_N \cos\varphi_N$$

7. 绝缘等级

绝缘等级是按电动机绕组所用的绝缘材料在使用时容许的极限温度来划分的，所谓极限温度，是指电机绝缘结构中最热点的最高容许温度。技术数据如表 4-2 所示。

表 4-2　绝缘等级及其对应最高工作温度

绝缘等级	A	E	B	F	H
极限温度 /℃	105	120	130	155	180

绕线式异步电动机的铭牌上，除了上述额定数据外，还标有转子绕组的额定电流和转子绕组开路时的额定线电压。

除铭牌数据外，异步电动机还有一些重要技术数据可以从产品目录或电工手册中查到。

六、三相异步电动丽的启动、反转、调速和制动

（一）三相异步电动机的启动

1. 启动性能

电动机的启动就是把它开动起来。在启动初始瞬间，n=0　s=1，从启动时的电流和转矩来分析电动机的启动性能。

首先讨论启动电流 I_{st}。在刚启动时，由于旋转磁场对静止的转子有着很大的相对转速，磁通切割转子导条的速度很快，这时转子绕组中感应的电动势和产生的转子电流都很大。和变压器的原理一样，转子电流增大，定子电流必然相应增大。一般中、小型电动机的定子启动电流（指线电流）是额定电流的 5 ~ 7 倍。如 Y132M-4 型电动机的额

定电流为 15.4 A，启动电流与额定电流之比值为 7，因此启动电流为 7×15.4 A=107.8 A。

电动机不是频繁启动时，启动电流对电动机影响不大，因为启动电流虽大，但启动时间一般很短（小型电动机只有 1 ~ 3s），从发热角度考虑没有问题；并且启动后，转速很快升高，电流便很快减小但若启动频繁时，由于热量的积累，可能使电动机过热。因此，在实际操作时应尽可能不让电动机频繁启动。如在切削加工时，一般只是用摩擦离合器或电磁离合器将主轴与电动轴脱开，而不将电动机停车。

电动机的启动电流对线路是有影响的。过大的启动电流在短时间内会在线路上造成较大的电压降落，而使负载端的电压降低，影响邻近负载的正常工作。如对邻近的异步电动机，电压的降低不仅会影响它们的转速（下降）和电流（增大），甚至可能使它们的最大转矩 T_{max} 降到小于负载转矩，以致电动机停车。

其次讨论启动转矩 I_{st}。在刚启动时，虽然转子电流较大，但转子的功率因数 $\cos\varphi_2$ 是很低的。启动转矩实际上是不大的，一般能达到额定转矩的 1.0 ~ 2.2 倍。

如果启动转矩过小，就不能在满载下启动，应设法提高但启动转矩如果过大，会使传动机构（如齿轮）受到冲击而损坏，所以又应设法减小。一般机床的主电动机都是空载启动（启动后再切削），对启动转矩没有什么特别要求。但对移动床鞍、横梁以及起重用的电动机应采用较大一点的启动转矩。

由上述可知，异步电动机启动时的主要缺点是启动电流较大。为了减小启动电流（有时也为了提高或减小启动转矩），必须采用适当的启动方法。

2. 启动方法

鼠笼式异步电动机的启动方法有直接启动和降压启动两种。

（1）直接启动

就是利用闸刀开关或接触器将电动机直接接到具有额定电压的电源上。这种启动方法虽然简单，但如上所述，由于启动电流较大，将使线路电压下降，影响负载正常工作。

一台电动机能否直接启动，有一定规定。有的地区规定：用电单位如有独立的变压器，则在电动机启动频繁、电动机容量小于变压器容量的 20% 时允许直接启动；如果电动机不经常启动，它的容量小于变压器容量的 30% 时允许直接启动。如果没有独立的变压器（与照明共用），电动机直接启动时所产生的电压降不应超过 5%。

20 ~ 30 kW 的异步电动机一般都是直接启动。

（2）降压启动

如果电动机直接启动时所引起的线路电压降较大，必须采用降压启动，就是在启动时降低加在电动机定子绕组上的电压，以减小启动电流。鼠笼式异步电动机的降压启动常用下面几种方法：

①星形 - 三角形（Y- △）换接启动

如果电动机正常工作时定子绕组是连接成三角形的，那么在启动时可把它接成 Y 连接，等到转速接近额定值时再换接成△连接。这样，在启动时就把定子绕组每相上的电压降到正常工作电压的 $1/\sqrt{3}$。

|Z| 为启动时每相绕组的等效阻抗模。

当定子绕组连成星形，即降压启动时

$$I_{lY}=I_{\mathrm{pY}}=\frac{U_1/\sqrt{3}}{|Z|}$$

当定子绕组接成三角形，即直接启动时

$$I_{l\Delta}=\sqrt{3}I_{\mathrm{p}\Delta}=\sqrt{3}\frac{U_l}{|Z|}$$

比较上列两式，可得

$$\frac{I_V}{I_{l\Delta}}=\frac{1}{3}$$

即降压启动时的电流为直接启动时的 1/3。由于转矩和每相电压的平方成正比，所以启动转矩也减小到直接启动时的 $(1/\sqrt{3})^2=\frac{1}{3}$。因此，这种方法只适合于空载或轻载时启动。

目前 4 ~ 100 kW 的异步电动机都已设计为 380V 三角形连接，可采用星形一三角形换接启动。

②自耦降压起动

自耦降压启动是利用三相自耦变压器将电动机在启动过程中的端电压降低。启动时，开关 S 投向“启动”一边，电动机的定子绕组通过自耦变压器接到三相电源上，属降压启动。当转速接近额定值时，开关 S 投向“运行”边，切除自耦变压器，电动机定子直接接在电源上，电动机进入正常运行。

自耦变压器备有抽头，以便得到不同的电压(如为电源电压的 73%、64%、55% 等)，根据对启动转矩的要求而选用。

采用自耦降压启动，也同时能使启动电流和启动转矩减小。

自耦降压启动适用于容量较大或正常运行时连成星形不能采用星形 - 三角形启动器的鼠笼式异步电机。

至于绕线式异步电动机的启动，只要在转子电路中接入大小适当的启动电阻，就可达到减小启动电流的目的；同时，启动转矩也提高了。所

以它常用于要求启动转矩较大的生产机械上，如卷扬机、锻压机、起重机及转炉等。启动后，随着转速的上升将逐段切除启动电阻。

例：某 Y225M-4 型三相异步电动机，其额定数据如表 4-3 所示。试求：①额定电流。

②额定转差率 s_N。③额定转矩 T_N、最大转矩 T_{max}、起动转矩 T_{st} 。

表 4-3　Y225M—4 型三相异步电动机额定数据表

功率 /kW	转速 /（r/min）	电压 /V	效率	功率因数	I_{st}/I_N	T_s/T_N	T_{max}/T_N
45	1480	380	92.3%	0.88	7.0	1.9	2.2

解：① 4 ~ 100kW 的电动机通常都是 380V，△连接。

$$I_N=\frac{P_2\times10^3}{\sqrt{3}U\cos\varphi\eta}=\frac{45\times10^3}{\sqrt{3}\times380\times0.88\times0.923}=84.2(\mathrm{A})$$

②由已知 n=1480r/min 可知，电动机是四极的，即 p=2，n_0=1500r/min 。所以

$$s_N=\frac{n_0-n}{n_0}=\frac{1500-1480}{1500}=0.013$$

③ $$T_N=9550\frac{P_2}{n}=9550\times\frac{45}{1480}=290.4(\mathrm{N\cdot m})$$

$$T_{max}=\left(\frac{T_{max}}{T_N}\right)T_N=2.2\times290.4=638.9(\mathrm{N\cdot m})$$

$$T_{st}=\left(\frac{T_{st}}{T_N}\right)T_N=1.9\times290.4=551.8(\mathrm{N\cdot m})$$

（二）三相异步电动机的反转

三相异步电动机的旋转方向和旋转磁场的旋转方向相同，只要改变了旋转磁场的转向，就能实现电动机的反转。将与三相电源连接的三根导线中的任意两根的一端对调位置（如对调了 V 和 W 两相），则电动机三相绕组的 V 相与 W 相对调（注意电源三相端子的相序未变），旋转磁场因此反转，电动机也跟着反转。

（三）三相异步电动机的调速

调速就是在同一负载下得到不同的转速，以满足生产实际的需要。如各种切削机床的主轴运动随着工件与刀具的材料、工件直径、加工工艺的要求及走刀量的大小等的不同，要求有不同的转速，以获得更高的生产率和保证加工质量。如果采用电气调速，就可以大大简化机械变速机构。

在讨论异步电动机的调速时，首先研究公式

$$n=(1-s)n_0=(1-s)\frac{60f_1}{p}$$

此式表明，改变电动机的转速有三种可能，即改变电源频率 f_1、极对数 p 及转差率 S。前两者是鼠笼式异步电动机的调速方法，后者是绕线式异步电动机的调速方法。

1. 变频调速

近年来变频调速技术发展很快，变频调速装置主要由整流器和逆变器两大部分组成。整流器先将频率 f 为 50 Hz 的三相交流电变换为直流电，再由逆变器变换为频率 f_1 可调、电压有效值 U_1 也可调的三相交流电，供给三相鼠笼式异步电动机。由此可得到电动机的无级调速，并具有硬的机械特性。

通常有下列两种变频调速方式：

第一种：在 $f_1<f_{1N}$，即低于额定频率调速时，应该保持 $\frac{U_1}{f_1}$ 的比值近似不变，也就是两者要成比例的同时调节。由 $U_1\approx 4.44f_1N_1\Phi$ 和 $T=k_T\Phi I_2\cos\varphi_2$ $U_1≈4.44f_1\ N_1\ \Phi$ 和 $T=k_T\ \Phi I_2\ \cos\varphi_2$ 两式可知，这时磁通 Φ 和转矩 T 也都近似不变。这是恒转矩调速。

如果把频率调低 $U_1=U_1\ N$ 保持不变，则磁通 Φ 将增加。这就会使磁路饱和（电动机磁通一般设计在接近铁芯磁饱和点），从而增加了励磁电流和铁损，导致电机过热，这是不允许的。

第二种：在 $f_1>f_{1N}$，即高于额定频率调速时，应保持 $U_1≈U_{1N}$。这时磁通 Φ 和转矩 T 都将减小。转速增大，转矩减小，将使功率近于不变，这是恒功率调速。

如果把频率调高时 $\frac{U_1}{f_1}$ 的比值不变，在增加 f_1 的同时 U_1 也要增加。U_1 超过额定电压也是不允许的。

频率调节范围一般为 0.5 ~ 320 Hz。

目前在国内由于逆变器中的开关元件（可关断晶闸管、大功率晶体管和功率场效应管等）的制造水平不断提高，鼠笼式异步电动机的变频调速技术的应用也日益广泛。

2. 变极调速

由式 $n_0=\frac{60f_1}{p}$ 可知，如果极对数 p 减小一半，则旋转磁场的转速 n_0 便提高一倍，转子转速 n 差不多也提高一倍，因此改变 p 可以得到不同的转速。如何改变极对数呢？这同定子绕组的接法有关。

3. 变转差率调速

只要在线绕型电动机的转子电路中接入一个调速电阻，改变电阻的大小，就可以得到平滑的调速。如增大调速电阻时，转差率 s 上升，而转速 n 下降。这种调速方法的优点是设备简单、投资少，但能量损耗较大。

这种调速方法广泛应用于起重设备中。

（四）三相异步电动机的制动

因为电动机的转动部分有惯性，所以把电源切断后，电动机还会继续转动一定时间之后才停止。为了缩短辅助工时、提高生产机械的生产率以及保证安全，往往要求电动机能够迅速停车和反转，这时就需要对电动机制动。对电动机制动，也就是要求它的转矩与转子的转动方向相反，这时的转矩称为制动转矩。

异步电机的制动常用下列两种方法。

1. 能耗制动

这种制动方法就是在切断三相电源的同时，接通直流电源，使直流电流通入定子绕组。直流电流的磁场是固定不动的，而转子由于惯性继续在原方向转动。根据右手定则和左手定则，不难确定这时的转子电流与固定磁场相互作用产生的转矩方向。它与电动机转动的方向相反，因而起制动的作用。制动转矩的大小与直流电流的大小有关，直流电流的大小一般为电动机额定电流的 0.5 ~ 1 倍。

因为这种方法是消耗转子的动能（转换为电能）来进行制动的，所以称为能耗制动。能耗制动的能量消耗小、制动平稳，但需要直流电源。在有些机床中采用这种制动方法。

2. 反接制动

在电动机停车时，可将接到电源的三根导线中的任意两根的一端对调位置，使旋转磁场反向旋转，而转子由于惯性仍在原方向转动。这时的转矩方向与电动机的转动方向相反，因而起到制动作用。当转速接近零时，需利用某种控制电器将电源自动切断，否则电动机将会反转。

由于在反接制动时旋转磁场与转子的相对速度（n_0+n）很大，因而电流较大。为了限制电流，对功率较大的电动机进行制动时必须在定子电路（鼠笼式）或转子电路（绕线式）中接入电阻。

反接制动比较简单、效果较好，但能量消耗较大。有部分中型车床和饨床主轴的制动采用这种方法。

3. 发电反馈制动

当转子的转速 n 超过旋转磁场的转速 n_0 时，这时的转矩也是制动的。

当起重机快速下放重物时，就会发生这种情况。这时重物拖动转子，使其转速 $n>n_0$，重物受到制动而等速下降。实际上这时电动机已进入发电机运行，将重物的位能转换为电能而反馈到电网里去，所以称为发电反馈制动。

另外，当将多速电动机从高速调到低速的过程中，也自然发生这种制动。因为在开始将极对数加倍时，磁场转速立即减半，但由于惯性，转子转速只能逐渐下降，因此就出现 $n>n_0$ 的情况。

第二节　单相异步电动机

单相异步电动机仅需单相电源即可工作，在快速发展的家电中得到非常广泛的应用，如电风扇、吸尘器、电冰箱、空调器以及厨房中使用的碎肉机等。

单相异步电动机共有两个绕组：主绕组和辅助绕组。主绕组能够产生脉振磁场，但不能产生启动转矩；辅助绕组与主绕组一起使用时共同产生启动转矩’启动完毕之后，主绕组继续工作，而辅助绕组通过离心开关断开电源，故主绕组又叫工作绕组，辅助绕组又叫启动绕组。两个绕组均装在定子上，并相差 90° 。

单相异步电动机的转子呈鼠笼形。

一、工作原理

先来分析单相异步电动机只有一个绕组（工作绕组）时的磁动势和电磁转矩。工作绕组接入单相电源，产生的是脉振磁动势。据绕组磁动势理论可知，一个正弦分布的脉振磁动势可以分解成两个幅值相等、转速相同（均为同步转速 n_0）、转向相反的旋转磁动势。这两个旋转磁动势分别产生正转磁场 Φ_+ 和反转磁场 Φ，这两个相反的磁场作用于静止的转子，产生两个大小相等、方向相反的电磁转矩 T_+ 和 T_-，作用于转子上的合成转矩为 0。也就是说，一个绕组的单相异步电动机没有启动转矩。

只有一个绕组的单相异步电动机虽然没有启动转矩，但电机转子一旦借外力旋转起来以后，两个旋转方向相反的旋转磁场就有了不同的转差率。同样设转子的逆时针方向为正方向，那么转子对正向磁场的转差率为

$$s_+ = \frac{n_1 - n}{n_1} = s$$

对反向旋转磁场而言，电动机转差率为

$$s_- = \frac{n_1 - (-n)}{n_1} = 2 - \frac{n_1 - n}{n_1} = 2 - s$$

当 $0< s_+ <1$ 时，T_+ 为驱动电磁转矩，T_- 为制动电磁转矩，而且 $T_+ > |T_-|$；当 $0< s_-<1$ 时，T_+ 为制动电磁转矩，T_- 为驱动电磁转矩，而且 $|T_-|> |T_+|$；当 s=1 时，T_+ 与 T_- 大小相等、方向相反，合成转矩为 0，所以合成转矩曲线 $T=f(s)$ 对称于原点。

当转子静止时，s=1，合成转矩为 0，故没有启动转矩；当转子受外力而正转时，$0< s_-<1$，$T_+ < T_{-1}|$；合成转矩为正，故外力消失后，电机仍能继续以正方向旋转，升速

到合成电磁转矩与负载制动转矩平衡时，电机以稳定转速正方向旋转；同样，当电机受到外力而反转时，$0< s_{-}<1$，$T_{+}<|T_{-}|$，合成转矩为负，故外力消失后电机仍能继续反方向旋转，升速到合成电磁转矩与负载制动转矩平衡时，电机以稳定速度反方向旋转。单相异步电动机只有一个绕组接单相电源时，建立起来的脉振磁动势无法产生启动转矩。当有外力带动转动时，脉振磁动势变为椭圆形旋转磁动势，合成电磁转矩不再为0，电机转子继续沿原方向加速，椭圆形旋转磁动势会逐步接近圆形旋转磁动势，电动机加速到接近同步转速。

总之，没有任何启动措施的单相异步电动机没有启动转矩，但一旦起动，就会继续转动而不会停止，而且其旋转方向是随意的，跟随着外力的方向而变化。

二、单相异步电动机的启动方法

单相异步电动机一个绕组接上单相电源后产生的是一个脉振磁动势，在转子静止时，这个脉振磁动势由两个大小相等，方向相反的正转磁动势和反转磁动势合成。正转磁动势产生的正转电磁转矩与反转磁动势产生的反转电磁转矩也是大小相等、方向相反的，其合成电磁转矩为0，故电机无法启动。但若加强正转磁动势，同时削弱反转磁动势，那么脉振磁动势变为椭圆形旋转磁动势，如果参数适当，甚至可以变为圆形旋转磁动势，那么就会产生启动力矩并正常运行。据此，要使单相异步电动机产生启动力矩，一个简单而有效的方法就是增加一个启动绕组，起动绕组接上单相电源后能建立一个脉振磁动势，且与原来脉振磁动势位置不同，相位也不同，与工作绕组共同建立椭圆形旋转磁场，从而产生启动转矩。

（一）电阻分相启动

单相异步电动机除工作绕组外，还装有启动绕组，起动绕组与工作绕组空间上相差90°，并在启动绕组中串入电阻R，然后与工作绕组共同接到同一单相电源上。辅助绕组串入电阻R后，起动绕组中电流$\dot{I}_2$滞后电压$\dot{U}_1$的相位角小于工作绕组中电流$\dot{I}_1$滞后电压机的相位角，即起动绕组中的电流$\dot{I}_2$超前于工作绕组中的电流$\dot{I}_1$，两个电流有相位差，形成椭圆形磁场，从而产生启动转矩。

工作绕组与辅助绕组的阻抗都是电感性的，两个绕组的电流虽有相位差，但相位差并不大，所以在电动机气隙内产生的旋转磁场椭圆度大，因而能产生的启动转矩较小，启动电流较大。

单相异步电动机的辅助绕组也可不串联电阻R，只需用较细的导线绕制辅助绕组，同时将匝数做的比工作绕组少些，以增加其电阻，减少其电抗，即可达到串联电阻的效果。

另外，在单相异步电动机启动后，为了保护起动绕组并减少损耗，常在启动绕组中串联离心开关S。当电机转子达到大约75%额定转速时，离心开关将自动断开，将启动绕组切除电源，让工作绕组单独运行。因此，启动绕组可以按短期工作设计。

如果需要改变电阻分相式电动机的转向，只要把工作绕组与启动绕组相并联的引出线对调即可实现。

（二）电容分相启动

单相异步电动机电容分相启动，是在启动绕组中串联电容 C，然后与主绕组（工作绕组）共同接到同一单相电源上。工作绕组的阻抗是电感性的，其电流 $\dot{I}_1$ 落后于电源电压机 $\dot{U}_1$ 相角 φ_1，而串接了电容的启动绕组的阻抗是容抗性的，其电流 $\dot{I}_2$ 超前于电源电压 $\dot{U}_1$ 相角 φ_2。如果电容的参数选取合适，可以使启动绕组的电流 $\dot{I}_2$ 超前于工作绕组的电流 $\dot{I}_1$ 90°，那么在单相异步电动机气隙内建立起椭圆度较小（近似于圆形）的旋转磁场，从而可获得启动电流较小、启动转矩较大比较好的起动性能。

如果启动绕组是按短期工作设计，启动电容也是按短期工作选取，那么可在转子轴上安装离心开关 S。当转速达到额定转速的 75% 时，离心开关在离心力的作用下自动断开，从而切断起动绕组的电源，只让工作绕组单独运行，这种电动机称为电容启动电机。

如果启动绕组是按长期工作设计，启动电容也是按长期工作选取，那么启动绕组不仅在单相异步电动机启动时工作，而且还与工作绕组一起长期工作，这种电动机称为电容电动机。实际上，电容电动机就是一台两相电动机，它改善了功率因数，提高了电动机的过载能力。如果所串联的电容使启动绕组的电流 $\dot{I}_2$ 超前于主绕组（工作绕组）的电流 90°，那么建立的旋转磁场是圆形或接近圆形，运行性能较好但启动性能较差；如果加大电容，启动转矩较大，起动性能较好，但正常运行后，旋转磁场的椭圆度较大。若既想得到较好的启动性能，又想在正常工作时形成近似圆形的旋转磁场，可以把与启动绕组串联的电容采用 2 个电容并联的方式。起动时，两个电容 C 和 C_{st} 并联使用，启动转矩 T_{st2}) 较大，当转速达到额定转速的 75% 时，离心开关把正常时多余的电容 C_{st} 切除，使电机建立的磁场近似于圆形旋转磁场，这样既可获得较好的启动性能，同时也获得较好的运行性能。

与电阻分相一样，若要改变电机的转向，只需把启动绕组与主绕组并联的引出线对调即可实现。

三、单相异步电动机的应用

随着家用电器的快速发展，单相异步电动机得到了广泛的应用。电容电动机的启动转矩相对较大，普遍用于电冰箱、空调机等家用电器之中，容量从几十瓦到上千瓦；罩极式电容机的启动转矩较小，主要用于小型电扇、电唱机和录音机中，容量在几十瓦以内；电阻分相启动的电动机常用于医疗器械之中，容量从几十瓦到几百瓦。

第五章　磁路与变压器

第一节　磁路的基本物理量和基本性质

在任何电流回路和磁极周围都有磁场存在，在电工设备中常用磁性材料做成各种形状的铁芯。这样，线圈中较小的励磁电流即可产生较大的磁通，从而得到较大的感应电动势或电磁力。铁芯的磁导率比周围的空气或其他物质的磁导率高得多，因此铁芯线圈中产生的磁通绝大多数经过铁芯的闭合通路。磁通所通过的由铁磁材料构成的路径（包括空气隙在内）称为磁路。

一、磁场的基本物理量

磁路问题是局限于一定范围内的磁场问题。因此磁场的各个基本物理量也适用于磁路，磁路的某些定律来源于磁场的某些规律。磁场的特性可以用几个基本物理量表示。

（一）磁感应强度

磁感应强度是表示磁场内某点磁场强弱和方向的物理量，它是一个矢量。磁场是由电流产生的，磁感应强度 B 和电流之间符合右手螺旋法则。

如果磁场内各点的磁感应强度 B 的大小相等、方向相同，则称该磁场为均匀磁场。

B 的大小可用通电导体在磁场中受力的大小来衡量。若磁场均匀，导体长度为 L，

导体与磁感应强度 B 的方向垂直，导体中电流为 I，导体在磁场中受力为 F，则该磁场的磁感应强度

$$B=\frac{F}{IL}$$

式中：F—与磁场垂直的通电导体受到的力，单位是牛［顿］，符号为 N；

I—导体中的电流，单位是安［培］，符号为 A；

L—通电导体在磁场中的有效长度，单位为米，符号为 m；

B—导体所在处的磁感应强度，单位是特［斯拉］，符号为 T。

（二）磁通

磁感应强度 B 仅仅反映了磁场中某一点的特性。在研究实际问题时，往往要考虑某一个面的磁场情况。为此，引入一个新的物理量—磁通，磁感应强度 B 和与垂直的某一截面面积 S 的乘积，称为通过该面积的磁通 Φ。

在均匀磁场中，磁感应强度 B 是一个常数。即

$$\Phi=BS\ \text{或}B=\frac{\Phi}{S}$$

式中：B—匀强磁场的磁感应强度，单位是特［斯拉］，符号为 T；

S—与 B 垂直的某一截面面积，单位是平方米，符号为 m^2；

Φ—通过该面积的磁通，单位是韦［伯］，符号为 Wb。

由上式可知，在匀强磁场中，磁感应强度就是与磁场垂直的单位面积上的磁通。故磁感应强度又叫磁通密度。

根据电磁感应定律的公式得到线圈的感应电动势

$$e=-N\frac{\mathrm{d}\Phi}{\mathrm{d}t}$$

可知磁通的单位可以是伏秒（Vs），但其 SI（国际单位制）单位是韦［伯］，符号为 Wb。

（三）磁场强度

磁场强度 H 也是一个矢量，在磁场计算中，通过磁场强度来建立磁场与电流的关系，这种关系就是安培环路定律。

磁场强度的单位是安［培］每米，符号为 A/m。

（四）磁导率

磁导率 μ 又叫导磁系数，用来表示磁场媒质磁性的物理量，也就是用来衡量物质导

磁能力的物理量。磁导率与磁场强度的乘积等于磁感应强度，即

$$B=\mu H \text{ 或} \mu=\frac{B}{H}$$

磁导率 μ 的单位是亨［利］每米，符号为 H/m。即

$$\mu \text{ 的单位 }=\frac{B\text{ 的单位}}{H\text{ 的单位}}=\frac{\mathrm{Wb/m^2}}{\mathrm{A/m}}=\frac{\mathrm{V\cdot s}}{\mathrm{A\cdot m}}=\frac{\Omega\cdot\mathrm{s}}{\mathrm{m}}=\frac{\mathrm{H}}{\mathrm{m}}$$

由实验测得真空的磁导率

$$\mu_0=4\pi\times10^{-7}\quad \mathrm{H/m}$$

这是一个常数，因此，将其他物质的磁导率和它比较是很方便的。

任意物质的磁导率 μ 与真空磁导率 μ_0 的比值，称为该物质的相对磁导率，用 μ_1 表示，即

$$\mu_r=\frac{\mu}{\mu_0}$$

显然 μ_r 是没有单位的量。根据其的大小，可将物质分为以下三类：①顺磁物质，它的相对磁导率 μ_r 大于 1，如空气、氧、锡、铝、铅等物质都是顺磁物质。②反磁物质，它的相对磁导率 μ_r 小于 1，如氢、铜、石墨、银和锌等物质都是反磁物质。在磁场中放置反磁物质，磁感应强度 B 减小。③铁磁物质，它的相对磁导率 μ_r 远大于 1，如铁、钢、铸铁、镍和钴等物质都是铁磁物质。在磁场中放置铁磁物质，可使磁感应强度增加几千倍甚至几万倍。

若将反磁物质和顺磁物质同时放置于同一磁场中，由于 $\mu_r \approx 1$，所以对磁场影响不大，一般将它们称为非磁性物质。

二、磁性材料的特性、磁导率和磁化曲线

常用的几种磁性材料列在表 5-1 中。它们具有下列磁性能：

表 5-1　常用磁性材料的最大相对磁导率、剩磁及矫顽磁力

材料名称	μ_{max}	B_r/(T)	H_c/(A/m)
铸铁	200	0.475 ~ 0.500	880 ~ 1040
硅钢片	8000 ~ 10000	0.800 ~ 1.200	32 ~ 64
坡莫合金（78.5%Ni）	20000 ~ 200000	1.100 ~ 1.400	4 ~ 24
低碳钢（0.45%C）		0.800 ~ 1.100	2400 ~ 3200
铁镍铝钴合金		1.100 ~ 1.350	40000 ~ 52000
稀土钴		0.600 ~ 1.000	320000 ~ 690000
稀土钕铁硼		1.100 ~ 1.300	600000 ~ 900000

（一）高导磁性

磁性材料是构成磁路的主要材料，铁磁材料的磁导率很高，其相对磁导率从远大于1，可达数百、数千直至数万。铁磁材料在磁场中可被强烈磁化（呈现磁性）。

磁性材料的高导磁性与它的原子结构有关。由于运动的电子产生一个原子量级的电流，电流又产生磁场，因此物质的每一个原子都产生一个原子量级的微小磁场。对于非磁性材料，这些微小的磁场随机排列互相抵消。而对于磁性材料，在一个小的区域内磁场不会互相抵消，这些微小的区域称为磁畴。如果存在外磁场，铁磁物质的磁畴就沿着外磁场方向转向，显示出磁性来。随着外磁场的增强，磁畴的磁轴逐渐转到与外磁场相同的方向上，这时排列相同的磁畴将产生一个与外磁场方向相同的很强的磁化磁场，因而使得铁磁物质内的磁感应强度大大增加，即铁磁材料被强烈地磁化了。

铁磁材料可被强烈磁化的特性在电工设备中得到了广泛的应用。电机、变压器及各种铁磁元件的线圈都放有由铁磁材料制成的铁芯。只要在有铁芯的线圈中通入较小的电流，就能产生足够强的磁通和磁感应强度。

铁磁材料除了可被强烈磁化的特性外，还有铁磁饱和及磁滞两个重要特性。

（二）磁饱和性及磁化曲线

磁性物质的磁导率 $\mu=\dfrac{B}{H}$，由于 B 与 H 不成正比，所以 μ 不是常数，而是随 H 而改变，如图 5-1 所示。

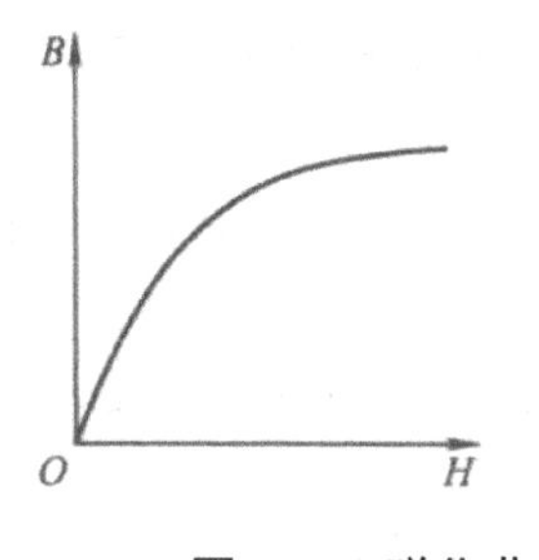

图 5-1 磁化曲线

铁磁材料的磁饱和性表现在磁感应强度 B 不会随磁场强度的增强而无限增强，磁性材料的磁饱和性用它的磁化曲线来描述。当磁场强度 H 增大到一定值时，磁感应强度 B 不能继续增强，达到铁磁材料的饱和性。

（三）磁滞性及磁滞回线

铁磁材料（如铁、镍、钴和其他铁磁合金）具有独特的磁化性质，磁滞性表现在交变磁场中反复变化时，磁感应强度 B 的变化滞后于磁场强度 H 的变化特性，其磁滞回线如图 5-2 所示。

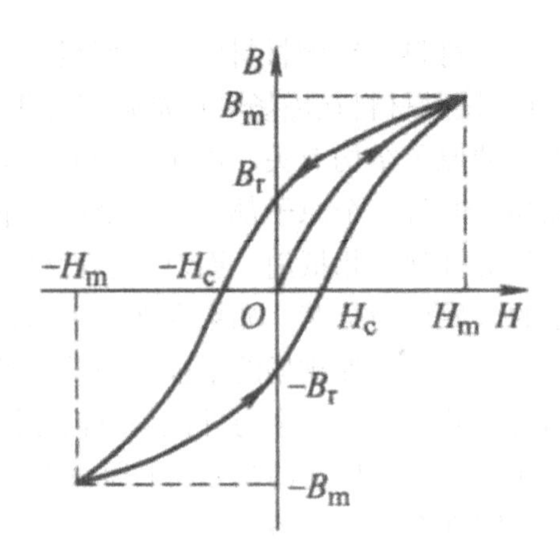

图 5-2　磁滞回线

如果流过线圈的磁化电流从零逐渐增大，则磁感应强度 B 随磁场强度 H 的变化如图 5-2 所示。继续增大磁化电流，即增加磁场强度 H 时，B 上升很缓慢：如果 H 逐渐减小，则 B 也相应减小。B 随 H 变化的全过程如下：

当 H 按 $O \to H_m \to O \to -H_c \to -H_m \to O \to H_c \to H_m$ 的顺序变化时，B 相应地沿 $O \to B_m \to B_r \to O \to -B_m \to -B_r \to O \to B_m$ 的顺序变化。

当 H=0 时，B 不为零，铁磁材料还保留一定值的磁感应强度 B_r，称 B_r 为铁磁材料的剩磁。

要消除剩磁 B_r 降为零，必须加一个反方向磁场 H_c，该磁场强度 H_c 叫做该铁磁材料的矫顽磁力。

H 上升到某一个值和下降到同一数值时，铁磁材料内的 B 值并不相同，即磁化过程与铁磁材料过去的磁化经历有关。

同一铁磁材料，选择不同的磁场强度进行反复磁化，可得一系列大小不同的磁滞回线。

由实验测得，不同的铁磁材料，其磁滞回线也不同。按照磁滞回线形状的不同，可将铁磁材料分为三类。①软磁材料具有较小的矫顽磁力，磁滞回线较窄，一般用来制造电机、变压器和电器的铁芯。常用的软磁材料有纯铁、铸铁、铸钢、硅钢、铁氧体和坡莫合金等。铁氧体在电子技术中应用很广泛，如计算机的磁芯、磁鼓以及录音机的磁带、磁头等。②永磁材料具有较大的矫顽磁力，磁滞回线较宽，一般用来制造永久磁铁。常用的有低碳钢及铁镍铝钴合金等。近年来稀土永磁材料发展较快，如稀土钴、稀土铵铁硼等，其矫顽磁力极大。③矩磁材料具有较小的矫顽磁力和较大的剩磁，磁滞回线接近矩形，稳定性也较好。在计算机和控制系统中可用作记忆元件、开关元件和逻辑元件。常用的有镁锰铁氧体及 1J51 型铁镍合金等。

第二节 磁路的概念及安培环路定律

一、磁路

在电机、变压器和各种铁磁元件中常用铁磁材料做成各种形状的铁芯，这样，线圈中较小的励磁电流即可产生较大的磁通，从而得到较大的感应电动势或电磁力。铁芯的磁导率比周围的空气和其他物质的磁导率高得多，因此绝大部分磁通经过铁芯形成闭合通路。磁通所通过的由铁磁材料构成的路径称为磁路，沿整个磁路的磁通均匀相同。

磁路按结构分为：分支磁路和无分支磁路，而分支磁路又分为：对称分支磁路和不对称分支磁路。

磁路计算时，通常是先给定磁通量，然后计算所需要的励磁磁动势。对于少数给定励磁磁动势求磁通量的逆问题，由于磁路的非线性，需要进行试探和多次迭代，才能得到解答。

二、磁路的安培环路定律

（一）磁路的安培环路定律（全电流定律）

安培环路定律将电流与磁场强度联系起来。具体描述为：沿空间任意条闭合回路，磁场强度 H 的线积分等于该闭合回路所包围的电流的代数和。

$$\oint \vec{H} \cdot d\vec{l} = \sum I$$

其中：H—磁场强度，安 / 米（A/m）；

$\sum I$—是穿过闭合回线所围面积的电流的代数和。

安培环路定律电流正负的规定：任意选定一个闭合回线的围绕方向，凡是电流方向与闭合回线围绕方向之间符合右于螺旋定则的电流作为正，反之为负。其中大拇指所指为 I 的方向，四指为 H 方向。

在均匀磁场中

$$HL = NI \text{ 或 } H = \frac{NI}{L}$$

（二）磁路的欧姆定律

在一环形、磁导率为 μ 的磁芯上，在线圈中通入电流 I，环上绕有 N 匝线圈。假设环的横截面积为 S，平均磁路长度为 L，同时假定环的内径与外径相差很小，磁场达到动态平衡状态，忽略漏磁通，环的横截面上磁通是均匀的。

根据式 $\oint \vec{H} \cdot d\vec{l} = \sum I$ 得

$$F = NI = HL = \frac{BL}{\mu}$$

$$= \frac{\Phi}{\mu S} L = \Phi R_{\mathrm{m}}$$

或

$$\Phi = \frac{F}{R_{\mathrm{m}}}$$

式中 $F = NI$ 是磁动势。

$$R_{\mathrm{m}} = \frac{L}{\mu S}$$

R_{m} 称为磁路的磁阻，与电阻的表达式相似，正比于磁路的长度 L，反比于 S_{μ} 的积其倒数称为磁导

$$G_m = \frac{\mu S}{L}$$

$\Phi = \dfrac{F}{R_{\mathrm{m}}}$ 即为磁路的欧姆定律，在形式上与电路欧姆定律相似。国际单位制（SI）中，Rm 单位为安 / 韦，磁导的单位是磁阻单位的倒数。由于磁性材料 R_{m} 是非线性的，磁路欧姆定律多用作定性分析，不做定量计算。

磁阻两端的磁位差称为磁压降 U_{m}，即

$$U_m = \Phi R_m = HL$$

引入磁路以后，磁路的计算也服从于电路的基尔霍夫两个基本定律。根据磁路基尔霍夫第一定律，磁路中任意节点的磁通之和等于零，即

$$\sum \Phi = 0$$

上式对应磁场的磁通连续性定理，即穿过任何闭合曲面的磁通之和为零，磁感应线是封闭曲线，无头无尾。

根据安培环路定律得到磁路基尔霍夫第二定律，沿某一方向的任意闭合回路的磁通势的代数和等于磁压降的代数和

$$\sum NI = \sum \Phi R_m$$

或

$$\sum HL = \sum NI$$

磁路基尔霍夫第二定律实质上是磁路的全电流定律，对磁路中某一段而定，它就是欧姆定律。

对应磁路仅在形式上将磁场的问题等效成电路来考虑，它与电路有本质上的不同：①电路中，在电动势的作用下，确实存在着电荷在电路中流动，并引起电阻的发热。而磁路中磁通是伴随电流存在的，对于恒定电流，在磁导体中，并没有物质或能量在流动，因此不会在磁导体中产生损耗。即使在交变磁场下，磁导体中的损耗也不是磁通流动产生的。②电路中电流限定在铜导线和其他导电元件内，这些元件的电导率高，比电路的周围材料的电导率一般要高1012倍以上（例如空气或环氧板）。因为没有磁“绝缘”材料，周围介质（例如空气）磁导率只比组成磁路的材料的磁导率低几个数量级。对于磁路中具有空气隙的磁路以及没有磁芯的空心线圈更是如此。一般情况下，在磁路中各个截面上的磁通是不等的。③在电路中，导体的电导率与导体流过的电流无关。而在磁路中，磁路中磁导率是与磁路中磁通密度有关的非线性参数。

例：一个环形磁芯线圈的磁芯内径 d=25 mm，外径 D=41 mm，环的横截面为圆形。磁芯相对磁导率 μ_r=50。线圈匝数 N=100 匝。通入线圈电流为 0.5 A。求磁芯中平均磁场强度，磁通、磁链和磁通密度。

解：磁芯的截面积

$$S = \pi\left(\frac{D-d}{2}\right)^2 = 3.14\times\left(\frac{41-25}{2}\times 10^{-3}\right)^2 = 2.0\times 10^{-4}\,\text{m}^2$$

磁路平均长度

$$L = \pi \frac{D+d}{2} \approx 0.12\text{m}$$

线圈产生的磁通势为

$$F = NI = 100 \times 0.5 = 50\text{A}$$

平均磁场强度

$$H = \frac{F}{L} = 416.67\text{A/m}$$

磁芯中平均磁通密度

$$B = \mu H = \mu_0 \mu_r H = 4\pi \times 10^{-7} \times 50 \times 416.67 = 2.62 \times 10^{-2}\text{T}$$

磁芯中的磁通

$$\Phi = BS = 5.24 \times 10^{-6}\text{Wb}$$

磁芯线圈的磁链

$$\Psi = N\Phi = 5.24 \times 10^{-4}\text{Wb}$$

三、磁路的分析计算

磁路分析计算问题可以分为两类，一类是已知磁路的磁通及结构、尺寸、材料，按照所定的磁通、磁路各段的尺寸和材料，求产生预定的磁通所需要的磁通势 $F=NI$，确定线圈匝数和励磁电流。另一类是已知磁路的磁通势及结构、尺寸、材料，计算磁路中的磁通。

设磁路由不同材料或不同长度和截面积的 n 段组成，则基本公式为

$$\oint \vec{H} \cdot d\vec{l} = \oint H \cdot dl = H_1 L_2 + H_2 L_2 + H_3 L_3 + H_4 L_4 + \cdots + H_n L_n = NI$$

即

$$NI = \sum_{i=1}^{n} H_i L_i$$

式中：$H_1 L_1, H_2 L_2, \cdots, H_n L_n$—磁路个段的磁压降。

（一）已知磁通 Φ，求磁通势 $F=NI$

基本步骤：

①按材料、横截面积，把材料相同、截面积相等的部分作为一段。

②画出磁路的中心线，计算各段磁路的截面积和平均长度。

③求各段磁感应强度 B_i。

各段磁路截面积不同，通过同一磁通 Φ，有

$$B_1=\frac{\Phi}{S_1},B_2=\frac{\Phi}{S_2},\ldots,B_n=\frac{\Phi}{S_n}$$

④求各段磁场强度 H_i。

根据各段磁路材料的磁化曲线 $B_i=f(H_i)$，求 B_1，B_2，…… 相对应的 H_1，H_2，……。

⑤计算各段磁路的磁压降（HL）。

⑥根据磁路的基尔霍夫第二定律确定所需要的磁通势。

例：设螺绕环的平均长度为 50 cm，截面面积为 4cm²，磁导率为 65×10^{-4} Wb/(A·m)，若环上绕线圈 200 匝。试计算产生 4×10^{-4}Wb 的磁通量需要的电流大小。若将环切去 1mm，即留一空气隙，欲维持同样的磁通，则需要多少电流？

解：磁阻 $R_m=\dfrac{L}{\mu S}=\dfrac{0.5}{65\times10^{-4}\times4\times10^{-4}}\text{A/W}=1.92\times10^5\text{A/W}$

$$F=\Phi R_m=4\times10^{-4}\times1.92\times10^5\text{A}=77\text{A}$$

因为 $F=NI$，所以 $I=\dfrac{F}{N}=0.385\text{A}$

当有空气隙时，空气隙的磁阻为

$$R_m'=\frac{L'}{\mu_0 S}=\frac{10^{-3}}{4\pi\times10^{-7}\times4\times10^{-4}}\text{A/Wb}=20\times10^5\text{A/Wb}$$

环长度的微小变化可略而不计，它的磁阻与先前相同，即 1.92×10^5 A/Wb。。那么空气隙虽然只长 1mm，它的磁阻却比铁环大近 10 倍，这时全部磁路的磁阻为

$$R_m+R_m'=\left(20\times10^5+1.92\times10^5\right)\text{A/Wb}\approx22\times10^5\text{A/Wb}$$

$$F_m'=\phi\left(R_m+R_m'\right)=880\text{A}$$

欲维持同样的磁通所需的磁通势，所需电流为

$$I' = \frac{F_m'}{N} = 4.4\text{A}$$

可以看出，空气隙尽管很小，但由于空气的磁导率很低，磁阻很大，导致这段的磁压降很大。

（二）已知磁通势 $F=NI$，求磁通 Φ

已知磁通势求磁通时，如果对于无分支的均匀磁路，计算不复杂，若又有分支磁路又不均匀，计算较复杂，详细计算可参考相关资料。

基本步骤：①先设定一磁通值，然后按照已知磁通求磁动势的计算步骤求出所需的磁动势。对于含有气隙的磁路，在计算时可先用给定的磁动势除以气隙磁阻得出磁通的上限值，并估出一个比此上限值小一些的磁通值进行第一次试算。②把计算所得磁通势与已知磁通势加以比较，如果二者不符合，再将 Φ 值进行修正，直到所算得的磁动势与给定磁动势相近。也可根据计算结果做出 $F-\Phi$ 曲线，根据这一曲线便可由给定的磁动势找出相应的磁通。

第三节　交流励磁下的铁芯线圈

在电机等电工设备中，铁芯线圈有通直流电的，如直流电机的励磁线圈和直流电器的线圈；也有通交流电的，如交流电机、变压器、交流接触器、交流继电器等的铁芯线圈中都流过交流电。分析直流铁芯线圈比较简单些，因为励磁电流是直流，产生的磁通是恒定的，在线圈和铁芯中不会感应出电动势来；电压 U 一定，线圈中的电流 I 只和线圈本身的电阻 R 有关；功率损耗也只有 RI^2。所以交流铁芯线圈在电磁关系、电压电流关系及功率损耗等几个方面和直流铁芯线圈是有所不同的。

一、电压电流与磁通的关系

（一）电压与磁通的关系

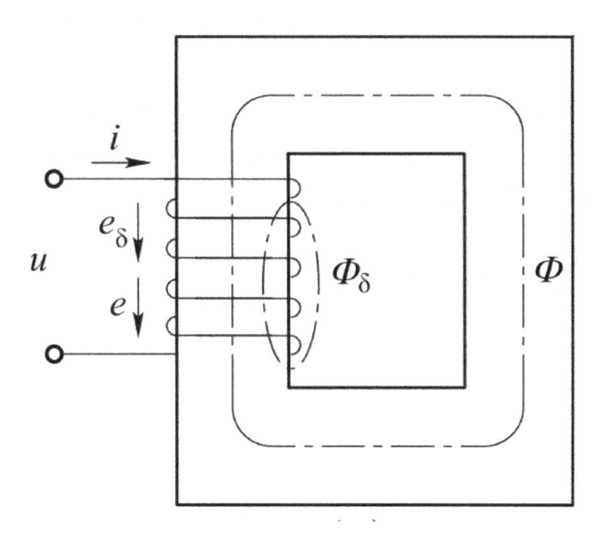

图 5-3　交流励磁下的铁芯线圈

图 5-3 所示磁路中，设线圈的导线电阻为 R，匝数为 N。在线圈两端加交流电压 u，线圈中的电流 i 是交变的，因此铁芯中的磁通也是交变的。

产生的磁通分为两部分：主磁通 Φ 和漏磁通 Φ_δ。主磁通 Φ 通过铁芯闭合，漏磁通通过铁芯之外的空气闭合。

交变的磁通会产生感应电动势，设主磁通 Φ 产生的感应电动势为 e，漏磁通 Φ_δ 产生的感应电动势为 e_δ，外加电压为 u、电流为 i，磁通 Φ 和 Φ_δ、感应电动势 e 和 e_δ 的正方向的规定都符合右手螺旋定则。

因为漏磁通基本不经过铁芯，所以励磁电流 i 与 Φ_δ 之间可以认为成线性关系，铁芯线圈的漏电感

$$L_\delta = \frac{N\Phi_\delta}{i} = \text{常数}$$

因为主磁通通过铁芯，所以 i 与 Φ 之间不存在线性关系。铁芯线圈的主磁电感 L 不是一个常数，它随励磁电流而变化的关系和磁导率 u 随磁场强度而变化的关系相似。因此，铁芯线圈是一个非线性电感。

如图 5-3 所示。根据基尔霍夫定律有

$$u = Ri + (-e) + \left(-e_\delta\right) = Ri + L_\delta \frac{\mathrm{d}i}{\mathrm{d}t} + (-e)$$

当 u 是正弦电压时，式中各量可视作正弦量，于是上式可用正弦量表示

$$\dot{U}=R\dot{I}+\left(-\dot{E}_{\delta}\right)+(-\dot{E})=R\dot{I}+\mathrm{j}X_{\delta}\dot{I}+(-\dot{E})$$

上式中，漏磁感应电动势 $\dot{E}_{\delta}=-\mathrm{j}X_{\delta}\dot{I}$，式中 $X_{\delta}=\omega L$ 称为漏磁感抗，它是由漏磁通引起的；我是铁芯线圈的电阻。一般铁芯线圈的漏磁通很小，故由漏磁通产生的感应电动势可以忽略不计；若线圈的导线电阻也很小，则由导线电阻产生的电压降也可以忽略不计；因此 $u\approx -e$。

由法拉第电磁感应定律和楞次定律，有

$$e=-N\frac{\mathrm{d}\Phi}{\mathrm{d}t}$$

所以

$$u\approx -e=N\frac{\mathrm{d}\Phi}{\mathrm{d}t}$$

式子表明，若所加电压 u 是正弦波，主磁通 Φ 也是正弦波。设

$$\Phi=\Phi_{\mathrm{m}}\sin\omega t$$

所以

$$u\approx -e=N\frac{\mathrm{d}\Phi}{\mathrm{d}t}=\Phi_{\mathrm{m}}N\omega\sin\left(\omega t+90^{\circ}\right)$$

故电压 u 和感应电动势的有效值为

$$U\approx E=\frac{\Phi_{\mathrm{m}}N\omega}{\sqrt{2}}=\frac{\Phi_{\mathrm{m}}N(2\pi f)}{\sqrt{2}}\approx 4.44\Phi_{\mathrm{m}}Nf$$

从式 $U\approx E=\frac{\Phi_{\mathrm{m}}N\omega}{\sqrt{2}}=\frac{\Phi_{\mathrm{m}}N(2\pi f)}{\sqrt{2}}\approx 4.44\Phi_{\mathrm{m}}Nf$ 得

$$\Phi_{\mathrm{m}}=\frac{U}{4.44Nf}$$

式子表明，在正弦交流电压励磁下，铁芯线圈内产生的磁通最大值 Φ_{m}，与所加正

弦电压的有效值成正比。

（二）电流与磁通的关系

铁芯线圈的磁化曲线是 B 与 H 的关系曲线，而 $B=\dfrac{\Phi}{S}$，$H=NI$，其中截面面积 S 和线圈匝数 N 都是常数，因此磁化曲线也就是 Φ 与 I 的关系。因此，可以在磁化曲线上通过画波形的方法得到电流 i 与 Φ 的关系。

设磁通 Φ 的波形是正弦波，最大值为 Φ_m。如果不考虑铁芯线圈的磁滞性，则在磁化曲线上画出电流 i 的波形。当磁通是正弦波时，励磁电流是非正弦波。也就是说，当励磁电压 u 为正弦波时，励磁电流 i 是非正弦波，励磁电压 u 与励磁电流 i 不是线性关系，这也说明铁芯线圈是非线性元件。如果考虑磁滞性，电流，i 的波形畸变更加严重。

二、功率损耗和等效电路

当励磁电压 u 为正弦波时，交流铁芯线圈中的电流 i 是周期性非正弦波。实际上，在交流铁芯线圈的电路计算中，用一个等效的正弦电流来替代这个周期性非正弦电流，即仍然将电流，作为正弦波来处理（如电压的计算、功率的计算都直接引用正弦交流电路的计算公式）。

（一）交流铁芯线圈的功率损耗

交流铁芯线圈的功率损耗主要有铜损和铁损两种，铜损 ΔP_{Cu} 指的是线圈导线电阻 R 上的损耗，铁损指的是在交流铁芯线圈中，处于交变磁通下的铁芯内的功率损耗，用 ΔP_{Fe} 表示，铁损是由磁滞和涡流产生的，由磁滞现象产生的铁损称为磁滞损耗，用 ΔP_h 表示，由涡流所产生的铁损称为涡流损耗，用 ΔP_e 表示，通过实验可以证明铁损与铁芯内磁感应强度的最大值 B_m 的平方成正比。

1．磁滞损耗 ΔP_h

铁磁材料交变磁化，由磁滞现象所产生了铁损。磁滞损耗与该铁芯磁滞回线所包围的面积成正比，励磁电流频率 f 越高，磁滞损耗也越大。当电流频率一定时，磁滞损耗与铁芯磁感应强度最大值的平方成正比。

为了减小磁滞损耗，应采用磁滞回线窄小的软磁材料制造铁芯。设计时应选择适当值以减小铁芯饱和程度。

2．涡流损耗 ΔP_e

铁磁材料不仅有导磁能力，同时也有导电能力，因而在交变磁通的作用下铁芯内将产生感生电动势和感应电流，感应电流在垂直于磁通的铁芯平面内围绕磁感线呈旋涡状，故称为涡流。涡流使铁芯发热，其功率损耗称为涡流损耗。

为了减小涡流损耗，当线圈用于一般工频交流电时，可将硅钢片叠成铁芯，这样将涡流限制在较小的横截面内流通，涡流损耗与电源频率的平方及铁芯磁感应强度最大值的平方成正比。

综上，交流铁芯线圈工作时的功率损耗为

$$\Delta P=\Delta P_{\mathrm{Cu}}+\Delta P_{\mathrm{Fe}}=\Delta P_{\mathrm{Cu}}+\Delta P_{\mathrm{h}}+\Delta P_{\mathrm{e}}$$

交变磁通除了会引起铁芯损耗之外，还有以下两个效应：①磁通量随时间交变，必然会在激磁线圈内产生感应电动势。②磁饱和现象会导致电流、磁通和电动势波形的畸变。

综上，交流铁芯线圈的有功功率就是铜损耗和铁损耗的总和，即

$$P=RI^2+\Delta P_{\mathrm{Fe}}=UI\cos\varphi$$

（二）交流铁芯线圈的等效电路

为了简化磁路的计算，用一个不含铁芯的交流电路来等效替代铁芯线圈交流电路，等效的条件是：在同样电压作用下，功率、电流及各量之间的相位关系保持不变。先将实际铁芯线圈的线圈电阻 R，漏磁感抗 X_σ 分出，剩下的就成为一个没有电阻和漏磁的理想铁芯线圈，但铁芯中仍有能量的损耗和能量的储存与释放，因此可以将这个理想的铁芯线圈交流电路用具有电阻 R_0 和 X_0 的一段电路来等效代替，其中电阻 R_0 是和铁芯中能量损耗相应的等效电阻，其值为

$$R_0=\frac{\Delta P_{\mathrm{Fe}}}{I^2}$$

感抗 X_0 是和铁芯中能量存储与释放相应的等效感抗，其值为

$$X_0=\frac{Q_{\mathrm{Fe}}}{I^2}$$

式中，Q_{Fe} 表示铁芯储放能量的无功功率。

这段等效电路的阻抗的阻抗模为

$$|Z_0|=\sqrt{R_0^2+X_0^2}=\frac{U'}{I}\approx\frac{U}{I}$$

例：有一个交流铁芯线圈，电源电压为 U=220V，电路中电流 I=4A，功率表的读数 P=100W，频率 $f=50\mathrm{Hz}$，漏磁通和线圈电阻上的电压降可以忽略不计。试求：①铁芯线圈的功率因数。②铁芯线圈的等效电阻和感抗。

解：① $\cos\varphi = \dfrac{P}{IU} = \dfrac{100}{220\times 4} = 0.114$

②铁芯线圈的等效阻抗模为

$$\left|Z'\right| = \frac{U}{I} = \frac{220}{4} = 55\Omega$$

等效电阻和等效感抗分别为

$$R' = R + R_0 = \frac{P}{I^2} = \frac{100}{4^2} = 6.25\Omega \approx R_0$$

$$X' = X_\sigma + X_0 = \sqrt{\left|Z'\right|^2 - R'^2} = \sqrt{55^2 - 6.25^2} = 54.6\Omega \approx X_0$$

例：要绕制一个铁芯线圈，已知电源电压 U=220V，频率 f =50Hz，今测得铁芯截面面积为 30.2cm^2，铁芯由硅钢片叠成，设叠片间隙系数为 0.91（一般取 0.9 ~ 0.93）。试问：①如取 B_m=1.2T，线圈匝数应为多少？②如磁路平均长度为 60 cm，励磁电流应多大？

解：铁芯的有效面积为

$$S = 30.2\times 0.91 = 27.5\text{cm}^2$$

①线圈匝数可根据式 $U \approx E = \dfrac{\Phi_m N\omega}{\sqrt{2}} = \dfrac{\Phi_m N(2\pi f)}{\sqrt{2}} \approx 4.44\Phi_m Nf$ 求出，即

$$N = \frac{U}{4.44 f B_m S} = \frac{220}{4.44\times 50\times 1.2\times 27.5\times 10^{-4}} = 300$$

②当 B_m=1.2T 时，H_m=700A/m，所以

$$I = \frac{H_m l}{\sqrt{2}N} = \frac{700\times 60\times 10^{-2}}{\sqrt{2}\times 300} = 1\text{A}$$

第四节 电磁铁与变压器

一、电磁铁

电磁铁是利用通电的铁芯线圈吸引衔铁或保持某种机械零件、工件于固定位置的一种电器。衔铁的动作可使其他机械装置发生联动。当电源断开时，电磁铁的磁性随着消失，衔铁或其他零件即被释放。

电磁铁可分为线圈、铁芯及衔铁三部分。

电磁铁可以分为直流电磁铁和交流电磁铁两大类型。

电磁铁在工农业生产中的应用极为普遍，例如：控制机床和起重机的电动机。当接通电源时，电磁铁动作而拉开弹簧，把抱闸提起，于是放开了装在电动机轴上的制动轮，这时电动机便可自由转动。当电源断开时，电磁铁的衔铁落下，弹簧便把抱闸压在制动轮上，于是电动机制动。在起重机中采用这种制动方法，还可避免由于工作过程中的断电而使重物滑下所造成的事故。

在机床中也常采用电磁铁操纵气动或液压传动机构的阀门和控制变速机构。电磁吸盘和电磁离合器也都是电磁铁具体应用的例子。此外，还可以用电磁铁起重以提放钢材。在各种电磁继电器和接触器中，电磁铁的任务是开闭电路。

电磁铁的吸力是它的主要参数之一。吸力的大小与气隙的截面面积 S_0 及气隙中磁感应强度 B_0 的平方成正比。计算吸力的基本公式为

$$F = \frac{10^7}{8\pi} B_0^2 S_0$$

式中，B_0 的单位符号是 T；S_0 的单位符号是 m^2；F 的单位符号是 N。

交流电磁铁中磁场是交变的，设

$$B_0 = B_m \sin \omega t$$

则吸力由式 $F = \frac{10^7}{8\pi} B_0^2 S_0$ 和式 $B_0=B_m \sin \omega t$ 得

$$f=\frac{10^7}{8\pi}B_m^2S_0\sin^2\omega t=\frac{10^7}{8\pi}B_m^2S_0\left(\frac{1-\cos 2\omega t}{2}\right)=F_m\left(\frac{1-\cos 2\omega t}{2}\right)$$

$$=\frac{1}{2}F_m-\frac{1}{2}F_m\cos 2\omega t$$

式中，$F_m=\frac{10^7}{8\pi}B_m^2S_0$是吸力的最大值。可以看出，虽然磁感应强度是正、负正弦交变的，但是电磁吸力却是脉动的，方向不变。在计算时只考虑吸力的平均值

$$F=\frac{1}{T}\int_0^T f\,dt=\frac{1}{2}F_m=\frac{10^7}{16\pi}B_m^2S_0$$

由式$=\frac{1}{2}F_m-\frac{1}{2}F_m\cos 2\omega t$可知，吸力在零与最大值$F_m$之间脉动，因而衔铁以两倍电源频率在振动并发出噪声，同时容易损坏触点。为了消除这种现象，可在磁极的部分端面上安装一个分磁环。于是在分磁环（或称短路环）中便产生感应电流，以阻碍磁通的变化，使在磁极两部分中的磁通 Φ_1 与 Φ_2 之间产生一相位差，因而磁极各部分的吸力也就不会同时降为零，两者合成后的电磁吸力在任何时刻都始终大于某一定值，这就消除了衔铁的振动，当然也就消除了噪声。一般短路环需包围 2/3 的铁芯端面。

二、变压器

变压器是一种用途广泛的常见电气设备，如在输配电系统以及输电过程中使用的升压变压器和降压变压器等。在输电方面，当输送功率及负载功率因数一定时，电压愈高，则线路电流愈小。这不仅可以减小输电导线的截面面积、节约材料，同时还可以减小线路的功率损耗。因此在输电时必须利用升压变压器将电压升高，以便减少线路中损耗；到用户区，降压变压器将电压降低，以适合用户的电压等级。在各种电子仪器包括计算机和家用电器中，都要用电源变压器将 220V 等级的交流电压降压并得到多种不同等级的输出电压，以供给仪器内部的电能需要。在电子线路中，除电源变压器外，变压器还用来传递信号、耦合电路、变换阻抗等。另外还有许多特殊用途的变压器，如自耦变压器、电焊机变压器、电流互感器、钳式电流表等。

（一）变压器的结构与工作原理

1. 变压器的结构

变压器的种类很多，但它们的基本结构和基本工作原理相同。

变压器的基本结构主要由闭合的铁芯和绕组等组成。铁芯构成了变压器的磁路。为了提高磁路的导磁能力和减少铁损耗（磁滞和涡流损耗），变压器的铁芯通常采用含硅量为 5%、厚度为 0.35mm 或 0.5mm 两平面涂绝缘漆或经氧化膜处理的硅钢片叠装而成，并且片间浸入绝缘漆。

2. 变压器的工作原理

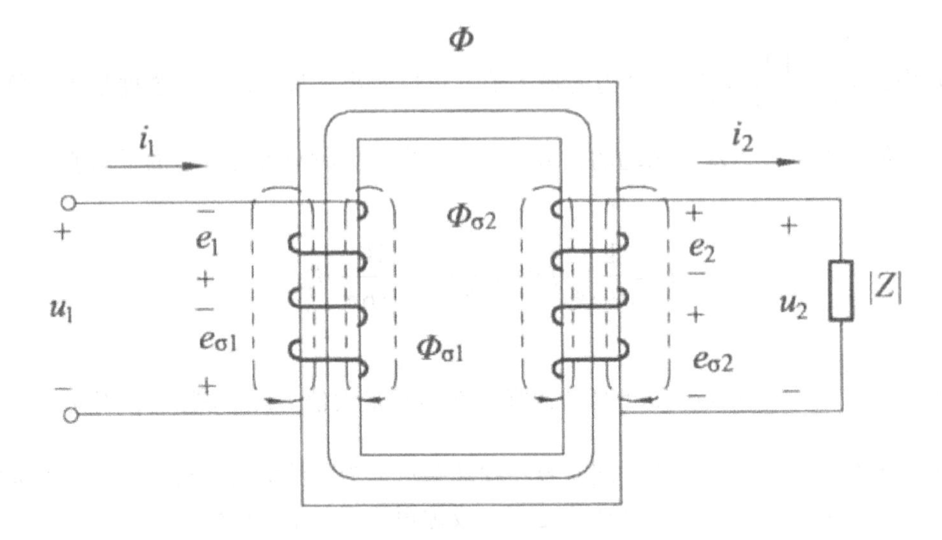

（a）单相双绕组变压器

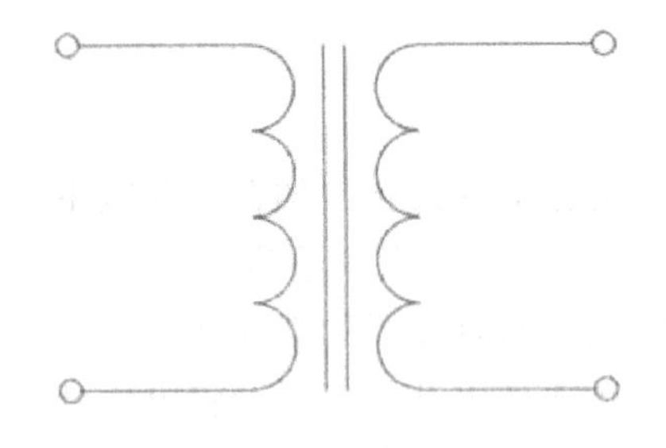

（b）变压器电路符号图

图 5-4　变压器原理图

图 5-4（a）所示为一台单相双绕组变压器原理图，它由两个互相绝缘且匝数不等的绕组套在具有良好导磁材料制成的闭合铁芯上。两绕组之间只有磁路的耦合而没有电的联系。

接电源的绕组称为原绕组（又称初级绕组或一次绕组），接负载的绕组称为副绕组

（又称次级绕组或二次绕组）。当原边绕组接上交流电压 u_1 时，原边绕组上有交流电流 i_1 产生，原边绕组的磁通势 $N_1 i_1$ 产生的磁通绝大部分通过铁芯而闭合产生交变磁通，少量磁通通过空气耦合产生漏磁通 $\Phi_{\sigma1}$；交变磁通将在原、副边绕组中分别产生感应电动势 e_1 和 e_2，如果副边绕组接有负载，在副边将有感应电流 i_2 通过，而副边绕组的磁通势 $N_2 i_2$ 产生的磁通绝大部分也将通过铁芯而闭合，少量磁通通过空气耦合产生漏磁通 $\Phi_{\sigma2}$。因此，铁芯中的磁通是由原副边的磁通势共同产生的合成磁通，称为主磁通，用 Φ 表示，漏磁通 $\Phi_{\sigma1}$ 和 $\Phi_{\sigma2}$ 较少，在理想变压器计算时可以忽略不计。

（1）电压变换

根据基尔霍夫电压定律，以图 5-4（a）为例，对原边绕组电路可列出电压方程，为

$$u_1 + e_1 + e_{\sigma1} = R_1 i_1$$

或

$$u_1 = R_1 i_1 + \left(-e_1\right) + \left(-e_{\sigma1}\right) = R_1 i_1 + \left(-e_1\right) + L_{\sigma1}\frac{\mathrm{d}i_1}{\mathrm{d}t}$$

漏磁通 $\Phi_{\sigma1}$ 只占主磁通的（0.1 ~ 0.2）%，主磁通中 Φ_m 与 i_1 之间呈非线性关系，向副边传递能量；而漏磁通 $\Phi_{\sigma1}$ 与 i_1 之间呈线性关系，不能向副边传递能量，通常原边绕组上所加的是正弦电压 u_1。上式可用相量表示

$$\dot{U}_1 = R_1\dot{I}_1 + \left(-\dot{E}_1\right) + \left(-\dot{E}_{\sigma1}\right) = R_1\dot{I}_1 + \left(-\dot{E}_1\right) + \mathrm{j}X_1\dot{I}_1$$

式中，R_1 和 $X_1=\omega L_{\sigma1}$ 分别为原边绕组的电阻和感抗（漏磁感抗，由漏磁通产生）。

由于原边绕组的电阻 R_1 和感抗 $X_1=\omega L_{\sigma1}$（或漏磁通 $\Phi_{\sigma1}$）较小，因而在它们两端的电压降也较小，与主磁通 Φ_m 感应产生的 E_1 比较起来，可以忽略不计。于是有

$$\dot{U}_1 \approx -\dot{E}_1$$

由上式可知，e_1 的有效值为

$$U_1 \approx E_1 = 4.44 f N_1 \Phi_\mathrm{m}$$

同理，对副边绕组电路有

$$e_2 + e_{\sigma2} = R_2 i_2 + u_2$$

或

$$e_2 = R_2 i_2 + u_2 + \left(-e_{\sigma 2}\right) = R_2 i_2 + u_2 + L_{\sigma 2}\frac{\mathrm{d}i_2}{\mathrm{d}t}$$

相量表示为

$$\dot{E}_2 = R_2 \dot{I}_2 + \dot{U}_2 + \left(-\dot{E}_{\sigma 2}\right) = R_2 \dot{I}_2 + \dot{U}_2 + \mathrm{j}X_2 \dot{I}_2$$

式中，R_2 和 $X_2=\omega L_{\sigma 2}$ 海分别为副边绕组的电阻和感抗（或漏磁通 $\Phi_{\sigma 2}$），均较小，因而在它们两端的电压降也较小，与主磁通 Φ_m 感应产生的 E_2 比较起来，可以忽略不计。于是有

$$\dot{U}_2 \approx \dot{E}_2$$

感应电动势 e_2 的有效值为

$$E_2 = 4.44 f N_2 \Phi_{\mathrm{m}}$$

在变压器空载时

$$I_2 = 0, \quad E_2 = U_{20}$$

式中，U_{20} 是变压器空载时副边绕组的端电压。

原、副边绕组的电压之比为

$$\frac{U_1}{U_2} \approx \frac{E_1}{E_{20}} = \frac{N_1}{N_2} = k$$

式子表明，变压器原、副边绕组的电压比与匝数成正比，或者，电压比等于变比。这就是变压器的电压变换原理。

对于理想变压器带负载时，若忽略铁损耗和产生主磁通所需要的电流，也可以从功率的角度理解变压器的电流变换和电压变换原理。理想变压器的输入功率 P_2 应等于其输出功率 P_2，而 $P_1=U_1 I_1$，$P_2=U_2 I_2$。所以有 $U_1 I_1=U_2 I_2$，即

$$\frac{U_1}{U_2} = \frac{I_2}{I_1} = \frac{N_1}{N_2} = k$$

式中，k 为变压器的变比，当 $k>1$ 为降压变压器；$k<1$ 为升压变压器。

结论：原边、副边侧电压之比与匝数成正比，或等于变比。

例：需一台小型单相变压器，额定容量 $S_N=U_N I_N=100\text{VA}$，，电源电压 $U_1=220\text{V}$，频率 $f=50\text{Hz}$，铁芯中的最大主磁通 $\Phi_m=11.72\times10^{-4}\text{Wb}$。试求副边空载电压 $U_{20}=12\text{V}$ 时，

原、副边绕组各为多少匝？

解：由 $U_1 \approx -E_1 = 4.44N_1 f\Phi_{\mathrm{m}}$ 可得原边绕组匝数为

$$N_1 = \frac{E_1}{4.44 f\Phi_{\mathrm{m}}} \approx \frac{U_1}{4.44 f\Phi_m} = \frac{220}{4.44\times 50\times 11.72\times 10^{-4}} = 846\ (\text{匝})$$

当空载电压 U_{20}=12 V 时，副边绕组匝数为

$$k = \frac{U_1}{U_2} = \frac{220}{12} = 18.35$$

$$N_2 = \frac{N_1}{K} = \frac{846}{18.35} = 46$$

例：有一台电压为 220/36V 的降压变压器，副边绕组接一盏“36V，36W”的灯泡，试求：

①若变压器的原边绕组 N_1=330 匝，副边绕组应是多少匝？

②灯泡点亮后，原、副绕组的电流各为多少？

解：由 $\dfrac{U_1}{U_2} = \dfrac{N_1}{N_2}$ 得

$$N_2 = \frac{U_2}{U_1} N_1 = \frac{36}{220}\times 330 = 72$$

由于灯泡是纯电阻性负载，功率因数 $\cos\varphi=1$

所以 $I_2 = \dfrac{P_2}{U_2} = 1\mathrm{A}$

由电流变换公式求出原边绕组电流：

$$I_1 = \frac{N_2}{N_1} I_2 = \frac{72}{330}\times 1 = 0.22\mathrm{A}$$

（2）阻抗变换

变压器除了具有变压和变流的作用外，还有变换阻抗的作用。变压器原边接电源 U_1，副边接负载阻抗 Z_L，对于电源来说，图中虚线框内的电路阻抗模 $|Z_L|$ 可用另一个阻抗模 $Z'|$ 来等效。所谓等效，就是指输入电路的电压、电流和功率不变，即直接接在电

源上的 $Z'|$ 和接在变压器副边侧的负载的阻抗模 $|Z_L|$ 是等效的。

当忽略变压器的漏磁和损耗时，等效阻抗由下式求得

$$|Z'| = \frac{U_1}{I_1} = \frac{\left(\frac{N_1}{N_2}\right)U_2}{\left(\frac{N_2}{N_1}\right)I_2} = \left(\frac{N_1}{N_2}\right)^2 |Z_L| = k^2 |Z_L|$$

$\frac{U_1}{I_1} = |Z'|$，故有如下关系

$$|Z'| = k^2 \, |Z\,|$$

式中，$|Z_L| = \frac{U_2}{I_2}$ 为变压器副边的负载阻抗。对于变比为 k 且变压器副边阻抗模为 $|Z_L|$ 的负载，相当于在电源上直接接一个阻抗模 $|Z'|=K^2\,|Z_L|$ 的负载。即变压器把负载阻抗模 $|Z_L|$ 变换为 $|Z'|$。因此，通过选择合适的变比 k，可把实际负载阻抗模变换为所需的数值，以期负载获得最大功率，这种做法称为阻抗匹配。

利用这一特点，可以用变压器不同匝数的线圈来变换阻抗。在电子线路中，最简单的，就是电视机天线，用扁馈线时阻抗是 300Ω，接电视机的天线输入端是 75Ω，必须用一个阻抗变换插座来完成，可用一个铁氧体磁芯的 2 ：1 的变压器，将 300Ω 与 75Ω 进行阻抗匹配。

例：交流信号源的电动势 E=120V，内阻 $R0$=800Ω，负载电阻 R_L=8Ω。①当折算到一次侧的等效电阻时，求变压器的匝数比和信号源输出的功率。②当将负载直接接到信号源时，信号源输出功率是多少？

解：①变压器的匝数比应为

$$k = \frac{N_1}{N_2} = \sqrt{\frac{R_L'}{R_L}} = \sqrt{\frac{800}{8}} = 10$$

信号源的输出功率为

$$P = \left(\frac{E}{R_0 + R_L'}\right)^2 R_L' = \left(\frac{120}{800+800}\right)^2 \times 800 = 4.5\text{W}$$

②当将负载直接接在信号源上时

$$P=\left(\frac{E}{R_0+R_L}\right)^2\times R_L=\left(\frac{120}{800+8}\right)^2\times 8=0.176\text{W}$$

（二）变压器的参数、外特性及效率

1．变压器的参数

（1）产品型号

表示变压器的结构和规格，由字母和数字表示，如SJL–1000/10，其中S表示三相（D表示单相），J表示油浸自冷式（F表示风冷式），L表示铝线圈（铜线无文字表示），1 000表示额定容量为1 000kV·A，10表示高压绕组的额定电压为10kV。

（2）额定电压

根据变压器的绝缘强度和允许发热所规定的原边绕组的电压值，变压器的额定电压有原边绕组额定电压 U_{1N} 和副边绕组额定电压 U_{2N}。电力系统中，副边绕组的额定电压 U_{2N} 是指在变压器空载且原边绕组加额定电压 U_{1N} 时，副绕组两端端电压的有效值。在仪器仪表中，通常指在变压器原边绕组施加额定电压 U_{1N}，副边接额定负载时的输出电压有效值。例如10 000V/230V

（3）额定电流

额定电流 I_{1N} 和 I_{2N} 是指原绕组加上额定电压 U_{1N}，原、副绕组允许长期通过的最大电流。三相变压器的 I_{1N} 和 I_{2N} 均为线电流。

（4）额定容量

是在额定工作条件下，变压器输出能力的保证值。单相变压器的额定容量为副边绕组额定电压与额定电流的乘积，用视在功率 S_N 表示，单位符号为V·A或kV·A，即：

$$S_N=U_{2N}I_{2N}=U_{1N}I_{1N}$$

三相变压器的额定容量为：

$$S_N=\sqrt{3}U_{2N}I_{2N}\approx\sqrt{3}U_{1N}I_{1N}$$

（5）额定频率

额定频率 f_N 是指变压器应接入的电源频率。我国电力系统的标准频率为50 Hz，日本及北美的标准频率为60 Hz。

变压器的主要参数中一般只给出额定电压和额定容量（指视在功率）。如变压器的额定电压10 000/230V，额定容量50kV·A，其含义是：当变压器的原边绕组接入额定输入电压 U_{1N}=10000V后，变压器的开路输出电压 U_{20} 即副边绕组的额定电压 U_{2N}，

且 U_{2N}=230V，此时变压器为降压变压器，可以接入一个视在功率为 50 kV•A 的负载。根据变压器的额定电压和额定功率，可以通过计算得出其额定电流：包括原边的额定电流和副边的额定电流。其中原边额定电流 $I_{1N}=\dfrac{50\text{kV}\cdot\text{A}}{10000\text{V}}=5\text{A}$，副边额定电流

$I_{2N}=\dfrac{50\text{kV}\cdot\text{A}}{230\text{V}}=217.4\text{A}$。反之，若以低压绕组为一次绕组，接在电压为 230V 的交流电源上，则高压绕组为二次绕组，其空载电压为 10 000V，这时变压器起升压作用。

2. 变压器的外特性

变压器原边接入额定电压 U_{1N} 后，变压器空载电压为 $U_{20}=U_{2N}$。当变压器接入负载后，副边绕组就有输出电流 I_2，负载变化引起电流 I_2 变化时，漏磁阻抗的电压降变化，U_2 将发生变化。在原边绕组电压 U_1 和负载功率因数 $\lambda_2=\cos\varphi_2$ 保持不变的情况下，副边绕组电压 U_2 与电流 I_2 之间的函数 $U_2=f(I_2)$ 的的关系曲线称为变压器的外特性。变压器向常见的电感性负载供电时，负载功率因数越低，U_2 下降越多。U_2 随 I_2 变化的程度通常用电压调整率来表示，其定义为：在原边绕组电压为额定值，负载功率因数不变的情况下，变压器从空载到额定负载（电流等于额定电流），副边绕组电压变化的数值 $U_{2N}-U_2$ 与空载电压（即额定电压）的比值的百分数，用 $\Delta U_2\%$ 表示，即

$$\Delta U_2\%=\frac{U_{2N}-U_2}{U_{2N}}\times 100\%$$

通常希望变压器的电压变化率越小越好，一般电力变压器的电压变化率在 3% ~ 5%。

例：某单相变压器的额定电压为 10 000/230V，接在 10 000V 的交流电源上向一电感性负载供电，电压变化率为 0.03. 求变压器的电压比及空载和满载时的副边电压。

解：变压器的电压比

$$k=\frac{U_{1N}}{U_{2N}}=\frac{10000}{230}=43.5$$

由题意知空载电压为 230V，满载电压由式求得

$$U_2=U_{2N}(1-\Delta U\%)=230\times(1-0.03)=223.1\text{V}$$

3. 变压器的效率

变压器的效率用 η 表示，定义为输出功率 P_2 与输入功率 P_1 之比的百分数，即

$$\eta = \frac{P_2}{P_1} \times 100\% = \frac{P_2}{P_2 + P_{F_e} + P_{\text{Cu}}} \times 100\%$$

变压器输入和输出功率并不是完全相等的，变压器是典型的交流铁芯线圈电路，其运行时原边和副边必然有铜损（P_{Cu}）和铁损（P_E），铁损（P_E）与输入电压 U_1^2 成正比，铜损（P_{Cu}）和负载大小有关，所以实际上变压器并不是百分百地传递电能的。通常变压器的额定功率愈大，效率就愈高。对于 220V 电源变压器，几十瓦以上的变压器效率可达 90% 以上，几瓦的变压器效率可以低至 70% 多。通常最大功率出现在负载为额定负载的 50% ~ 60% 时，此时效率达到最大值。

变压器在工作时，原边绕组电压的有效值和频率不变，主磁通基本不变，铁损耗也基本不变，故铁损耗又称为不变损耗。变压器在规定的功率因数（一般 $\cos\varphi=0.8$，电感性）下满载运行时的效率称为额定效率，这是变压器运行性能的指标之一。大型大功率电力变压器的额定效率高达 98% ~ 99%，小型小功率电力变压器的额定效率为 80% ~ 90%。

例：某变压器容量为 10 kV•A，铁损耗为 300 W，满载时铜损耗为 400 W，求该变压器在满载情况下向功率因数为 0.8 的负载供电时输入和输出的有功功率及效率。

解：忽略电压变化率，则

$$P_2 = S_N \cos\varphi_2 = 10 \times 10^3 \times 0.8 = 8 \times 10^3\,\text{W} = 8\text{kW}$$

$$P = P_{\text{Fe}} + P_{\text{Cu}} = (300 + 400) = 700\text{W} = 0.7\text{kW}$$

$$P_1 = P_2 + P = 8000 + 700 = 8700\text{W} = 8.7\text{kW}$$

$$\eta = \frac{P_2}{P_1} \times 100\% = \frac{8}{8.7} \times 100\% = 92\%$$

4. 变压器绕组的极性

变压器绕组的极性是指变压器原、副边绕组在同一磁通的作用下所产生的感应电动势之间的相位关系，取决于绕组的绕向，绕向改变，极性也会改变。

设有一交变磁通通过铁芯，并任意假定其参考方向，对原、副边绕组的绕向已知，如图 5-5（a）所示，当电流从 1 和 3 流入时，根据右手螺旋定则，它们所产生的磁通方向相同，因此 1、3 端是同名端，同样 2、4 端也是同名端。如图 5-5（b）所示，当电流从 1、4 流入时，根据右手螺旋定则，它们所产生的磁通方向相同，则 1、4 是同名端。

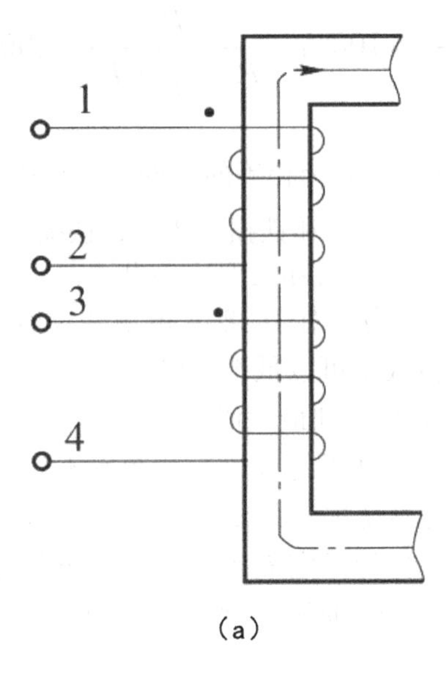

（a）

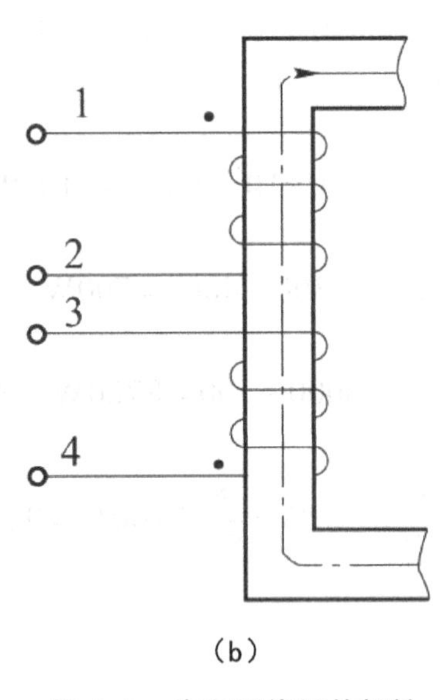

（b）

图 5-5　变压器绕组的极性

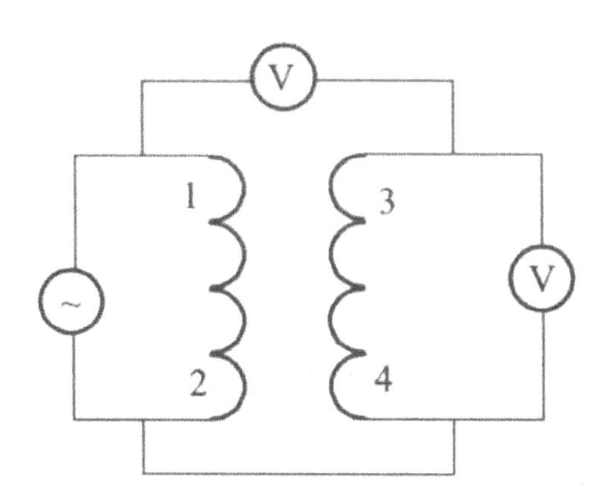

图 5-6　交流法测变压器绕组极性

任何瞬间，两绕组中电势极性相同的两个端钮。用符号“*”或表示，如图 5-5（a），（b）所示。

下面以单相变压器为例给出变压器绕组极性的判别方法。

（1）交流法（电压表法）

如图 5-6 所示，将 2 和 4 连接起来。在它的原绕组上加适当的交流电压，副绕组开路，测出电压 U_{12},U_{34} 和 U_{13}，如果 $U_{13}=|U_{12}+U_{34}|$，则是异名端相连，即 1 和 3 是异名端。如果 $U_{13}=|U_{12}-U_{34}|$，则是同名端相连，即 1 和 3 是同名端。

注意：采用这种方法，应使电压表的量限大于 $U_{12}+U_{34}$，工厂中常用 36V 照明变压器输出的 36V 交流电压进行测试，测试时方便又安全。

（2）直流法（电流表法）

采用直流法测绕组的极性，应将高压绕组接电池，以减少电能的消耗，将低压绕组接电流计，以减少对电流计的冲击。如图 5-7 所示，接通开关 S，在通电瞬间，注意观察电流计指针的偏转方向，电流计的指针正方向偏转，则表示变压器接电池正极的端头和接电流计正极的端头为同名端（1、3）；电流计的指针负方向偏转，则表示变压器接电池正极的端头和接电流计负极的端头为同名端（1、4）。

无论单相变压器的高、低压绕组还是三相变压器同一相的高、低压绕组都是绕在同一铁芯柱上的。它们是被同一主磁通所交链，高、低压绕组的感应电动势的相位关系只能有两种可能，一种同相，一种反相（差 180 度）。

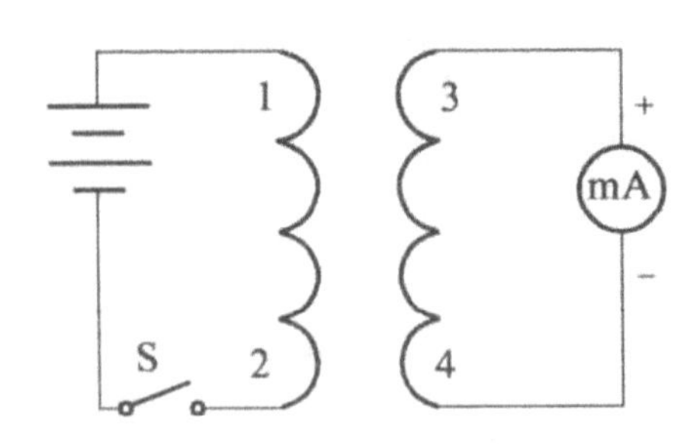

图 5-7　直流法测变压器绕组极性

（三）三相变压器

用于变换三相电压的变压器称为三相变压器。按变换方式的不同，分为三相组式变压器和三相芯式变压器两种。

图 5-8 三相组式变压器：由三个完全相同的单相变压器组成，所以又叫三相变压器组。

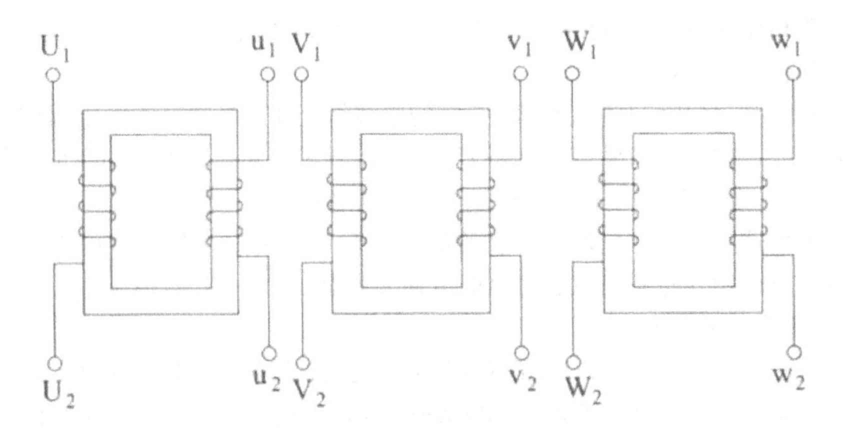

图 5-8　三相组式变压器

三相芯式变压器的结构有三根铁芯柱，每根铁芯柱上绕着属于同一相的高压绕组和低压绕组，所以又叫三铁芯柱式三相变压器。

工作时，将三相变压器的三个高压绕组和三个低压绕组分别连接成星形或三角形，然后将一次绕组接三相电源，二次绕组接三相负载。三个高压绕组的首端和末端分别用 U_1、V_1、W_1 和 U_2、V_2、W_2 表示，三个低压绕组的首端和末端分别用 u_1、v_1、w_1 和 u_2、v_2、w_2 示。

绕组的连接方式按国家标准有如下五种标准连接方式：Y、yn，Y、d，YN、d，Y、y 和 YN、y 五种，其中前三种应用最多。

三相变压器铭牌上给出的额定电压和额定电流是高压侧和低压侧线电压和线电流的额定值，容量（额定功率）是三相视在功率的额定值。

例：某三相变压器中 S_N=50kVA，U_{1N}/U_{2N}=10000/400V，Y、d 连接，向 $\lambda_2=\cos\varphi_2=0.9$ 的感性负载供电，满载时二次绕组的线电压为 380V。求：①满载时一、二次绕组的线电流和相电流②输出的有功功率。

解：①满载时一、二次绕组的线电流即额定电流

$$I_{1N}=\frac{S_N}{\sqrt{3}U_{1N}}=\frac{50\times10^3}{10000\sqrt{3}}=2.9\text{A}$$

$$I_{1N}=\frac{S_N}{\sqrt{3}U_{2N}}=\frac{50\times10^3}{400\sqrt{3}}=72.2\text{A}$$

相电流为

$$I_{1\text{p}}=I_{1N}=2.9\text{A}$$

②输出的有功功率

$$P_2=\sqrt{3}U_2I_2\cos\varphi_2=\sqrt{3}\times380\times72.2\times0.9=42.8\times10^3\text{W}=42.8\text{kW}$$

（四）变压器的应用

1. 电力变压器

电力变压器广泛应用于电力系统中，在发电厂（包括水电站和核电站）中，要用升压变压器将电压升高（如升至 220 kV 或 500 kV）再通过输电线送到用户区。在用户区的变电站用降压变压器将高电压降低为适合用户使用的低电压。由于输电线路较长，线路电阻上有能量损耗。当输送功率和功率因数一定时，根据 $P=\sqrt{3}U_lI_l\cos\varphi$，输送电压越高，线路电流就越小，线路损耗就越小。因此，高压输电是比较经济的。

2. 电源变压器

在计算机、家用电器和电子仪器的内部，一般都使用电源变压器。通常，电源变压器的原边有一个绕组，输入 220V 交流电源，为了满足内部电路各种电压等级的需要，副边绕组可以有多个或副边绕组有多个中间抽头。有时为了适合不同电源的需要，电源变压器的原边有两个或有中间抽头。

3. 用于阻抗匹配的变压器

变压器可以用来阻抗匹配。根据映射阻抗的原理，对于理想变压器，变压器的原边等效阻抗 $Z_e=k_2\,Z_L$。因此，可以选择适当的变压器变比 k，将负载阻抗变换为需要的数值，这称为阻抗匹配。

变压器阻抗匹配常用于收音机、扩音机、音响等电子设备中为了在负载上获得最大功率，在信号源或放大器的输出与负载之间接入一个理想变压器，变压器原边的等效电阻 $R_e = k^2 R_L$ $R_e=k^2R_L$，则只要选择适当的变比 k，使 $R_e=R_s$，根据负载最大功率的条件，能在 R_e 上获得最大功率 $P_{max} = \frac{U_s^2}{4R_e}$。忽略变压器的损耗，则负载 R_L 获得最大功率为

$P_{L\max} = P_{R_e\max}$。

（五）其他类型变压器

1. 自耦变压器

自耦变压器的结构特点是：原边、副边绕组共用一个绕组。

对于降压自耦变压器，原边绕组的一部分充当副边绕组，对于升压自耦变压器，副边绕组的一部分充当原边绕组。原、副边绕组不但有磁的联系，也有电的联系。

使用时，改变滑动端的位置，便可得到不同的输出电压，但原、副边千万不能对调使用，以防变压器损坏。

（1）自耦变压器的电压变换公式

$$\frac{U_1}{U_2} \approx \frac{E_1}{E_2} = \frac{N_1}{N_2} = k$$

（2）自耦变压器的电流变换公式

$$\dot{I}_1 = -\frac{N_2}{N_1}\dot{I}_2 = -\frac{\dot{I}_2}{k}$$

（3）自耦变压器的额定容量：指它的输入容量或输出容量，与一般双绕组变压器的容量表达式相同，额定容量为：

$$S_N = U_{1N} I_{1N} = U_{2N} I_{2N}$$

如将单相自耦变压器的输入和输出公共端焊在中心抽头处，虽然都能进行调压，当滑动触头调到输入、输出公共端的上段或下段时电压相位相反。用这种方法作为伺服电动机的控制电压调节，非常方便。

使用自耦变压器、调压器时应该注意：①原、副边不能对调使用，否则可能会烧坏绕组，甚至造成电源短路。②接通电源前，应先将滑动触头调到零位，接通电源后再慢慢转动手柄，将输出电压调至所需值。

另外，若自耦变压器是三相的，则三相自耦变压器由 3 个单相自耦变压器组成，3 个碳刷联动可同时调节三相输出电压。

2. 电压互感器

电压互感器用于测量高电压。电压互感器利用了变压器的电压变换原理，它实际上是一种降压变压器。使用时其原边绕组接被测量高电压，副边绕组接电压表或其他仪表的电压线圈，因为电压表的内阻很大，所以电压互感器在工作时相当于变压器空载运行。待测电压为：

待测电压：待测电压：$U_1 = \frac{N_1}{N_2} \times$ 电压表读书 U_2

为防止原边绕组漏电，电压互感器的铁芯及副边绕组的一端必须可靠接地，而且副边绕组在使用时严防短路。若副边绕组短路，在原边等效为一个很小的电阻，会造成被测电源短路事故。

3. 电流互感器

电流互感器用于测量大电流，电流互感器利用了变压器的电流变换原理。电流互感器的原边绕组匝数很少（只有一、二匝），副边绕组匝数很多，所以电流互感器相当于一个升压变压器。使用时其原边绕组接在被测量的电路中，副边绕组接满量程为 5A（或 1 A）的电流表。因为电流表的内阻很小，所以电流互感器工作时相当于变压器副边短路运行，待测电流如下：

待测电流：$I_1 = \frac{N_2}{N_1} \times$ 电流表读书 I_2

使用时所接仪表阻抗应很小，否则影响测量精度。副边绕组电路不允许开路，避免产生高电压；铁心、副边绕组的一端接地，以防在绝缘损坏时，原边侧高压传到副边低压则，危及仪表及人身安全。

第六章 继电接触器控制

第一节 常用电器基础元件

一、低压开关

开关是普通的电器之一，主要用于低压配电系统及电气控制系统中，对电路和电器设备进行通断、转换电源或负载控制，有的还可用作小容量笼型异步电动机的直接起动控制。所以，低压开关也称低压隔离器，是低压电器中结构比较简单、应用较广的一类手动电器。主要有转换开关、空气开关等。

（一）转换开关

转换开关又称组合开关，在电气控制线路中也作为隔离开关使用。它实质上也是一种特殊的刀开关，只不过一般刀开关的操作手柄是在垂直于安装面的平面内向上或向下转动，而转换开关的操作手柄则是在平行于其安装面的平面内向左或向右转动而已。它具有多触头、多位置、体积小、性能可靠、操作方便等特点。

1. 转换开关结构及图形符号

组合开关沿转轴自下而上分别安装了三层开关组件，每层上均有一个动触点、一对静触点及一对接线柱，各层分别控制一条支路的通与断，形成组合开关的三极。当手每转过一定角度就带动固定在转轴上的三层开关组件中的三个动触头同时转动至一个新位置，在新位置上分别与各层的静触头接通或断开。

根据组合开关在电路中的不同作用，组合开关图形与文字符号有两种。当在电路中用作隔离开关时，其图形符号如图 6-1 所示，其文字标注符为 QS，有双极和三极之分，机床电气控制线路中一般采用三极组合开关。

图 6-2 是一个三极组合开关，图中分别表示组合开关手柄转动的两个操作位置，Ⅰ位置线上的三个空点右方画了三个黑点，表示当手柄转动到Ⅰ位置时，L1、L2 与 L3 支路线分别与 U、V、W 支路线接通；而Ⅱ位置线上三个空点右方没有相应黑点，表示当手柄转动到 H 位置时，L1、L2 与 L3 支路线与 U、V、W 支路线处于断开状态。文字标注符为 SA。

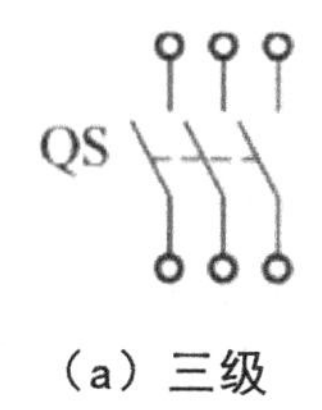

（a）三级

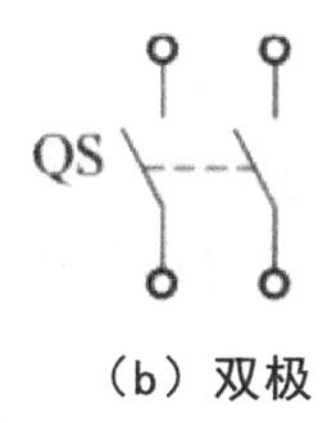

（b）双极

图 6-1　组合开关图形符号

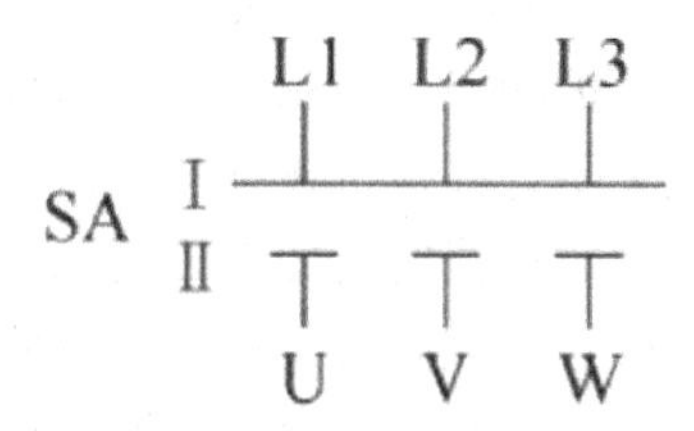

图 6-2　组合开关作转换开关时的图形文字符号

2. 组合开关主要技术参数

根据组合开关型号可查阅更多技术参数，表征组合开关性能的主要技术参数有：

（1）额定电压

额定电压是指在规定条件下，开关在长期工作中能承受的最高电压。

（2）额定电流

额定电流是指在规定条件下，开关在合闸位置允许长期通过的最大工作电流。

（3）通断能力

通断能力指在规定条件下，在额定电压下能可靠接通和分断的最大电流值。

（4）机械寿命

机械寿命是指在需要修理或更换机械零件前所能承受的无载操作次数。

（5）电寿命

电寿命是指在规定的正常工作条件下，不需要修理或更换零件情况下，带负载操作的次数。

3. 组合开关选用

组合开关用作隔离开关时，其额定电流应为低于被隔离电路中各负载电流的总和；用于控制电动机时，其额定电流一般取电动机额定电流的 1.5–2.5 倍。

应根据电气控制线路中实际需要，确定组合开关接线方式，正确选择符合接线要求的组合开关规格。

（二）空气自动开关

空气开关又名空气断路器，是断路器的一种。空气开关是一种过电流保护装置，在室内配电线路中用于总开关与分电流控制开关，也可有效地保护电器的重要元件，它集控制和多种保护功能于一身。除能完成接触和分断电路外，尚能对电路或电气设备发生的短路、严重过载及欠电压等进行保护。

低压断路器操作使用方便、工作稳定可靠、具有多种保护功能，并且保护动作后不需要像熔断器那样更换熔丝即可复位工作。低压断路器主要应用在低压配电电路、电动机控制电路和机床等电器设备的供电电路中，起短路保护、过载保护、欠压保护等作用，也可作为不频繁操作的手动开关。断路器由主触头、接通按钮、切断按钮、电磁脱扣器、热脱扣器等部分组成，具有多重保护功能。三副主触头串接在被控电路中，当按下接通按钮时，主触头的动触头与静触头闭合并被机械锁扣锁住，断路器保持在接通状态，负载工作。当负载发生短路时，极大的短路电流使电磁脱扣器瞬时动作，驱动机械锁扣脱扣，主触头弹起切断电路。当负载发生过载时，过载电流使热脱扣器过热动作，驱动机械锁扣脱扣切断电路。当按下切断按钮时，也会使机械锁扣脱扣，从而手动切断电路。

低压断路器的种类较多，按结构可分为塑壳式和框架式、双极断路器和三极断路器等；按保护形式可分为电磁脱扣式、热脱扣式、欠压脱扣式、漏电脱扣式以及分励脱扣式等；按操作方式可分为按键式和拨动式等。室内配电箱上普遍使用的触电保护器也是一种低压断路器。如图 &4 所示为部分应用较广的低压断路器外形。

1. 低压断路器的图形符号

低压断路器的文字符号为“QF”，图形符号如图 6-3 所示，结构如图 6-4 所示。

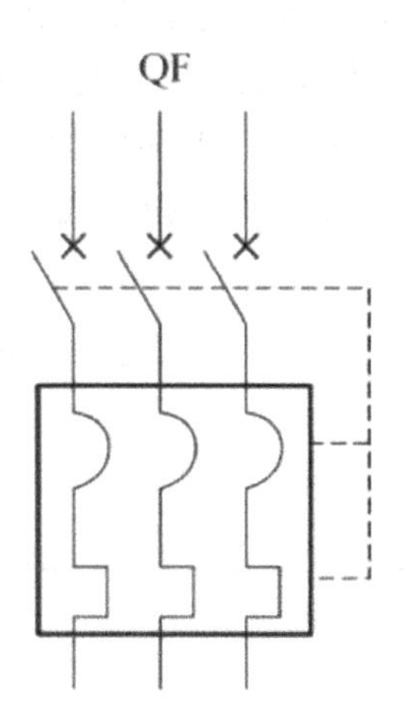

图 6-3 空气开关图形符号

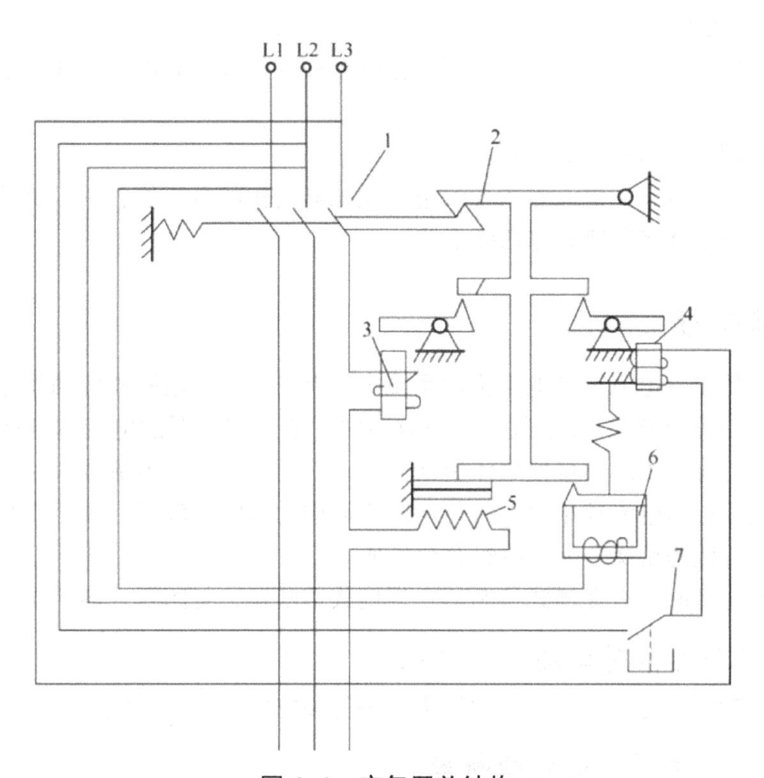

图 6-4 空气开关结构

1—主触点；2—连杆装置；3—过流脱扣器；4—分离脱扣器；
5—热脱扣器；6—欠压脱扣器；7—启动按键

2. 低压断路器型号

低压断路器的型号命名一般由 7 部分组成。第一部分用字母“D”表示低压断路器的主称。第二部分用字母表示低压断路器的形式。第三部分用 1 ~ 2 位数字表示序号。第四部分用数字表示额定电流，单位为 A。第五部分用数字表示极数。第六部分用数字表示脱扣器形式。第七部分用数字表示有无辅助触头。例如，型号为 DZ5-20/330，表示这是塑壳式、额定电流 20 A、三极复式脱扣器式、无辅助触头的低压断路器。

3. 低压断路器的主要参数

低压断路器的主要参数有额定电压、主触头额定电流、热脱扣器额定电流、电磁脱扣器瞬时动作电流。

（1）额定电压

额定电压是指低压断路器长期安全运行所允许的最高工作电压，例如 220V、380V 等。

（2）主触头额定电流

主触头额定电流是指低压断路器在长期正常工作条件下允许通过主触头的最大工作电流，例如 20 AJ00 A 等。

（3）热脱扣器额定电流

热脱扣器额定电流是指热脱扣器不动作所允许的最大负载电流。如果电路负载电流超过此值，热脱扣器将动作。

（4）电磁脱扣器瞬时动作电流

电磁脱扣器瞬时动作电流是指导致电磁脱扣器动作的电流值，一旦负载电流瞬间达到此值，电磁脱扣器将迅速动作切断电路。

二、熔断器

熔断器是低压配电系统和电力拖动系统中的保护电器。熔断器的动作是靠熔体的熔断来实现的，当该电路发 4s 过载或短路故障时，通过熔断器的电流达到或超过了某一规定值，以其自身产生的热量使熔体熔断而自动切断电路。当电流较大时，熔体熔断所需的时间就较短；而电流较小时，熔体熔断所需用的时间就较长，甚至不会熔断。熔丝材料多用熔点较低的铅锑合金、锡铅合金做成。

常用的低压熔断器有瓷插式熔断器、螺旋式熔断器、封闭管式熔断器等。

（一）RC1A 系列瓷插式熔断器

插入式熔断器由瓷座、瓷盖、动触头、熔丝和空腔五部分组成。

（二）RL1 系列螺旋式熔断器

RL1 系列螺旋式熔断器用于交流 50 Hz、额定电压 580/500V、额定电流至 200 A 的配电线路，作输送配电设备、电缆、导线过载和短路保护。由瓷帽、熔断体和基座三部分组成，主要部分均由绝缘性能良好的电瓷制成，熔断体内装有一组熔丝（片）和充满足够紧密的石英砂。具有较高的断流能力，能在带电（不带负荷）时不用任何工具安全取下并更换熔断体。具有稳定的保护特性，能得到一定的选择性保护，还具有明显的熔断指示。

螺旋式熔断器主要由瓷帽、熔断管、瓷套、上接线座、下接线座以及瓷座组成。

（三）RT0 系列有填料封闭管式熔断器

RT0 系列有填料封闭式熔断器，是一种大分断能力的熔断器。适用于交流 50 Hz、额定电压交流 350V、额定电流至 1 000 A 的配电线路中，作过载和短路保护。广泛用于短路电流很大的电力网络或低压配电装置中。

RT18（HG30）系列有填料封闭管式圆筒形熔断器适用于交流 50 Hz、额定电压为 380V、额定电流为 63 A 及以下的工业电气装置的配电设备中，作为线路过载和短路保护之用。

（四）熔体额定电流的选择

对于负载平稳无冲击的照明电路、电阻、电炉等，熔体额定电流略大于或等于负荷电路中的额定电流。即

$$I_{re} \geqslant I_e$$

式中：I_{re}—熔体的额定电流；

I_e—负载的额定电流。

对于单台长期工作的电动机，熔体电流可按最大起动电流选取，也可按下式选取：

$$I_{re} \geqslant I_e(1.5\sim2.5)$$

式中：I_{re}—熔体的额定电流；

I_e—电动机的额定电流。

如果电动机频繁起动，式中系数可适当加大至 3 ~ 3.5. 具体应根据实际情况而定。

对于多台长期工作的电动机（供电干线）的熔断器，熔体的额定电流应满足下列关系：

$$I_{re} \geqslant I_{emax}(1.5\sim2.5)+\sum I_e$$

式中：I_{emax}—多台电动机中容量最大的一台电动机额定电流；

$\sum I_e$—其余电动机额定电流之和。

当熔体额定电流确定后，根据熔断器额定电流大于或等于熔体额定电流来确定熔断器额定电流。

三、接触器

接触器是用来频繁地控制接通或断开交流、直流及大电容控制电路的自动控制电器。接触器在电力拖动和自动控制系统中，主要的控制对象是电动机，也可用于控制电热设备、电焊机、电容器等其他负载。接触器具有手动切换电器所不能实现的遥控功能，它虽然具有一定的断流能力，但不具备短路和过载保护功能。接触器具有控制容量大、过载能力强、寿命长、设备简单经济等特点。

交流接触器品种较多，具有多种电压、电流规格，以满足不同电气设备的控制需要。交流接触器一般由电磁驱动系统、触点系统和灭弧装置等部分组成，它们均安装在绝缘外壳中，只有线圈和触点的接线端位于外壳表面。交流接触器的触点分为主触点和辅助触点两种。主触点可控制较大的电流，用于负载电路主回路的接通和切断，主触点一般为常开触点。辅助触点只可控制较小的电流，常用于负载电路中控制回路的接通和切断，辅助触点既有常开触点也有常闭触点。

（一）接触器结构及其原理

1．交流接触器的符号

交流接触器的文字符号为“KM”。在电路图中，各触点可以画在该交流接触器线圈的旁边，也可以为了便于图面布局将各触点分散画在远离该交流接触器线圈的地方，而用编号表示它们是一个交流接触器。

当线圈得电后，在铁心中产生磁通及电磁吸力，衔铁在电磁吸力的作用下吸向铁心，同时带动动触头动作，使常闭触头打开，常开触头闭合。当线圈失电或线圈两端电压显著降低时，电磁吸力小于弹簧反力，使得衔铁释放，触头机构复位，断开电路或接触互锁。

直流接触器的结构和工作原理与交流接触器基本相同，但灭弧装置不同，使用时不能互换。

2．交流接触器型号

交流接触器的型号命名一般由 4 个部分组成。第一部分用字母“CJ”表示交流接触器的主称。第二部分用数字表示设计序号。第三部分用数字表示主触点的额定电流。第四部分用数字表示主触点数目。例如，型号为 CJ 1A20/3，表示这是具有 3 对主触点、额定电流 20 A 的交流接触器。

（二）交流接触器

交流接触器是利用磁极的同性相斥、异性相吸的原理，用永磁驱动机构取代传统的电磁铁驱动机构而形成的一种微功耗接触器。安装在接触器联动机构上极性固定不变的永磁铁，与固化在接触器底座上的可调极性软磁铁相互作用，从而达到吸合、保持与释放的目的。软磁铁的可调极性是通过与其固化在一起的电子模块产生十几毫秒到二十几毫秒的正反向

脉冲电流，而使其产生不同的极性。根据现场需要，用控制电子模块来控制设定的

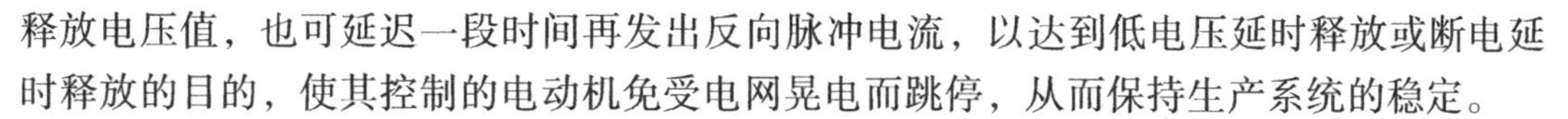

释放电压值，也可延迟一段时间再发出反向脉冲电流，以达到低电压延时释放或断电延时释放的目的，使其控制的电动机免受电网晃电而跳停，从而保持生产系统的稳定。

交流接触器的选用，应根据负荷的类型和工作参数合理选用。

1. 选择接触器的类型

交流接触器按负荷种类一般分为一类、二类、三类和四类，分别记为 AC1、AC2、AC3 和 AC4。一类交流接触器对应的控制对象是无感或微感负荷，如白炽灯、电阻炉等；二类交流接触器用于绕线式异步电动机的起动和停止；三类交流接触器的典型用途是鼠笼型异步电动机的运转和运行中分断；四类交流接触器用于笼型异步电动机的起动、反接制动、反转和点动。

2. 选择接触器的额定参数

根据被控对象和工作参数如电压、电流、功率、频率及工作制等确定接触器的额定参数。

①接触器的线圈电压，一般应低一些为好，这样对接触器的绝缘要求可以降低，使用时也较安全。但为了方便和减少设备，常按实际电网电压选取。②电动机的操作频率不高，如压缩机、水泵、风机、空调、冲床等，接触器额定电流大于负荷额定电流即可。③对重任务型电动机，如机床主电动机、升降设备、绞盘、破碎机等，其平均操作频率超过 100 次 /min，运行于起动、点动、正反向制动、反接制动等状态，可选用可靠性高的接触器。为了保证电寿命，可使接触器降容使用。选用时，接触器额定电流大于电动机额定电流。④对特重任务电动机，如印刷机、健床等，操作频率很高，可达 600 ~ 12 000 次 /h，经常运行于起动、反接制动、反向等状态，接触器大致可按电寿命及起动电流选用。⑤交流回路中的电容器投入电网或从电网中切除时，接触器选择应考虑电容器的合闸冲击电流。一般地，接触器的额定电流可按电容器的额定电流的 L5 倍选取，型号选 CJ10、CJ20 等。⑥用接触器对变压器进行控制时，应考虑浪涌电流的大小。例如，交流电弧焊机、电阻焊机等，一般可按变压器额定电流的 2 倍选取接触器，型号选 CJ10、CJ20 等。⑦对于电热设备，如电阻炉、电热器等，负荷的冷态电阻较小，因此起动电流相应要大一些。选用接触器时可不用考虑起动电流，直接按负荷额定电流选取，型号可选用 CJ10、CJ20 等。⑧由于气体放电灯起动电流大、起动时间长，对于照明设备的控制，可按额定电流 1.1 ~ 1.4 倍选取交流接触器，型号可选 CJ10、CJ20 等。⑨接触器额定电流是指接触器在长期工作下的最大允许电流，持续时间 W8 h，且安装于敞开的控制板上，如果冷却条件较差，选用接触器时，接触器的额定电流按负荷额定电流的 110% ~ 120% 选取。对于长时间工作的电动机，由于其氧化膜没有机会得到清除，使接触电阻增大，导致触点发热超过允许温升。实际选用时，可将接触器的额定电流减小 30% 使用。

（三）交流接触器的主要参数

交流接触器的主要参数包括线圈电压与电流、主触点额定电压与电流、辅助触点额定电压与电流等。

1. 线圈电压与电流

线圈电压是指交流接触器在正常工作时线圈所需要的工作电压，同一型号的交流接触器往往有多种线圈工作电压以供选择，常见的有 36V、110V、220V、380V 等。线圈电流是指交流接触器动作时通过线圈的额定电流值，有时不直接标注线圈电流而是标注线圈功率，可通过公式“额定电流 = 功率 / 工作电压”求得线圈额定电流。选用交流接触器时必须保证其线圈工作电压和工作电流得到满足。

2. 主触点额定电压与电流

主触点额定电压与电流，是指交流接触器在长期正常工作的前提下，主触点所能接通和切断的最高负载电压与最大负载电流。选用交流接触器时应使该项参数不小于负载电路的最高电压和最大电流。

3. 辅助触点额定电压与电流

辅助触点额定电压与电流是指辅助触点所能承受的最高电压和最大电流。

（四）直流接触器

直流接触器是主要用于远距离接通和分断额定电压 440V、额定电流达 600 A 的直流电路或频繁操作和控制直流电动机的一种控制电器。

一般工业中，如冶金、机床设备的直流电动机控制，普遍采用 CZ0 系列直流接触器，该产品具有寿命长、体积小、工艺性好、零部件通用性强等特点。除 CZ0 系列外，尚有 CZ18、CZ2KCZ22 等系列直流接触器。

直接接触器的动作原理与交流接触器相似，但直流分断时感性负载存储的磁场能量瞬时释放，断点处产生的高能电弧，因此要求直流接触器具有一定的灭弧功能。中 / 大容量直流接触器常采用单断点平面布置整体结构，其特点是分断时电弧距离长，灭弧罩内含灭弧栅。小容量直流接触器采用双断点立体布置结构。

选择接触器时应注意以下几点：①主触头的额定电压≥负载额定电压。②主触头的额定电流≥ 1.3 倍负载额定电流。③线圈额定电压。当线路简单、使用电器较少时，可选用 220V 或 380V；当线路复杂、使用电器较多或不太安全的场所，可选用 36V、110V 或 127V。④接触器的触头数量、种类应满足控制线路要求。⑤操作频率（每小时触头通断次数）。当通断电流较大及通断频率超过规定数值时，应选用额定电流大一级的接触器型号。否则会使触头严重发热，甚至熔焊在一起，造成电动机等负载缺相运行。

四、继电器

继电器是一种根据电量或非电量的变化，接通或断开控制电路，实现自动控制和保护电力拖动装置的电器，主要用于反映控制信号。

继电器在自动控制电路中是常用的一种低压电器元件。实际上它是用较小电流控制较大电流的一种自动开关电器，是当某些参数（电量或非电量）达到预定值时而动作使电路发生改变，通过其触头促使在同一电路或另一电路中的其他器件或装置动作的一种控制元件。

继电器分类有若干种，按输入信号的性质分为电压继电器、电流继电器、速度继电器、压力继电器等；按工作原理分为电磁式继电器、感应式继电器、热继电器、晶体管继电器等；按输出形式分为有触点继电器和无触点继电器两类。

继电器在控制系统中的主要作用有两点：①传递信号，它用触点的转换、接通或断开电路以传递控制信号。②功率放大，使继电器动作的功率通常是很小的，而被其触点所控制电路的功率要大得多，从而达到功率放大的目的。

控制系统中使用的继电器种类很多，下面仅介绍几种常用的继电器，如电压及电流继电器、中间继电器、热继电器、时间继电器。

（一）电压及电流继电器

在电动及控制系统中，需要监视电动机的负载状态，当负载过大或发生短路时，应使电动机自动脱离电源，此时可用电流继电器来反映电动机负载电流的变化。电压和电流继电器都是电磁式继电器，它们的动作原理和接触器基本相同，由于触点容量小，一般没有灭弧装置。此外，同一继电器的所有触点容量一般都是相同的，不像接触器那样分主触点和辅助触点。

继电器分为交流和直流两种，吸引线圈采用直流控制的称为直流继电器，吸引线圈采用交流控制的称为交流继电器。

电磁式继电器的作用原理是当线圈通电时，衔铁承受两个方向彼此相反的作用力，即电磁铁的吸力和弹簧的拉力，当吸力大于弹簧拉力时，衔铁被吸住，触点闭合。线圈断开后，衔铁在弹簧拉力作用下离开铁心，触点打开，触点为常开触点。继电器的吸力是由铁心中磁通量的大小决定的，也就是由激磁线圈的匝数决定的。因此，电压和电流在结构上基本相同，只是吸引线圈有所不同。

电压继电器采用多匝数小电流的线圈，电流继电器则采用少匝数大电流的线圈，故电压继电器线圈的导线截面较小，而电流继电器的线圈导线截面较大。对于同一系列的继电器可以利用更换线圈的方法，应用于不同电压和电流的电路。

（二）中间继电器

中间继电器是应用最早的一种继电器形式，属于有触点自动切换电器。它广泛应用于电力拖动系统中，起控制、放大、联锁、保护与调节的作用，以实现控制过程的自动化。中间继电器有交流、直流两种。中间继电器的特点是触点数目较多，一般为3～4对，触点形式常采用桥形触点（与接触器辅助触点相同）。动作功率较大的中间继电器与小型接触器的结构相同。

当线圈通电以后，铁心被磁化产生足够大的电磁力，吸动衔铁并带动簧片，使动触点和静触点闭合或分开；当线圈断电后，电磁吸力消失，衔铁依靠弹簧的反作用力返回原来的位置，动触点和静触点又恢复到原来闭合或分开的状态。应用时只要把需要控制的电路接到触点上，就可利用继电器达到控制的目的。

（三）热继电器

热继电器是用于电动机或其他电气设备、电气线路的过载保护的保护电器。电动机在实际运行中，如拖动生产机械进行工作过程中，若机械出现不正常的情况或电路异常使电动机遇到过载，则电动机转速下降，绕组中的电流将增大，使电动机的绕组温度升高。若过载电流不大且过载的时间较短，电动机绕组不超过允许温升，这种过载是允许的。但若过载时间长，过载电流大，电动机绕组的温升就会超过允许值，使电动机绕组老化，缩短电动机的使用寿命，严重时甚至会使电动机绕组烧毁。所以，这种过载是电动机不能承受的。

热继电器就是利用电流的热效应来推动动作机构使触头系统闭合或分断的保护电器。热继电器主要用于电动机的过载保护、断相保护、电流不平衡运行的保护及其他电气设备发热状态的控制。

1. 热继电器的形式

（1）双金属片式

利用两种膨胀系数不同的金属（通常为锰镍和铜板）辗压制成的双金属片受热弯曲去推动杠杆，从而带触头动作。

（2）热敏电阻式

利用电阻值随温度变化而变化的特性制成的热继电器。

（3）易熔合金式

利用过载电流的热量使易熔合金达到某一温度值时，合金熔化而使继电器动作。

以上三种形式中，以双金属片热继电器应用最多，并且常与接触器构成磁力起动器。

2. 热继电器的选择

热继电器的选择应按电动机的工作环境、启动情况、负载性质等因素来考虑。

①热继电器结构形式的选择。星形连接的电动机可选用两相或三相结构热继电器；三角形连接的电动机应选用带断相保护装置的三相结构热继电器。②热元件额定电流的选择。一般可按 $I_R=(1.15\sim1.5)I_N$ 选取，式中 I_R 为热元件的额定电流，I_N 为电动机的额定电流。

（四）时间继电器

在控制线路中，为了达到控制的顺序性、完善保护等目的，常常需要使某些装置的动作有一定的延缓，例如顺序切除绕线转子电动机转子中的各段启动电阻等，这时往往要采用时间继电器。凡是感测系统获得输入信号后需要延迟一段时间，然后其执行系统才会动作输出信号，进而操纵控制电路的电器称为时间继电器，即从得到输入信号（即线圈通电或断电）开始，经过一定的延时后才输出信号（延时触点状态变化）的继电器，它被广泛用来控制生产过程中按时间原则制定的工艺程序。时间继电器的种类很多，根据动作原理可分为电磁式、电子式、气动式、钟表机构式和电动机式等。应用最广泛的是直流电磁式时间继电器和空气式时间继电器。

时间继电器的选择：①根据控制线路的要求来选择延时方式，即通电延时型或断电延时型。②根据延时准确度要求和延时长、短要求来选择。③根据使用场合、工作环境选择合适的时间继电器。

（五）电磁铁

电磁铁由线圈、铁心、衔铁等部分组成。电磁铁是利用电磁力原理工作的。当给电磁铁线圈加上额定工作电压时，工作电流通过线圈使铁心产生强大的磁力，吸引衔铁迅速向左运动，直至衔铁与铁心完全吸合（气隙为零）。衔铁的运动同时牵引机械部件动作。只要维持线圈的工作电流，电磁铁就保持在吸合状态。电磁铁本身一般没有复位装置，电磁铁是一种将电能转换为机械能的电控操作器件。电磁铁往往与开关、阀门、制动器、换向器、离合器等机械部件组装在一起，构成机电一体化的执行器件。依靠被牵引机械部件的复位功能，在线圈断电后衔铁向右复位。电磁铁主要应用在自动控制和远距离控制等领域。

1. 电磁铁的种类和符号

电磁铁的种类较多，按工作电源可分为直流电磁铁和交流电磁铁两大类，按衔铁行程可分为短行程电磁铁和长行程电磁铁两种，按用途可分为牵引电磁铁、阀门电磁铁、制动电磁铁、起重电磁铁等。

2. 电磁铁的主要参数

电磁铁的主要参数有额定电压、工作电流、额定行程、额定吸力等。

①额定电压是指电磁铁正常工作时线圈所需要的工作电压。对于直流电磁铁是直流电压；对于交流电磁铁是交流电压。必须满足额定电压要求才能使电磁铁长期可靠地工作。②工作电流是指电磁铁正常工作时通过线圈的工作电流。直流电磁铁的工作电流是一恒定值，仅与线圈电压和线圈直流电阻有关。交流电磁铁的工作电流不仅取决于线圈电压和线圈直流电阻，还取决于线圈的电抗，而线圈电抗与铁心工作气隙有关。因此，交流电磁铁在启动时电流很大，一般是衔铁吸合后的工作电流的几倍至几十倍。在使用时应保证提供足够的工作电流。③额定行程是指电磁铁吸合前后衔铁的运动距离。常用电磁铁的额定行程从几毫米到几十毫米有多种规格，可按需选用。④额定吸力是指电磁铁通电后所产生的吸引力。应根据电磁铁所操作的机械部件的要求选用具有足够额定吸力的电磁铁。

五、控制按钮

按钮开关是一种手动操作接通或分断小电流控制电路的主令电器，是发出控制指令或者控制信号的电器开关。一般可以自动复位，其结构简单，应用广泛。触头允许通过的电流较小，一般不超过 5 A，主要用在低压控制电路中，手动发出控制信号。按钮开关按静态时触头分合状况，可分为常开按钮、常闭按钮及复合按钮。控制按钮一般由按钮、复位弹簧、触点和外壳等部分组成。

常态时在复位的作用下，由桥式动触头将静触头 1、2 闭合，静触头 3、4 断开；当按下按钮时，桥式动触头将静触头 1、2 断开，静触头 3、4 闭合。触头 1、2 被称为常闭触头或动断触头，触头 3、4 被称为常开触头或动合触头。图 6-5 所示。

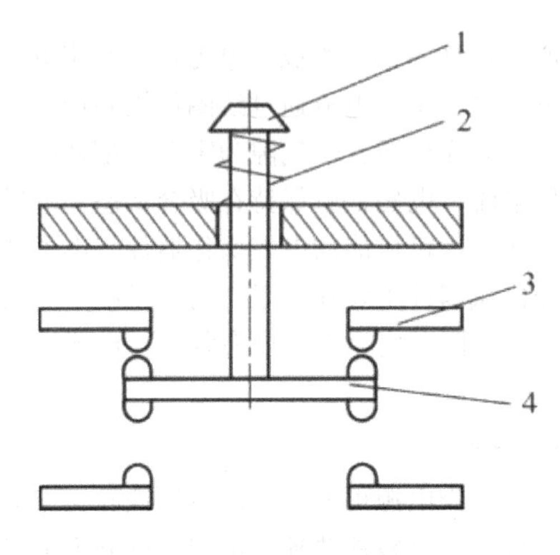

图 6-5　控制按钮结构图

1—按钮帽；2—复位弹簧；3—静触点；4—动触点

为了标明各个按钮的作用，避免误操作，通常将按钮帽做成不同的颜色以示区别，其颜色有红、橘红、绿、黑、黄、蓝、白等颜色。一般以橘红色表示紧急停止按钮，红色表示停止按钮，绿色表示起动按钮，黄色表示信号控制按钮，白色表示自筹等。

紧急式按钮有突出的、较大面积并带有标志色为橘红色的蘑菇形按钮帽，以便于紧急操作。该按钮按动后将自锁为按动后的工作状态。

旋钮式按钮装有可扳动的手柄式或钥匙式并可单一方向或可逆向旋转的按钮帽。该按钮可实现诸如顺序或互逆式往复控制。

指示灯式按钮则是在可透明的按钮帽的内部装有指示灯，用作按动该按钮后的工作状态以及控制信号是否发出或者接收状态的指示。

钥匙式按钮则是依据重要或者安全的要求，在按钮帽上装有必须用特制钥匙方可打开或者接通装置的按钮。

选用按钮时应根据使用场合、被控电路所需触点数目、动作结果的要求、动作结果是否显示及按钮帽的颜色等方面的要求综合考虑。使用前，应检查按钮动作是否自如，弹簧的弹性是否正常，触点接触是否良好，接线柱紧固螺丝是否正常，带有指示灯的按钮其指示灯是否完好。由于按钮触点之间的距离较小，应注意保持触点及导电部分的清洁，防止触点间短路或漏电。

六、行程开关

位置开关又称行程开关或限位开关，是一种很重要的小电流主令电器，能将机械位移转变为电信号以控制机械运动。行程开关应用于各类机床和起重机械的控制机械的行程，限制它们的动作或位置，对生产机械予以必要的保护，位置开关利用生产设备某些运动部件的机械位移而碰撞位置开关，使其触头动作，将机械信号变为电信号，接通、断开或变换某些控制电路的指令，借以实现对机械的电气控制要求。通常，这类开关被用来限制机械运动的位置或行程自动停止、反向运动、变速运动或自动往返运动等。

在电气控制系统中，位置开关的作用是实现顺序控制、定位控制和位置状态的检测。位置开关用于控制机械设备的行程及限位保护。位置开关由操作头、触点系统和外壳组成。

在实际生产中，将行程开关安装在预先安排的位置，当装在生产机械运动部件上的模块撞击行程开关时，行程开关的触点动作，实现电路的切换。因此，行程开关是一种根据运动部件的行程位置而切换电路的电器，它的作用原理与按钮类似。

行程开关广泛用于各类机床和起重机械，用以控制其行程、进行终端限位保护。在电梯的控制电路中，还利用行程开关来控制开关轿门的速度、自动开关门的限位，轿厢的上、下限位保护。

行程开关可以安装在相对静止的物体（如固定架、门框等，简称静物）上或者运动的物体（如行车、门等，简称动物）上。当动物接近静物时，开关的连杆驱动开关的接点引起闭合的接点分断或者断开的接点闭合。由开关接点开、合状态的改变去控制电路和机构的动作。

行程开关一般按照以下两种方式分类。

（一）按结构分类

行程开关按其结构可分为直动式、滚轮式、微动式和组合式。

1. 直动式行程开关

动作原理同按钮类似，所不同的是：一个是手动，另一个则由运动部件的撞块碰撞。当外界运动部件上的撞块碰压按钮使其触头动作，当运动部件离开后，在弹簧作用下，其触头自动复位。

2. 滚轮式行程开关

当运动机械的挡铁（撞块）压到行程开关的滚轮上时，传动杠连同转轴一同转动，使凸轮推动撞块，当撞块碰压到一定位置时，推动微动开关快速动作。当滚轮上的挡铁移开后，复位弹簧就使行程开关复位。这种是单轮自动恢复式行程开关。而双轮旋转式行程开关不能自动复原，它是依靠运动机械反向移动时，挡铁碰撞另一滚轮将其复原。

3. 微动开关式行程开关

微动开关式行程开关的组成，以常用的LXW-11系列产品为例，其结构原理如图6-6所示。

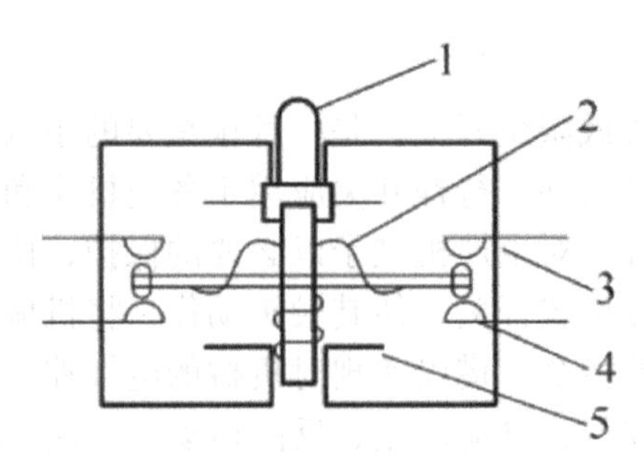

图 6-6　微动开关原理图

1—推杆；2—弹簧；3—动合触点；4—动断触点；5—压缩弹簧

（二）按用途分类

一般用途行程开关，如 JW2、JW2A、LX19、LX31、LXW5、3SE3 等系列，主要用于机床及其他生产机械、自动生产线的限位和程序控制。

起重设备用行程开关，如 LX22、LX33 系列，主要用于限制起重设备及各种冶金辅助机械的行程。

在选用行程开关时，主要根据被控电路的特点、要求以及生产现成条件和所需要的触点的数量、种类等综合因素来考虑选用其种类，根据机械位置对开关形式的要求和控制线路对触点的数量要求以及电流、电压等级来确定其型号。例如直动式行程开关的分合速度取决于挡块的移动速度，当挡块的移动速度低于 0.4m/min 时，触点分断的速度将很慢，触点易受电弧烧灼，这种情况下就应采用带有盘型弹簧机构能够瞬时动作的滚轮式行程开关。

七、接近开关

接近开关是一种非接触式的位置开关。它由感应头、高频振荡器、放大器和外壳组成。当运动部件与接近开关的感应头接近时，就使其输出一个电信号。接近开关分为电感式和电容式两种。

电感式接近开关的感应头是一个具有铁氧体磁芯的电感线圈，只能用于检测金属体。振荡器在感应头表面产生一个交变磁场，当金属块接近感应头时，金属中产生的涡流吸收了振荡的能量，使振荡减弱以至停振，因而产生振荡和停振两种信号，经整形放大器转换成二进制的开关信号，从而起到“开”“关”的控制作用。

电容式接近开关的感应头是一个圆形平板电极，与振荡电路的地线形成一个分布电容，当有导体或其他介质接近感应头时，电容量增大而使振荡器停振，经整形放大器输出电信号。电容式接近开关既能检测金属，又能检测非金属及液体。常用的电感式接近开关型号有 LJ1、LJ2 等系列，电容式接近开关型号有 LXJ15、TC 等系列产品。

八、光电开关

光电开关是传感器的一种，它把发射端和接收端之间光的强弱变化转化为电流的变化以达到探测的目的。由于光电开关输出回路和输入回路是电隔离的（即电缘绝），所以它可以在许多场合得到应用。采用集成电路技术和SMT表面安装工艺而制造的新一代光电开关器件，具有延时、展宽、外同步、抗相互干扰、可靠性高、工作区域稳定和自诊断等智能化功能。这种新颖的光电开关是一种采用脉冲调制的主动式光电探测系统型电子开关，它所使用的冷光源有红外光、红色光、绿色光和蓝色光等，可非接触、无损伤地迅速和控制各种固体、液体、透明体、黑体、柔软体和烟雾等物质的状态与动作，具有体积小、功能多、寿命长、精度高、响应速度快、检测距离远以及抗光、电、磁干扰能力强的优点。

光电开关是利用被检测物对光束的遮挡或反射，由同步回路选通电路，从而检测物体的有无。物体不限于金属，所有能反射光线的物体均可被检测。光电开关将输入电流在发射器上转换为光信号射出，接收器再根据接收到的光线的强弱或有无对目标物体进行探测。安防系统中常见的光电开关烟雾报警器，工业中经常用它来计数机械臂的运动次数。

光电开关已被用作物位检测、液位控制、产品计数、宽度判别、速度检测、定长剪切、孔洞识别、信号延时、自动门传感、色标检出、冲床和剪切机以及安全防护等诸多领域。此外，利用红外线的隐蔽性，还可在银行、仓库、商店、办公室以及其他需要的场合作为防盗警戒之用。

光电开关按结构可分为放大器分离型、放大器内藏型和电源内藏型三类。根据检测方式的不同，红外线光电开关可分为漫反射式光电开关、镜面反射式光电开关、对射式光电开关、槽式光电开关、光纤式光电开关。

（一）对射式光电开关

对射式光电开关由发射器和接收器组成，其工作原理是：通过发射器发出的光线直接进入接收器，当被检测物体经过发射器和接收器之间阻断光线时，光电开关就产生开关信号。与反射式光电开关不同之处在于，前者是通过电—光—电的转换，而后者是通过介质完成。对射式光电开关的特点在于：可辨别不透明的反光物体，有效距离大，不易受干扰，高灵敏度，高解析，高亮度，低功耗，响应时间快，使用寿命长，无铅，广泛应用于投币机、小家电、自动感应器、传真机、扫描仪等设备上面。

（二）槽形光电开关

槽形光电开关是对射式光电开关的一种，又被称为U形光电开关，是一款红外线感应光电产品，由红外线发射管和红外线接收管组合而成，而槽宽则就决定了感应接收型号的强弱与接收信号的距离，以光为媒介，由发光体与受光体间的红外光进行接收与转换，检测物体的位置。槽形光电开关与接近开关同样是无接触式的，受检测体的制约少，且检测距离长，可进行长距离的检测（几十米），检测精度高，能检测小物体，应用非常广泛。

槽形光电开关是集红外线发射器和红外线接收器于一体的光电传感器，其发射器和接收器分别位于U形槽的两边，并形成一光轴，当被检测物体经过U形槽且阻断光轴时，光电开关就产生了检测到的开关信号。U形光电开关安全可靠，适合检测高速变化，分辨透明与半透明物体，并且可以调节灵敏度。当有被检测物体经过时，将U形光电开关红外线发射器发射的足够量的光线反射到红外线接收器接收器，于是光电开关就产了开关信号。

与接近开关同样，由于无机械运动，所以能对高速运动的物体进行检测。镜头容易受有机尘土等的影响，镜头受污染后，光会散射或被遮光，所以在有水蒸气、尘土等较多的环境下使用的场合，需施加适当的保护装置。受环境强光的影响几乎不受一般照明光的影响，但像太阳光那样的强光直接照射受光体时，会造成误动作或损坏。

（三）反射式光电开关

反射式光电开关也属于红外线不可见光产品，是一种小型光电元器件，它可以检测出其接收到的光强的变化。在前期是用来检测物体有无感应到的，它是由一个红外线发射管与一个红外线接收管组合而成，它的发射波长是780 nm ~ 1mm，发射器带一个校准镜头，将光聚焦射向接收器，接收器输出电缆将这套装置接到一个真空管放大器上。检测对象是当它进入间隙的开槽开关和块光路之间的发射器和检测器，当物体接近灭弧室，接收器的一部分收集的光线从对象反射到光电元件上面。它利用物体对红外线光束遮光或反射，由同步回路选通而检测物体的有无，其物体不限于金属，对所有能反射光线的物体均可检测。

第二节　机床电气控制

常见的基本控制线路包括三相异步电动机的点动控制、连续控制、混合控制等。掌握基本控制线路对各种机床及机械设备的电气控制线路的运行和维护是非常重要的。

一、电气线路的基本组成

电气控制原理图通常由主电路、控制电路、辅助电路、联锁保护环节组成。电气控制线路分析的基本思路是“先机后电、先主后辅、化整为零”。

查看电气控制原理图时，一般先分析执行元器件的线路（即主电路）。查看主电路有哪些控制元器件的触头及电气元器件等，根据它们大致判断被控制对象的性质和控制要求，然后根据主电路分析的结果所提供的线索及元器件触头的文字符号，在控制电路上查找有关的控制环节，结合元器件表和元器件动作位置图进行读图。控制电路的读图通常是由上而下或从左往右，读图时假想按下操作按钮，跟踪控制线路，观察有哪些电气元器件受控动作。再查看这些被控制元器件的触头又怎样控制另外一些控制元器件或执行元器件动作的。如果有自动循环控制，则要观察执行元器件带动机械运动将使哪些信号元器件状态发生变化，并又引起哪些控制元器件状态发生变化。在读图过程中，特别要注意控制环节相互间的联系和制约关系，直至将电路全部看懂为止。

电气控制电路图是描述电气控制系统工作原理的电气图，是用各种电气符号，带注释的围框，简化的外形表示的系统、设备、装置，元件的相互关系或连接关系的一种简图。对“简图”这一技术术语，切不可从字义上去理解为简单的图。“简图”并不是指内容“简单”，而是指形式的“简化”，是相对于严格按几何尺寸、绝对位置等绘制的机械图而言的。电气图阐述电路的工作原理，描述电气产品的构成和功能，用来指导各种电气设备、电气电路的安装接线、运行、维护和管理。电气图是沟通电气设计人员、安装人员和操作人员的工程语言，是进行技术交流不可缺少的重要手段。

要做到会看图和看懂图，首先必须掌握电气图的基本知识，即应该了解电气图的构成、种类、特点以及在工程中的作用，了解各种电气图形符号，了解常用的土木建筑图形符号，还应该了解绘制电气图的一般规则，以及看图的基本方法和步骤等。掌握了这些基本知识，也就掌握了看图的一般原则和规律，为看图打下了基础。

电气符号包括图形符号、文字符号、项目代号和回路标号等，它们相互关联、互为补充，以图形和文字的形式从不同角度为电气图提供了各种信息。只有弄清楚电气符号的含义、构成及使用方法，才能正确地看懂电气图。

二、基本控制线路

（一）简单的正反转控制线路

简单的正反转控制线路如图 6-7 所示。

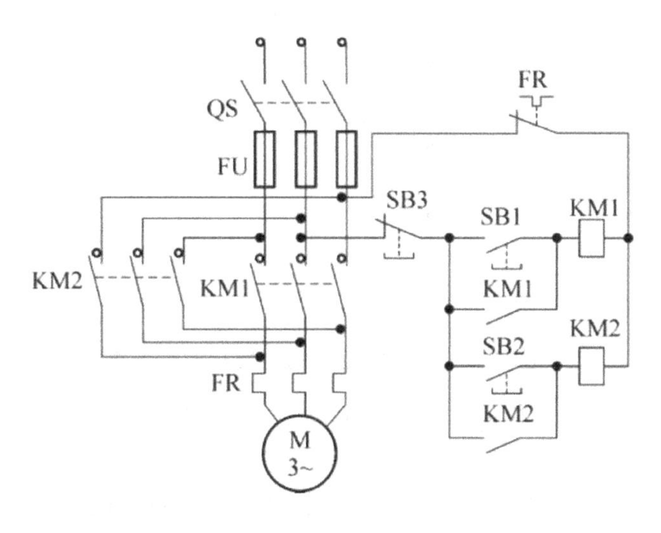

图 6-7　三相异步电动机正反转控制线路

正向起动过程。按下起动按钮 SB1，接触器 KM1 线圈通电，与 SB1 并联的 KM1 的辅助常开触点闭合，以保证 KM1 线圈持续通电，串联在电动机回路中的 KM1 的主触点持续闭合，电动机连续正向运转。

停止过程。按下停止按钮 SB3，接触器 KM1 线圈断电，与 SB1 并联的 KM1 的辅助触点断开，以保证 KM1 线圈持续失电，串联在电动机回路中的 KM1 的主触点持续断开，切断电动机定子电源，电动机停转。

反向起动过程。按下起动按钮 SB2，接触器 KM2 线圈通电，与 SB2 并联的 KM2 的辅助常开触点闭合，以保证线圈持续通电，串联在电动机回路中的 KM2 的主触点持续闭合，电动机连续反向运转。

缺点：KM1 和 KM2 线圈不能同时通电，因此不能同时按下 SB1 和 SB2，也不能在电动机正转时按下反转起动按钮，或在电动机反转时按下正转起动按钮。如果操作错误，将引起主回路电源短路。

（二）带电气互锁的正反转控制电路

具备电气互锁的三相异步电动机正反转控制电路如图 6-8 所示。将接触器 KM1 的辅助常闭触点串入 KM2 的线圈回路中，从而保证在 KM1 线圈通电时 KM2 线圈回路总是断开的；将接触器 KM2 的辅助常闭触点串入 KM1 的线圈回路中，从而保证在 KM2 线圈通电时 KM1 线圈回路总是断开的。这样接触器的辅助常闭触点 KM1 和 KM2 保证了两个接触器线圈不能同时通电，这种控制方式称为互锁或者联锁，这两个辅助常开触点称为互锁或者联锁触点。

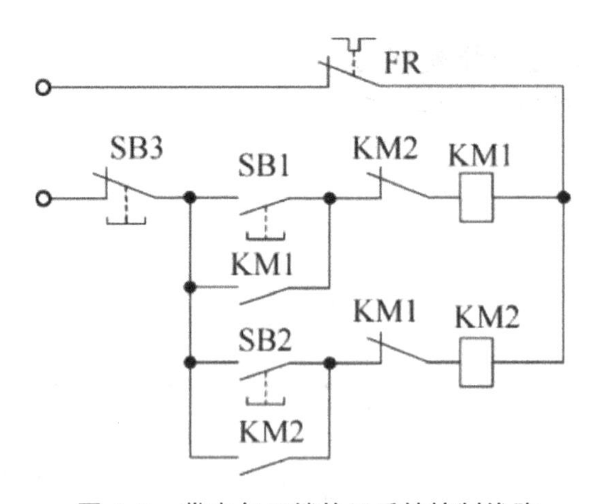

图 6-8 带电气互锁的正反转控制线路

缺点：电路在具体操作时，若电动机处于正转状态要反转时必须先按停止按钮 SB3，使互锁触点 KM1 闭合后按下反转起动按钮 SB2 才能使电动机反转；若电动机处于反转状态要正转时必须先按停止按钮 SB3，使互锁触点 KM2 闭合后按下正转起动按钮 SB1 才能使电动机正转。

（三）同时具有电气互锁和机械互锁的正反转控制电路

同时具有电气互锁和机械互锁的正反转控制电路如图 6-9 所示。采用复式按钮，将 SB1 按钮的常闭触点串接在 KM2 的线圈电路中；将 SB2 的常闭触点串接在 KM1 的线圈电路中；这样，无论何时，只要按下反转起动按钮，在 KM2 线圈通电之前就首先使 KM1 断电，从而保证 KM1 和 KM2 不同时通电；从反转到正转的情况也是一样。这种由机械按钮实现的互锁也称机械或按钮互锁。

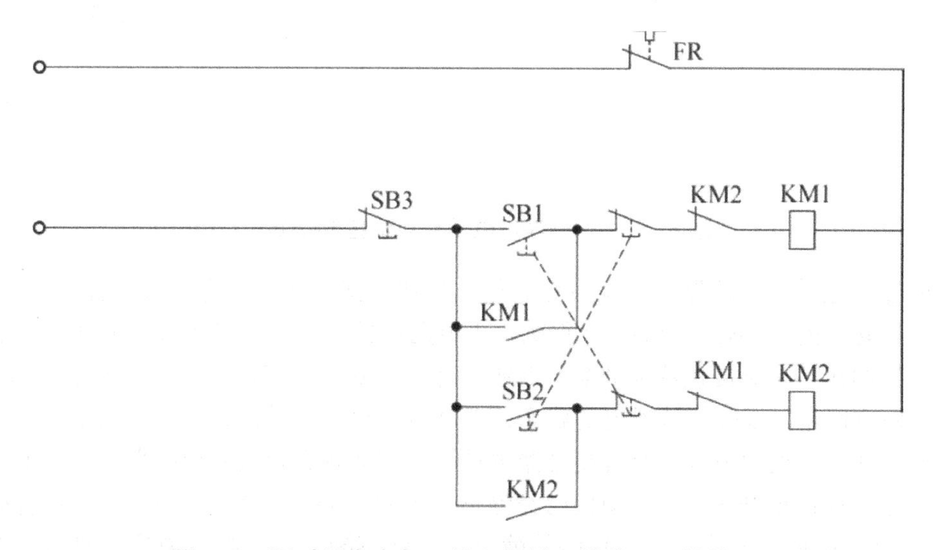

图 6-9　同时具有电气互锁和机械互锁的正反转控制线路

（四）电动机点动控制电路与连续正转控制电路

点动正转控制线路用按钮、交流接触器来控制电动机的运行的最简单正转控制线路。电路由刀闸开关 QS、熔断器 FU、启动按钮 SB、交流接触器 KM 以及电动机 M 组成。首先合上开关 QS，三相电源被引入控制电路，但电动机还不能起动。按下控制线路中的启动按钮 SB，交流接触器 KM 线圈通电，衔铁吸合，触点动作，常开触点闭合，常闭触点断开，主电路中的交流接触器主触点闭合，电动机定子接入三相电源起动运行；当松开 SB 按钮，线圈 KM 断电，衔铁复位，主电路常开主触点 KM 断开，电动机因断电停止运转。如图 6-10 所示为三相异步电动机点动控制线路。

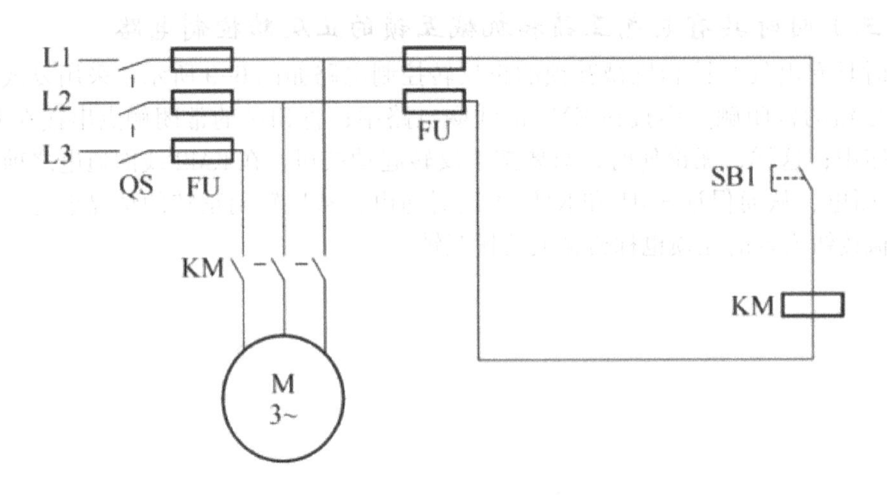

图 6-10　三相异步电动机点动控制线路

单向连续运转控制线路由启动按钮、停止按钮、交流接触器等构成，合上 QS，电动机无法运转，闭合 SB2，线圈 KM 得电，主电路中接触器主触点闭合，电动机得电运行，同时控制线路交流接触器辅助触点 KM 闭合，即使松开 SB2，电流依然会通过辅助触点 KM 构成回路，线圈保持通电的状态，电动机可以连续单向运行；当按下 SB1，瞬间控制回路断电，线圈失电，交流接触器主触头、辅助触头均恢复到原来状态，主电路电动机停止，即使松开 SB1，电动机已经停止。因此，SB1 是停止按钮，SB2 是启动按钮。其中 FU1 保护主电路，发生短路故障时会自动熔断，FU2 则保护控制回路；当主电路电动机发生过载、过热时，热继电器辅助触头 FR 会自动断开，切断控制回路电源，强制电动机停止运转，保护电动机。如图 6-11 所示为三相异步电动机启停控制线路。

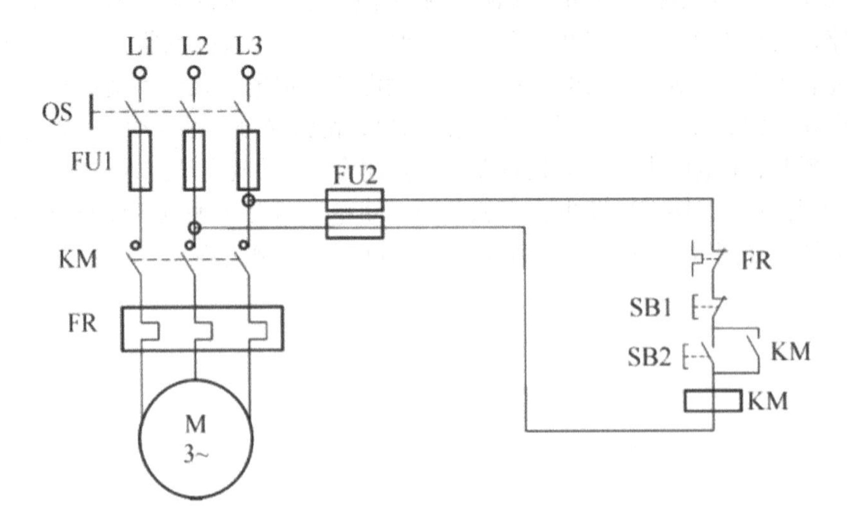

图 6-11　三相异步电动机停启控制线路

三、车床电气控制线路

（一）CA6140 车床的电气控制线路

CA6140 车床的电气控制主要包括运动控制（切削运动）、系统冷却润滑控制和快速移动控制。主运动由主轴电动机的正反转运动来实现，主要完成对工件的切削加工。刀具的冷却润滑控制主要完成对工件和刀具进行冷却润滑，以延长刀具的寿命和提离加工质量。

快速移动控制则是为了实现刀架的快速运动，以节约时间，提高劳动效率。CA6140 车床电气控制线路由主轴电动机 M1、快进电动机 M2、快进电动机 M3 以及相应的控制及保护电路组成。其主电路如图 6-12 所示，控制电路如图 6-13 所示。

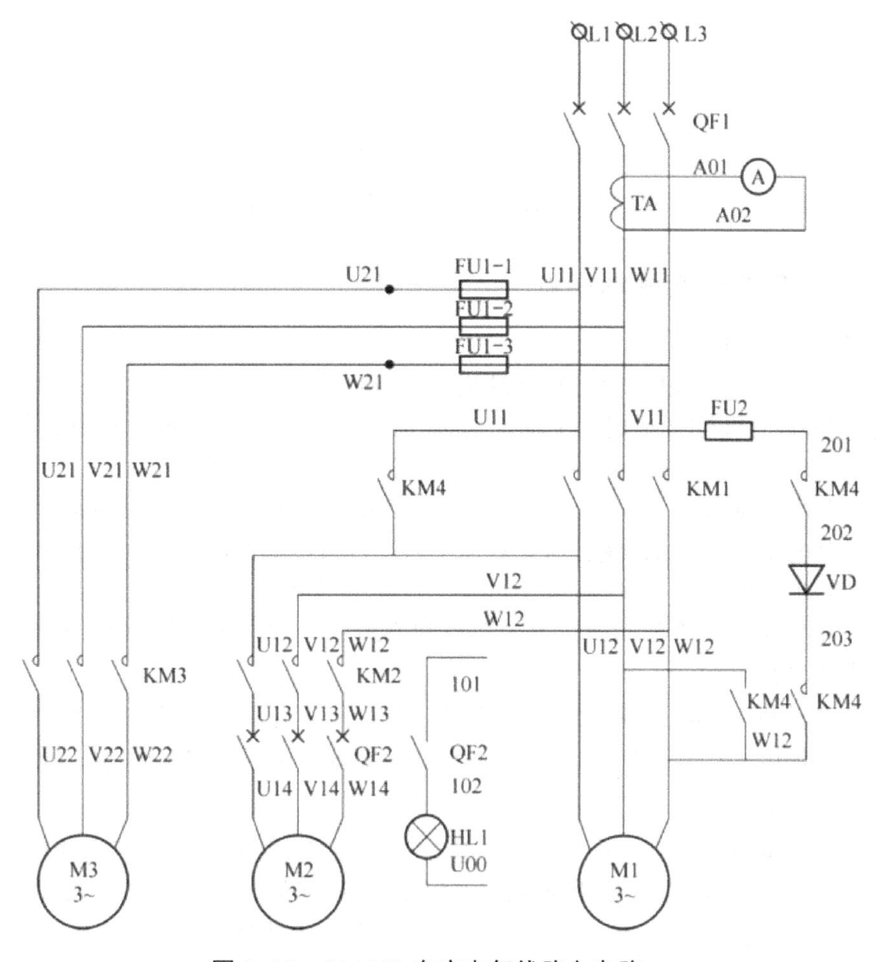

图 6-12　CA6140 车床电气线路主电路

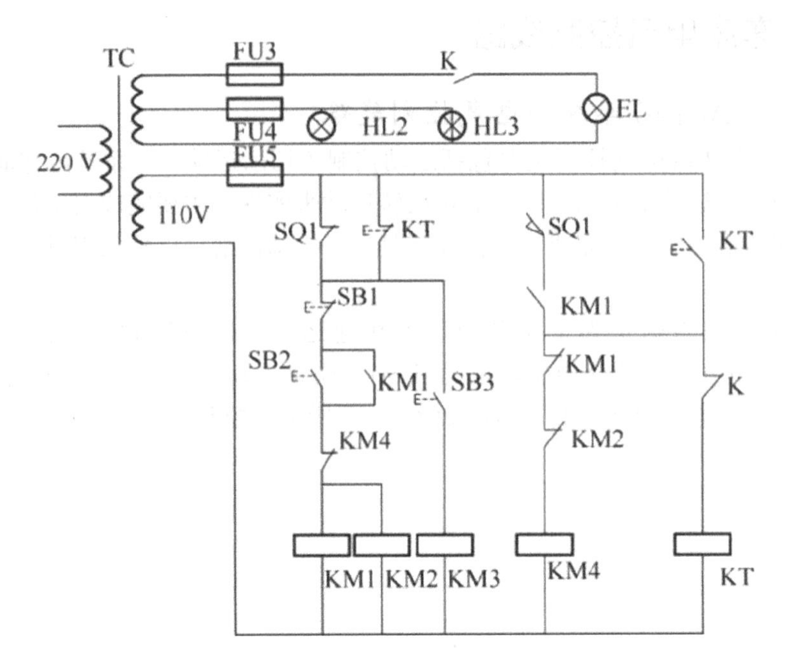

图 6-13　CA6140 车床电气线路控制电路

（二）车床电气线路分析

1. 主电路分析

CA6140 车床的主电路由主轴电动机 M1、冷却泵电动机 M2、快进电动机 M3、自动空气开关 QF1 和 QF2 组成。主轴电动机 M1 的控制过程：系统启动时，首先合上自动空气开关 SB1，然后按下启动按钮 SB2，则 KM1 得电，主轴电动机 M1 开始运转，开始对工件进行切削加工。停车时，按停车按钮 SB3，KM1 失电，主轴电动机 M1 停转。

冷却泵电动机 M2 的控制：需要对加工刀具进行冷却润滑时，要合上自动空气开关 SB1，按启动按钮 SB2，KM2 得电，再合上自动空气开关 QF2，则冷却泵电动机 M2 开始运转，开始对刀具冷却润滑。不需要冷却润滑时，按停车按钮 SB3，KM2 失电，冷却泵电动机 M2 停转。

快进电动机 M3 的控制：快速 Z 进时，首先合上自动空气开关 SB1，按点动按钮 SB3，KM3 得电，快进电动机 M3 开始运转，以实现加工刀具的快速到位或离开。

2. 控制电路分析

控制电路如图 6-13 所示，电源由电源变压器 TC 供给控制电路交流电压 127V，照明电路采用交流电路 36V，指示电路 6.3V，即采用变压器 380V/127V，36V，63V，M1，M2 直接启动，合上 SB1，按下 SB2，KM1、KM2 线圈得电自锁，KM1 主触头闭合，M1 直接启动；KM2 主触头闭合，合上 QF2，M2 直接启动。

M3 互接启动。合上 SB1，按下 SB3，KM3 线圈得电，KM3 主触头闭合，M3 直接启动（点动）。

3. 辅助电路分析

电源变压器 TC 供给控制电路交流电压 110V，照明电路交流电路 36V，指示电路 6V。即采用变压器 380V/110V，36V，6V。照明电路由开关 K 控制灯泡 EL，熔断器 FU3 用作照明电路的短路保护，冷却泵电动机 M2 运行指示灯 HL1.6V 电压供电源指示 HL2 和刻度照明 HL3 来使用。

4. 联锁与保护电路

主轴电动机和冷却泵电动机在主电路中是顺序联锁关系，以保证在主轴电动机运转的同时，冷却泵电动机也同时运行。另外，使用电流互感器检测电流，监视电动机的工作电流，防止电流过大烧坏电动机。

四、平面磨床控制

平面磨床的结构如图 6-14 所示，由床身、工作台、电磁吸盘、砂轮箱、滑座、立柱等部分组成。在箱形床身 1 中装有液压传动装置，以使矩形工作台 2 在床身导轨上通过压力油推动活塞杆 10 作往复运动（纵向）。而工作台往复运动的换向是通过换向撞块 8 碰撞床身上的换向手柄 9 来改变油路实现的。工作台往复运动的行程长度可通过调节装在工作台正面槽中的撞块 8 的位置来改变。工作台的表面是 T 形槽，用来安装电磁吸盘以吸持工件或直接安装大型工件。

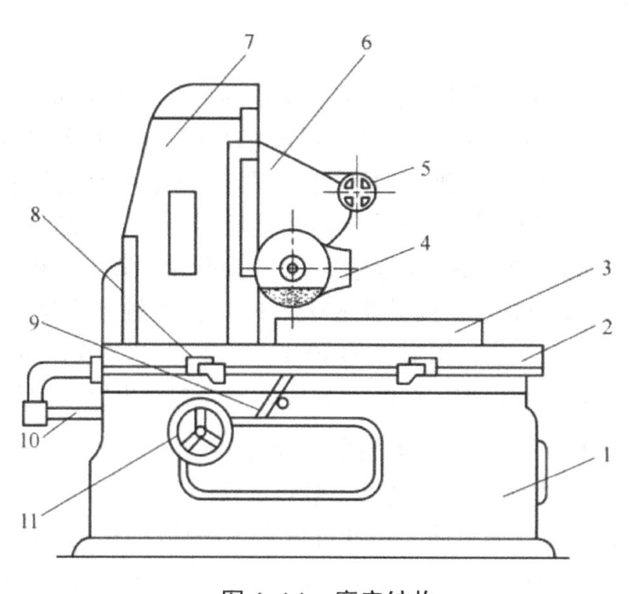

图 6-14　磨床结构

1—床身；2—工作台；3—电磁吸盘；4—砂轮箱；5—砂轮箱横向移动手轮；6—滑座；7—立柱；8—工作台换向撞块；9—工作台往复运动换向手柄；10—活塞杆；11—砂轮箱垂直进刀手轮

在床身上固定有立柱7，沿立柱7的导轨上装有滑座6，滑座可在立柱导轨上作上下移动，并可由垂直进刀手轮11操纵。砂轮箱4能沿滑座水平导轨作横向移动，可由横向移动手轮5操纵，也可由液压传动作连续或间断移动，连续移动用于调节砂轮位置或整修砂轮，间断移动用于进给。

平面磨床采用多电动机拖动，其中砂轮电动机拖动砂轮旋转；液压电动机驱动油泵，供出压力油，经液压传动机械来完成工作台往复运动并实现砂轮的横向自动进给，还承担工作台导轨的润滑；冷却泵电动机拖动冷却泵，供给磨削加工时需要的冷却液。

平面磨床的电力拖动控制需求如下：①砂轮、液压泵、冷却泵3台电动机都只要求单方向旋转，砂轮升降电动机需双向旋转。②冷却泵电动机应随砂轮电动机的开动而开动，若加工中不需要冷却液时，可单独关断冷却泵电动机。③在正常加工中，若电磁吸盘吸力不足或消失时，砂轮电动机与液压泵电动机应立即停止工作，以防止工件被砂轮切向力打飞而发生人身和设备事故。不加工时，即电磁吸盘不工作的情况下，允许砂轮电动机与液压泵电动机开动，机床作调整运动。④电磁吸盘励磁线圈具有吸牢工件的正向励磁、松开工件的断开励磁以及抵消剩磁便于取下工件的反向励磁控制环节。⑤具有完善的保护环节。各电路的短路保护，各电动机的长期过载保护，零压、欠压保护，电磁吸盘吸力不足的欠电流保护，以及线圈断开时产生高电压而危及电路中其他电气设备的过压保护等。⑥机床安全照明电路与工件去磁的控制环节。

（一）主电路分析

1. 主电路

主电路共有4台电动机。其中M1为液压泵电动机，实现工作台的往复运动，由接触器KM2的主触点控制，单向旋转。M2为砂轮电动机，带动砂轮转动来完成磨削加工工作。M3为冷却泵电动机，M2和M3同由接触器KM2的主触点控制，单向旋转，冷却泵电动机M3只有在砂轮电动机M2启动后才能运转。由于冷却泵电动机和机床床身是分开的，因此通过插头插座XS2接通电源。M4为砂轮升降电动机，用于在磨削过程中调整砂轮与工件之间的位置，由接触器KM3，KM4的主触点控制，双向旋转。

M1、M2、M3是长期工作，因此装有FR1、FR2、FR3分别对其进行过载保护，M4是短期工作的，不设过载保护。熔断器FU1作整个控制电路的短路保护。

2. 电动机M1-M4控制电路和电磁吸盘电路

根据电动机M1-M3主电路控制电器主触点的文字符号KM1、KM2，在图6-15中可找到接触器KM1、KM2线圈电路，由此可得到M1-M3的控制电路如图6-16所示。图中有动合触点KV，由图可知，触点KV为欠电压继电器KV的动合触点。

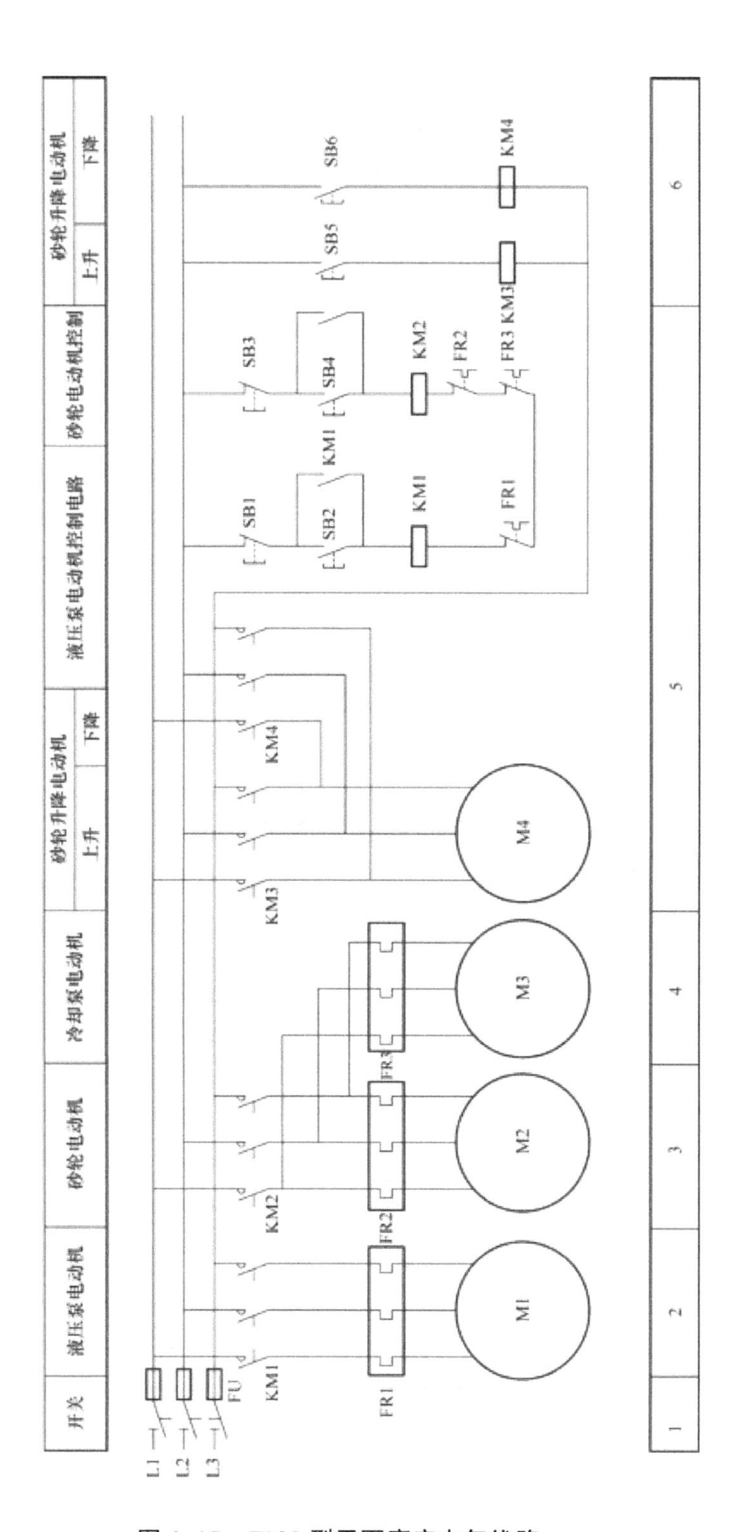

图 6-15 m7120 型平面磨床电气线路

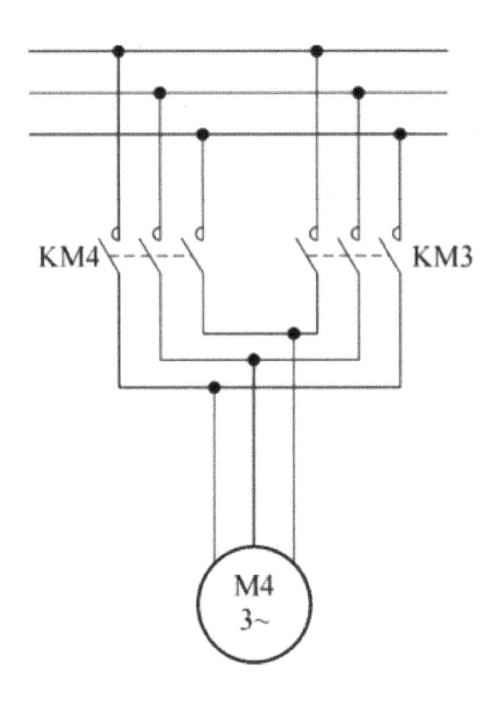

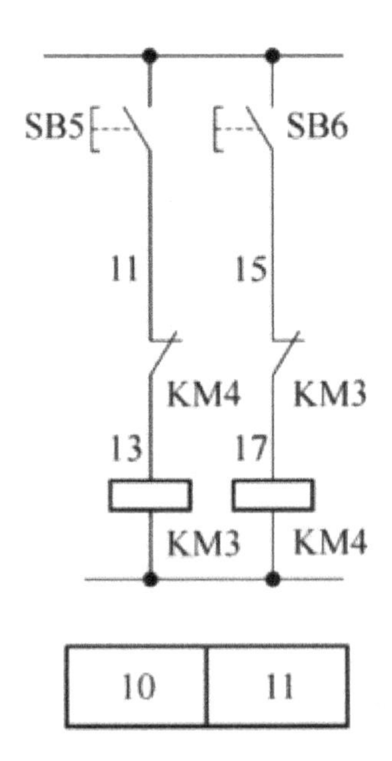

10	11

图 6-16 m1-M3 控制线路

（二）控制线路分析

由图 6-16 可看出，当电源电压过低使电磁吸盘吸力不足或吸力消失时，会导致在加工过程中工件飞离吸盘而发生人身和设备事故，因此吸盘线圈两端并联欠电压继电器 KV 作电磁吸盘的欠电压保护。当电源电压过低时，KV 不吸合，串接在 KM1、KM2 线圈控制电路中的动合触点 KV 断开，切断 KM1，KM2 线圈电路，使砂轮电动机 M2 和液压泵电动机 M1 停止工作，确保安全。

1. 液压泵电动机 M1 的控制

合上总开关 QS1，整流变压器 TR[14，15] 的二次绕组输出 110V 交流电压，经桥式整流器整流得到直流电压，使电压继电器 KV 得电吸合，其动合触点 KV 闭合，使液压泵电动机 M1 和砂轮电动机 M2 的控制电路具有得电的前提条件，为启动电动机做好准备。如果 KV 不能可靠动作，则各电动机均无法运行。由于平面磨床的工件靠直流电磁吸盘的吸力将工件吸牢在工作台上，因此只有具备可靠的直流电压后，才允许启动砂轮和液压系统，以保证安全。

液压泵电动机 M1 由 KM1 控制，SB1 是停止按钮，SB2 是启动按钮。当欠电压继电器 KV 吸合后，其动合触点 KV 闭合，为 KM1、KM2 得电提供通路。

在运转过程中，若 M1 过载，则热继电器 FR 的动断触点 FR1 断开，使 KM 失电释放主触点断开 KM，电动机停转，起到过载保护作用。

2. 砂轮电动机 M1 和冷却泵电动机 M3 的控制

砂轮电动机 M1 和冷却泵电动机 M3 由 KM1 控制，SB3 是停止按钮，SB4 是启动按钮。由于冷却泵电动机 M3 通过连接器 XS，与 M2 联动控制，因此 M3 和 M2 同时启动运转。若不需要冷却时，可将插头拔出。

3. 砂轮升降电动机 M4 的控制

砂轮升降电动机只有在调整工件和砂轮之间位置时才使用，因此用点动控制。

如图 6-17 所示，砂轮升降电动机 M4 由 KM3，KM4 控制其正、反转，SB5 为上升（正转）按钮，SB6 为下降（反转）按钮。当按下点动按钮 SB5（或 SB6）时，接触器 KM3（或 KM4）得电吸合，电动机 M4 启动正转（或反转），砂轮上升（或下降）。砂轮达到所需位置时，松开 SB5（或 SB6），KM3（或 KM4）失电释放，M4 停转，砂轮停止上升（或下降）。为了防止电动机 M 的正、反转电路同时被接通，在 KM3、KM4 的电路中串联 KM4，KM3，从而实现联锁控制。

电磁吸盘又称电磁工作台，也是安装工件的一种夹具，与机械夹具相比，具有夹紧迅速、不损伤工件且一次能吸牢若干个工件、工作效率高、加工精度高等优点。但它的夹紧程度不可调整，电磁吸盘要用直流电源，且不能用于加工非磁性材料的工件。电磁吸盘控制电路由整流电路、控制电路和保护电路等组成。整流电路由整流变压器 TR 和单相桥式整流器 UR 组成，供给 110V 直流电源，控制电路由按钮 SB7、SB8、SB9 和接触器 KM5、KM6 组成。

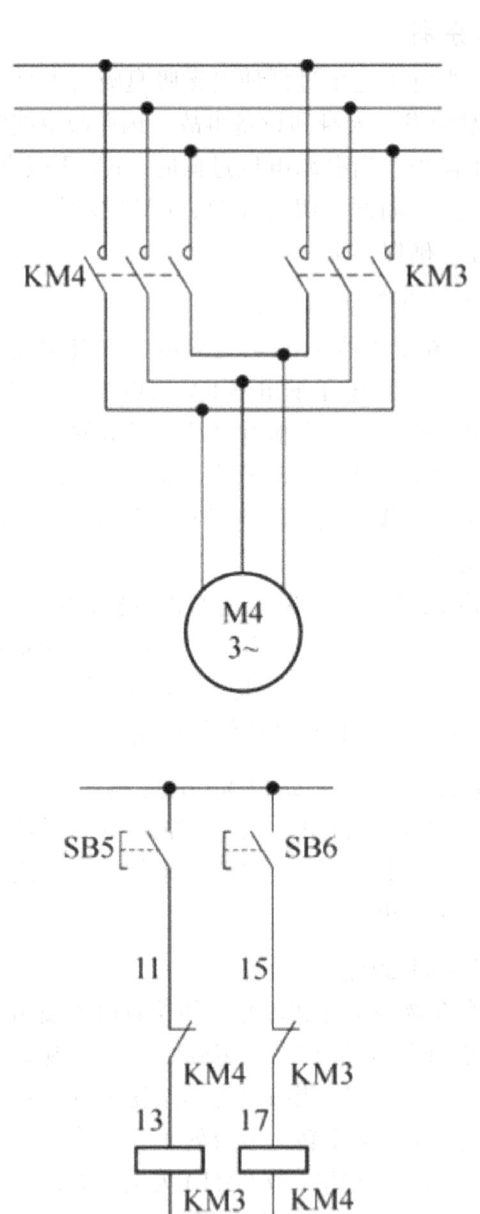

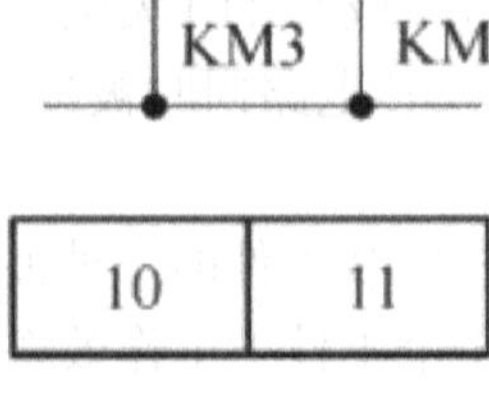

图 6-17 m4 控制线路

第七章 基本放大电路

第一节 放大电路的概念和主要性能指标

一、放大电路的概念

在实际生产生活和科学实验中，常常需要把很微弱的信号进行放大，这些信号可能是电流、电压等电信号，也可能是声音、温度、压力等非电信号。非电信号可以通过传感器转变成电信号，然后输入给放大电路，经放大后能够获得一定大小的输出电压或输出功率，进而驱动终端负载。整个放大系统组成包括三部分：信号源、放大电路和负载。例如扩音机放大系统，话筒就相当于信号源，扬声器（俗称喇叭）相当于负载。话筒把声音转换成各种幅值不同和频率不同的电信号，这个电信号很微弱，只有经过扩音机里的放大器将其放大成足够强的电信号才能推动扬声器发声。从等效电路模型的角度来看，信号源可看成是一个内阻 R_s 与源电压 U_s 串联的电压源；放大电路可等效为一个含有受控源的双端口网络；负载可等效成一个电阻 R_L。

放大电路的功能是将小能量的微弱变化信号通过受控元件的电流放大转变成电压放大，并将放大电路中直流电源提供的能量转换成输出负载所需要的交流能量，所以放大的实质是一种能量转换与控制作用。

为了使放大电路正常工作，受控元件晶体管必须工作在线性放大区，以保证输出信号和输入信号保持线性关系，即信号波形不发生失真。对放大电路的工作性能要求，除了要有足够大的放大倍数A_u，还有输入电阻r_i、输出电阻r_0、通频带f_{BW}等其他技术指标。

二、放大电路的主要性能指标

放大电路的性能指标就是衡量放大电路工作性能的一些技术数据。根据放大电路的等效双端口网络来分析，左端口为输入端口，右端口为输出端口。放大电路常以正弦波作为输入信号，$\dot{U}_i$和$\dot{I}_i$分别为输入电压和输入电流；$\dot{U}_o$和$\dot{I}_o$分别为输出电压和输出电流；R_s为信号源$\dot{U}_s$的内阻；R_L为负载电阻。放大电路的技术指标很多，如电压放大倍数、电流放大倍数、功率放大倍数、输入电阻、输出电阻、通频带、最大不失真输出电压等，这里只介绍几个主要的性能指标。

（一）电压放大倍数A_u

电压放大倍数是衡量放大电路放大能力的重要指标，是指输出电压$\dot{U}_o$与输入电压$\dot{U}_i$的比值，即

$$A_u = \frac{\dot{U}_o}{\dot{U}_i}$$

有时考虑信号源内阻R_S的影响，计算输出电压对信号源的电压放大倍数A_{us}，即输出电压$\dot{U}_o$与信号源电压口之比$\dot{U}_s$

$$A_{us} = \frac{\dot{U}_o}{\dot{U}_S} = \frac{\dot{U}_o}{\dot{U}_i} \cdot \frac{\dot{U}_i}{\dot{U}_s} = A_u \cdot \frac{r_i}{R_s + r_i}$$

式中，r_i为放大电路的输入电阻。

（二）输入电阻r_i

放大电路对信号源来说相当于信号源的负载，可用一个动态电阻来等效，该等效电阻称为放大电路的输入电阻r_i，即

$$r_i = \frac{\dot{U}_i}{\dot{I}_i}$$

输入电阻r_i反映了放大电路从信号源取用电流的大小。信号源$\dot{U}_s$一定时，r_i越大，从信号源取用的电流越小，同时在r_i上的分压即输入电压$\dot{U}_i$越大，所以输出电压$\dot{U}_o$也越大。因此，通常希望放大电路的输入电阻r_i越大越好。

（三）输出电阻r_o

放大电路的输出端口与负载相连，它对负载来说相当于负载的信号源，可用具有内

阻的等效电压源表示。从放大电路的输出端口看进去的等效电压源的内阻 r_o 称为该放大电路的输出电阻，即

$$r_o = \frac{\dot{U}_{oc}}{\dot{I}_{sc}}$$

式中，$\dot{U}_{oc}$ 为输出端开路时的开路电压；$\dot{I}_{sc}$ 为输出端短路时的短路电流。

输出电阻是衡量放大电路带负载能力的重要指标。通常情况下，希望放大电路的输出电阻 r_o 越小越好。因为 r_o 越小，当放大电路所带的负载 R_L 波动时，其输出电压 $\dot{U}_o$ 波动越小，即放大电路的带负载能力越强。

（四）通频带 f_{BW}

通频带是衡量放大电路对不同频率信号放大能力的一个技术指标，反映放大电路的频率特性。通常放大电路的输入信号不是单一频率的正弦波，而是含有各种不同频率的谐波分量。由于放大电路中含有电容元件及晶体管的结电容等，它们的容抗将随频率的变化而变化。因此，对于不同频率的信号，放大倍数会有所不同。当输入信号频率较低或较高时，放大倍数会下降。电压放大倍数的幅值和频率的关系，称为幅频特性。

对于放大电路来说，为了减小频率失真，希望通频带越宽越好，以使复杂信号中的各个频率成分得到同样的放大效果，使输出信号尽可能地与输入信号的波形一致。

第二节　偏置共发射极放大电路

一、固定偏置共发射极放大电路

按照输入回路和输出回路的公共端电极的不同，基本放大电路分为共发射极、共集电极和共基极放大电路。共发射极放大电路又包括固定偏置和分压式偏置两种类型。

（一）固定偏置共发射极放大电路的组成

固定偏置共发射极放大电路分为输入回路和输出回路两部分，晶体管的发射极直接接地，是输入回路和输出回路的公共端，因此称之为共发射极基本放大电路。信号由基极输入、集电极输出。在输入回路中，输入信号 u_i 由交流信号源提供，经过电容 C_1 直接加在基极 B 和发射极 E 之间。该信号经过中间的放大电路放大后，输出信号由集电极和发射极之间引出，交流部分经过电容 C_2 加在负载电阻 R_L 两端，输出电压为 u_o。

1. 晶体管 T

晶体管是放大电路的核心元件，具有电流放大作用 $i_C=\beta i_B$。用基极电流的微小变化

去控制集电极电流较大的变化。为了使电路正常放大，晶体管要工作在放大区。

2. 直流电源 U_{cc}

U_{cc} 的作用是保证晶体管发射结正向偏置、集电结反向偏置，以实现电流放大作用。除此以外，U_{cc} 还为放大后的输出信号 u_o 提供能量。U_{cc} 取值一般为几伏到几十伏。

3. 基极电阻 R_B 和集电极电阻 R_C

U_{cc} 通过基极电阻 R_B 为电路提供大小合适的基极偏置电流 I_B，所以 R_B 也称为偏置电阻，其取值一般为几十千欧到几百千欧。R_B 一定，偏置电流就固定，故称为固定偏置放大电路。U_{cc} 通过集电极电阻 R_C 使晶体管集电结反向偏置。集电极电流的变化将通过 R_C 转变为电压的变化，从而实现电压放大。R_C 取值一般为几千欧到几十千欧。

4. 耦合电容 C_1 和 C_2

耦合电容 C_1 和 C_2 在电路中起隔直传交的作用。对于直流，容抗无穷大，相当于开路。C_1 隔断放大电路与信号源之间的直流通路，C_2 隔断放大电路与负载之间的直流通路。同时选择足够大的电容 C_1 和 C_2，使其在输入信号频率范围内的容抗很小，近似短路，保证交流信号畅通无阻顺利地经过放大电路，沟通信号源、放大电路和负载三者之间的交流通路，起到交流耦合作用。C_1、C_2 的取值一般为几微法到几十微法。耦合电容 C_1 和 C_2 是电解电容器，有正负极性，使用时注意其极性。

（二）直流通路与静态分析

放大电路的分析包括静态分析和动态分析。静态分析就是分析当 $u_i=0$ 时，晶体管各极电流和极间电压的直流量 I_B，I_C，U_{BE}，U_{CE}，由于这些数值对应晶体管输入特性曲线和输出特性曲线上的一个确定点，故称为静态工作点 Q。由于发射结正向压降 U_{BE} 大小仅取决于管子的材料（硅管 0.6 ~ 0.7V，锗管 0.2 ~ 0.3V），所以静态工作点 Q 的计算就是求 I_B，I_C，U_{CE}，通过放大电路的直流通路来计算。

估算静态工作点 Q，就是求静态值 I_B，I_C，U_{CE}。

因为 $U_{CC}=I_B R_B+U_{BE}$，所以

$$I_B=\frac{U_{CC}-U_{BE}}{R_B}\approx\frac{U_{CC}}{R_B}$$

集电极电流为

$$I_C=\beta I_B+I_{CEO}\approx\beta I_B$$

晶体管集电极 C 与发射极 E 之间的电压（管压降）为

$$U_{CE}=U_{CC}-I_C R_C$$

若已知晶体管的电流放大系数 β 和电阻 R_E、R_C 及电源电压 U_{cc}，即可估算出该放大电路的静态工作点。

（三）交流通路与动态分析

固定偏置共发射极放大电路，它是一个交直流信号共存的电路。放大电路的静态分析是输入信号为 0 时，通过直流通路分析电压和电流的直流分量，即静态参数。而动态分析是在有输入交流信号时，通过交流信号通路来分析电压和电流的交流分量，进而研究放大电路的电压放大倍数、输入电阻和输出电阻等各项动态参数指标。

对交流信号而言，耦合电容 C_1，C_2 相当于短路，直流电源 U_{cc} 不起作用，即 $U_{cc}=0$，可看成对地短路。设输入的是正弦信号，所以交流通路中标注的电压和电流都用相量表示。

放大电路的动态分析有两种基本方法：图解法和微变等效电路法。图解法比较直观，用于分析信号的动态传输情况，适合于定性分析。而微变等效电路法适于动态参数的定量分析。

1. 图解法

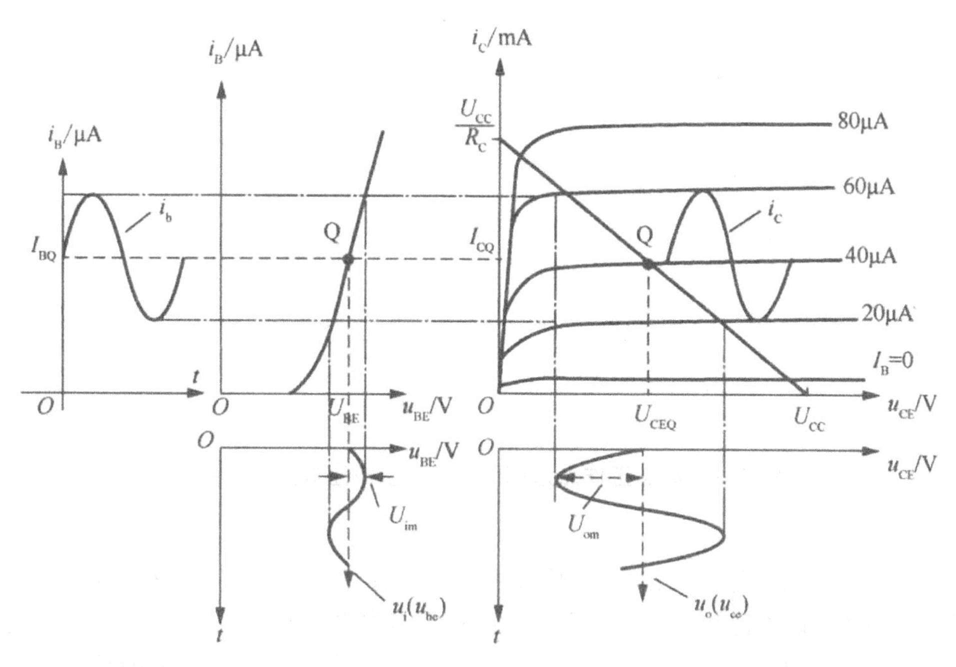

图 7-1　放大电路有输入交流信号 u_i 时，各个电压和电流的动态图解

动态分析的图解法是在静态分析的基础上，用作图的方式表示放大电路中各个电压、电流分量之间的相互关系及其传输情况。

动态工作时，放大电路中的电压电流都是在静态工作点的基础上叠加上一个交流分量。以放大电路（未接负载 R_L）为例，并结合晶体管特性曲线来分析，如图 7-1 所示，设输入信号 u_i 为正弦电压，在 u_i 的作用下，放大电路的输入回路会引起交流量 u_{be} 和 i_b、输出回路便会引起交流量 i_c 和 u_{ce}。它们与相应的静态值 U_{BE}，I_B，I_C 和 U_{CE} 叠加后，便得到输入、输出回路电压和电流的动态波形。图 7-1 中的 U_{CE} 只有交流量才能经电容 C_2 输出，即 $u_o=u_{ce}$。输出正弦电压 u_o 的幅值 U_{om} 与输入正弦电压 u_i 的幅值 U_{im} 之比，就是电压放大倍数为 A_u。同时可以看出，u_o 与 u_i 的相位相反，因此共发射极电路具有反相作用。

一个放大电路，除了要有较高的电压放大倍数以外，还要求输出电压波形尽量与输入电压波形一致，否则将出现失真。因静态工作点 Q 设置不当（过高或过低）或输入信号 u_i 太大，使晶体管的动态工作范围进入饱和或截止非线性区域所引起的失真，称为非线性失真。

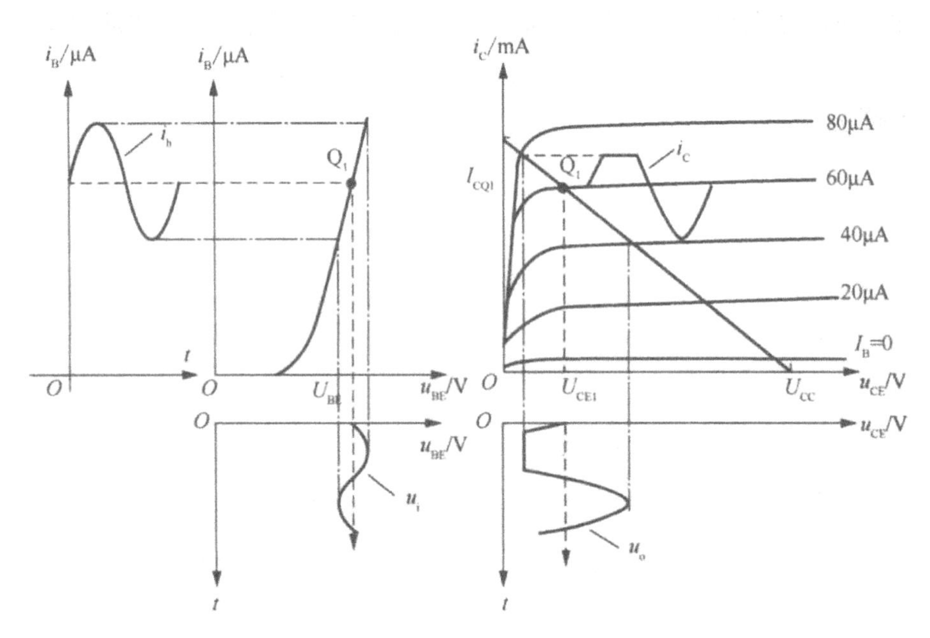

图 7-2　静态工作点过高引起的输出电压波形饱和失真

如图 7-2 所示，静态工作点 Q_1 位置过高（I_B 偏大），接近饱和区，在输入信号的正半周，晶体管进入饱和区工作，这时尽管 i_B 没有失真，但 i_C 正半周、u_{CE} 负半周都已明显失真，此时引起的失真称为饱和失真。其特征是输出电压 u_o 波形的负半周底部被削平。当出现饱和失真时，可通过增大基极电阻 R_B，从而减小基极电流 I_B 来消除失真。

如图 7-3 所示，静态工作点 Q_2 位置过低（I_B 偏小），接近截止区，在输入信号负半周的一段时间里，晶体管进入截止区工作，导致 i_B，i_C 的负半周及 u_{CE} 的正半周都严重失真，此时引起的失真称为截止失真。其特征是输出电压 u_o 波形的正半周顶部被削平。当出现截止失真时，可通过减小基极电阻 R_B，从而增大基极电流 I_B 来消除失真。

由以上分析可知，为了使放大电路不产生非线性失真，静态工作点位置必须选择合适，通常大致选在负载线的中部。此外，即使静态工作点 Q 的位置选的合适，u_i 的幅值也不能太大，否则截止失真和饱和失真可能会同时产生，其特征是输出电压 u_o 波形正半周的顶部和负半周的底部都被削平。

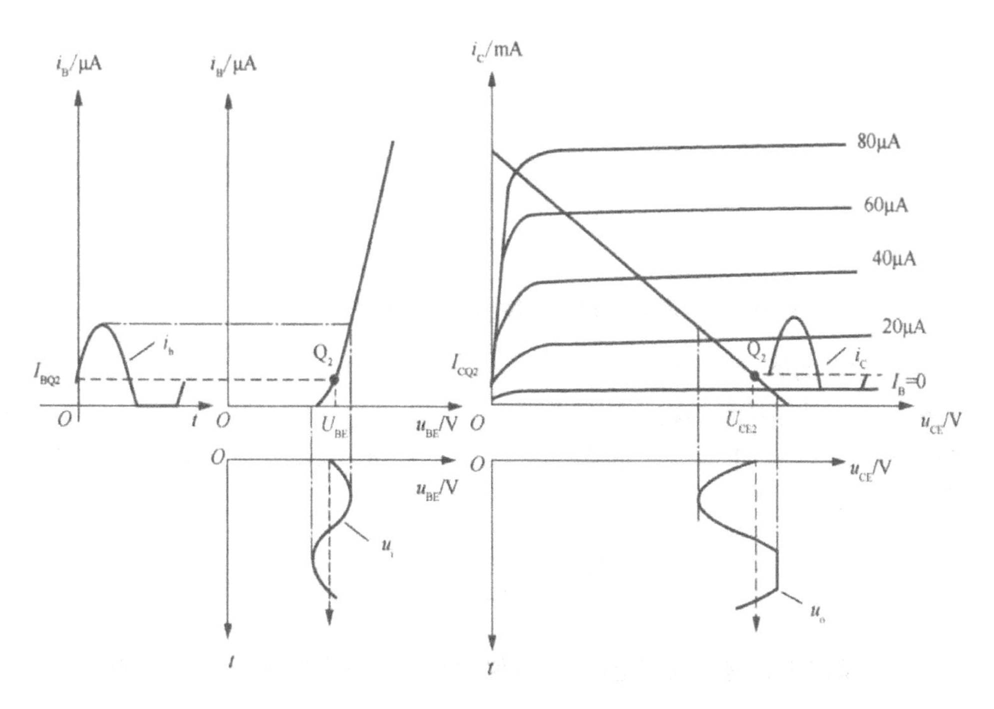

图 7-3　晶体管的微变等效电路

2. 微变等效电路分析法

当晶体管在小信号（微变量）情况下工作时，静态工作点附近的小范围内的特性曲线可用直线段近似代替，即将非线性元件晶体管进行线性化，于是放大电路的交流通路可等效为一个线性电路，即所谓放大电路的微变等效电路。下面介绍晶体管的微变等效电路。

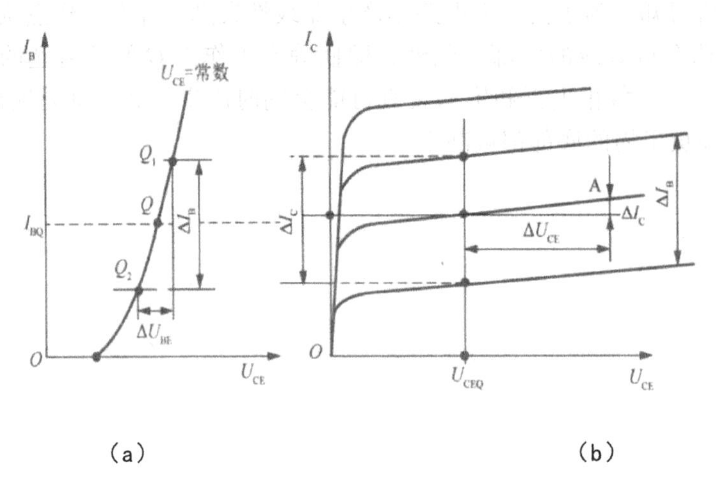

（a）　　　　　　　　　　　　（b）

图 7-4　从晶体管输入、输出特性曲线求的 r_{be}，β，r_{ce}

（1）晶体管的微变等效电路

图 7-4（a）是晶体管的输入特性曲线。当输入微小变化的信号时，在 Q 点附近的曲线可近似看成直线，电压变化量 ΔU_{BE} 与电流变化量 ΔI_B 之比称为晶体管的输入电阻 r_{be}，即

$$r_{bc}=\frac{\Delta U_{BE}}{\Delta I_B}=\frac{u_{bc}}{i_b}$$

在小信号情况下，这个动态电阻 r_{be} 近似为常数，对于低频小功率晶体管，r_{be} 可用下式估算

$$r_{be}\approx 300(\Omega)+(1+\beta)\frac{26(\mathrm{mV})}{I_E(\mathrm{mA})}$$

式中，I_E 为静态发射极电流。r_{be} 通常在几百欧到几千欧，半导体手册中常用 h_{ie} 代表。

图 7-4（b）是晶体管的输出特性曲线，在线性放大区是一组近似等距的平行直线，由此可以求得晶体管的电流放大系数为

$$\beta=\frac{\Delta I_C}{\Delta I_B}=\frac{i_c}{i_b}$$

在小信号作用下，β 是一个常数，由它确定晶体管 i_c 受 i_b 控制的关系，即 $i_c=\beta i_b$。因此，晶体管的输出回路相当于一个受 i_b 控制的受控电流源。

另外，晶体管的输出特性曲线不完全与横轴平行，略微上翘。在静态工作点附近有

$$r_{ce}=\left.\frac{\Delta U_{CE}}{\Delta I_C}\right|_{I_B}=\left.\frac{u_{ce}}{i_b}\right|_{I_B}$$

r_{ce} 称为晶体管的输出电阻。在小信号作用下，r_{ce} 也是一个常数，其值很大，在几十千欧到几百千欧，因此常把它忽略，近似开路。

（2）放大电路的微变等效电路及动态参数的计算

动态参数的计算是指利用微变等效电路求放大电路的主要性能指标：电压放大倍数、输入电阻和输出电阻等。

①输出电压 $\dot{U}_o$ 与输入电压 $\dot{U}_i$ 的比即为电压放大倍数

$$\dot{U}_i=\dot{I}_b r_{be}$$

$$\dot{U}_o=-\dot{I}_c\left(\frac{R_C\cdot R_L}{R_C+R_L}\right)=-\beta\dot{I}_b R_L'$$

式中

$$R_L'=R_c//R_L$$

故放大电路的电压放大倍数为

$$A_u=\frac{\dot{U}_o}{\dot{U}_i}=-\beta\frac{R_L'}{r_{be}}$$

式中的负号表示输出电压 $\dot{U}_o$ 与输入电压 $\dot{U}_i$ 的相位相反，这与图解法是一致的。

显然电压放大倍数与负载电阻有关，R_L 越大，电压放大倍数就越高。当放大电路空载时，即输出端开路 $R_L=\infty$，则 $A_u=-\beta\frac{R_C}{r_{be}}$。

考虑信号源内阻 R_s 时，计算输出电压对信号源的电压放大倍数 A_{us}。

$$A_{us}=A_u\cdot\frac{r_i}{R_s+r_i}=-\beta\frac{R_L'}{r_{be}}\cdot\frac{r_i}{R_S+r_i}$$

式中，r_i 为放大电路的输入电阻。

②输入电阻 r_i 的计算

从放大电路的输入端口看进去，根据输入电阻 r_i 的定义可得到

$$r_{\mathrm{i}}=\frac{\dot{U}_{\mathrm{i}}}{\dot{I}_{\mathrm{i}}}=R_{\mathrm{B}}//r_{\mathrm{be}}=\frac{R_{\mathrm{B}}\cdot r_{\mathrm{be}}}{R_{\mathrm{B}}+r_{\mathrm{be}}}$$

通常 R_B 阻值比 r_{be} 大得多，此放大电路的输入电阻近似于晶体管的输入电阻 r_{be}，因此输入电阻 r_i 比较低。

③输出电阻 r_o 的计算

开路电压为

$$\dot{U}_{\mathrm{oc}}=-\beta\dot{I}_{\mathrm{b}}R_{\mathrm{C}}$$

短路电流为

$$\dot{I}_{\mathrm{sc}}=-\beta\dot{I}_{\mathrm{b}}$$

所以，输出电阻 r_o 为

$$r_{\mathrm{o}}=\frac{\dot{U}_{\mathrm{oc}}}{\dot{I}_{\mathrm{sc}}}=R_{\mathrm{C}}$$

二、分压式偏置共发射极放大电路

合理设置静态工作点是保证放大电路正常工作的先决条件。在固定偏置放大电路中，当温度升高时，晶体管的电流放大系数 β 增大，反向饱和电流 I_{CBO} 增加，$I_B=0$ 时的穿透电流 $I_{CEO}=(1+\beta)I_{CBO}$ 也增加，因此，晶体管的输出特性曲线簇均相应抬高，工作点的集电极电流 I_{CQ} 变大，由此引起静态工作点 Q 上移，靠近饱和区，从而可能发生饱和失真，严重时会使放大电路不能正常工作。

为了使静态工作点 Q 保持稳定，常采用分压式偏置共发射极放大电路。两个基极电阻 R_{B1}，R_{B2} 组成了分压式偏置，R_{B1} 称为上偏置电阻，R_{B2} 称为下偏置电阻。电路在发射极串联一个电阻 R_E，称为温度补偿电阻，其作用是稳定静态工作点。而与 R_E 并联的电容 C_E 的作用是对直流分量开路，对交流分量短路，又称为交流旁路电容。因此，C_E 容量要足够大，一般几十微法到几百微法。这样发射极电阻 R_E 上不会产生交流压降，所以，不会影响放大电路的电压放大倍数。若把交流旁路电容 C_E 去掉，则 R_E 上会产生交流压降，从而影响放大电路的电压放大倍数。

（一）静态工作点的计算

在直流通路中，若 R_{B1}，R_{B2} 参数选择适当，保证 $I_2 \gg I_B$，$U_B \gg U_{BE}$ 则可认为

$I_1 \approx I_2$，所以基极的电位 U_B 可以通过分压式求得，故称“分压式偏置”放大电路。

静态工作点的计算过程如下：

$$U_B = \frac{R_{B2}}{R_{B1}+R_{B2}} \cdot U_{CC}$$

所以

$$I_C \approx I_E = \frac{U_B - U_{BE}}{R_E}$$

$$I_B = \frac{I_C}{\beta}$$

$$U_{CE} = U_{CC} - I_C R_C - I_E R_E \approx U_{CC} - I_C \left(R_C + R_E\right)$$

（二）静态工作点的稳定原理

在实际电路中，用 R_{B1} 和 R_{B2} 串联电路的 R_{B2} 上的分压来确定基极电位 U_B，发射结正向压降 U_{BE} 可忽略，所以由式 $U_B = \frac{R_{B2}}{R_{B1}+R_{B2}} \cdot U_{CC}$、式 $I_C \approx I_E = \frac{U_B - U_{BE}}{R_E}$ 可得

$$I_C \approx \frac{U_B - U_{BE}}{R_E} \approx \frac{U_B}{R_E} = \frac{R_{B2}}{R_{B1}+R_{B2}} \cdot \frac{U_{CC}}{R_E}$$

上式表明，静态电流 I_C 基本与晶体管参数无关，不受温度影响，因此，静态工作点保持基本稳定。

该电路稳定静态工作点的物理过程实质是一个负反馈调节过程，具体如下：

当电流 I_C 随温度 T 增加而增大时，晶体管发射极电位 U_E 增大，而基极电位 U_B 不变，所以 $U_{BE}=(U_B-U_E)$ 减小，促使 I_B 减小进而抑制了 I_C 的增加，从而稳定静态工作点。

R_E 越大，稳定性越好。但 R_E 不能太大，否则 U_E 也随之升高，这会使管压降 U_{CE} 变小，导致晶体管动态工作范围变小。此外，若 I_1 取得太大，就必然要求 R_{B1} 和 R_{B2} 取得较小，这不仅增大了功耗，而且还会从信号源取用较大的电流，从而增加信号源内阻上的压降，使输入信号减小。一般 R_{B1} 和 R_{B2} 为几十千欧。基极电位 U_B 也不能太高，一般取 $U_B \geqslant (5\sim8)U_{BE}$，$I_2 \geqslant (5\sim10)I_B$。

（三）动态参数的分析计算

1. 电压放大倍数 A_u

$$A_u = \frac{\dot{U}_o}{\dot{U}_i} = -\beta \frac{R_L'}{r_{be}}$$

式中，$R_L' = R_c // R_L$。可见，此电路的电压放大倍数与固定偏置放大电路的放大倍数相同。

2. 输入电阻 r_i

从输入端口看进去，就是三个电阻 R_{B1}，R_{B2} 和 r_{be} 的并联，即

$$r_i = R_{B1} // R_{B2} // r_{be}$$

3. 输出电阻 R_C

从输出端口看进去，将负载 R_L 断开，与固定偏置共发射极放大电路情况相同，输出电阻仍然为 R_C，即

$$r_o = R_C$$

第三节　共集电极放大电路

由于直流电源对交流信号相当于短路，所以集电极是输入回路和输出回路的公共端，故称其为共集电极放大电路。又因输出信号从发射极引出，所以常称其为射极输出器。下面对其进行静态分析和动态分析。

一、静态工作点的计算

计算公式如下

$$U_{CC} = I_B R_B + U_{BE} + I_E R_E$$

所以

$$\begin{cases} I_B = \dfrac{U_{CC} - U_{BE}}{R_B + (1+\beta)R_E} \\ I_C = \beta I_B, I_E = (1+\beta)I_B \\ U_{CE} = U_{CC} - I_E R_E \approx U_{CC} - I_C R_E \end{cases}$$

二、动态参数的分析计算

对于交流分量，电容和直流电源均可视为短路。

（一）电压放大倍数 A_u

输入电压为

$$\dot{U}_i = \dot{I}_b r_{be} + \dot{I}_e R_L'$$

输出电压为

$$\dot{U}_o = \dot{I}_e R_L'$$

式中

$$R_L' = R_E // R_L$$

所以电压放大倍数为

$$A_u = \frac{\dot{U}_o}{\dot{U}_i} = \frac{\dot{I}_c R_L'}{\dot{I}_b r_{be} + \dot{I}_e R_L'} = \frac{(1+\beta)\dot{I}_b R_L'}{\dot{I}_b r_{be} + (1+\beta)\dot{I}_b R_L'} = \frac{(1+\beta)R_L'}{r_{be} + (1+\beta)R_L'} \approx 1$$

通常 $r_{be} << (1+\beta)R_L'$，故 $A_u \approx 1$，即 $\dot{U}_o \approx \dot{U}_i$，且输出电压与输入电压极性相同。由此可见，射极输出器的输出电压跟随着输入电压变化，所以也常称其为射极跟随器。虽然射极输出器无电压放大作用，但发射极电流远远大于基极电流，因此，它有电流放大作用和功率放大作用。

（二）输入电阻 r_i

从输入端口看进去，在输入回路中有

$$\dot{I}_{\mathrm{i}}=\frac{\dot{U}_{\mathrm{i}}}{R_{\mathrm{B}}}+\frac{\dot{U}_{\mathrm{i}}}{r_{\mathrm{be}}+(1+\beta)R_{\mathrm{L}}^{'}}$$

所以射极输出器的输入电阻为

$$r_{\mathrm{i}}=\frac{\dot{U}_{\mathrm{i}}}{\dot{I}_{\mathrm{i}}}=R_{\mathrm{B}}//\left[r_{\mathrm{be}}+(1+\beta)R_{\mathrm{L}}^{'}\right]$$

通常 R_B 值很大（几十千欧至几百千欧），$[r_{be}+(1+\beta)R_L^{'}]$ 也远大于共发射极电路的输入电阻。因此，射极输出器的输入电阻很高，可达几十千欧到几百千欧。所以射极输出器常作为多级放大电路中的输入级，以提高输入电压 $\dot{U}_i$，降低输入电流，减小信号源的负担。

（三）输出电阻 r_o

将负载电阻 R_L 断开，从输出端口看进去，按照定义需要计算开路电压 $\dot{U}_{oc}$ 和短路电流 $\dot{I}_{sc}$。

由于 R_B 远大于信号源内阻 R_s 及 r_{be}，为了简化计算，忽略 R_B 支路的分流作用，输出端开路时的电压 $\dot{U}_{oc}$，此时

$$\dot{U}_{\mathrm{oc}}=\dot{I}_{\mathrm{e}}R_{\mathrm{E}}=(1+\beta)\dot{I}_{\mathrm{b}}R_{\mathrm{E}}$$

因为 $\dot{U}_{\mathrm{s}}=\dot{I}_{\mathrm{b}}R_{\mathrm{S}}+\dot{I}_{\mathrm{b}}r_{\mathrm{be}}+(1+\beta)\dot{I}_{\mathrm{b}}R_{\mathrm{E}}$，即 $\dot{I}_{\mathrm{b}}=\dfrac{\dot{U}_{\mathrm{s}}}{R_{\mathrm{s}}+r_{\mathrm{be}}+(1+\beta)R_{\mathrm{E}}}$，所以

$$\dot{U}_{\mathrm{oc}}=(1+\beta)R_{\mathrm{E}}\frac{\dot{U}_{\mathrm{S}}}{R_{\mathrm{S}}+r_{\mathrm{be}}+(1+\beta)R_{\mathrm{E}}}$$

此时

$$\dot{I}_{\mathrm{sc}}=\dot{I}_{\mathrm{e}}=(1+\beta)\dot{I}_{\mathrm{b}}=(1+\beta)\frac{\dot{U}_{\mathrm{s}}}{R_{\mathrm{s}}+r_{\mathrm{be}}}$$

所以射极输出器的输出电阻为

$$r_o = \frac{\dot{U}_{oc}}{\dot{I}_{sc}} = \frac{(1+\beta)R_E \cdot \dfrac{\dot{U}_S}{R_S + r_{be} + (1+\beta)R_E}}{(1+\beta)\dfrac{\dot{U}_S}{R_S + r_{be}}} = \frac{(R_S + r_{be})R_E}{R_S + r_{bc} + (1+\beta)R_E}$$

$$= \frac{\dfrac{R_S + r_{be}}{1+\beta} \cdot R_E}{\dfrac{R_S + r_{be}}{1+\beta} + R_E} = \frac{R_S + r_{be}}{1+\beta} // R_E$$

通常 $R_E \gg \frac{R_S + r_{bc}}{1+\beta}$，所以上式可简化为

$$r_o \approx \frac{R_S + r_{bc}}{1+\beta}$$

通常，信号源内阻 R_S 值很小，r_{be} 也不大，所以射极输出器的输出电阻比共发射极电路的输入电阻小很多，一般为几十欧左右。由于它的输出电阻很低，因此，射极输出器常用于多级放大电路的输出级，以提高放大电路带负载的能力，增强输出电压的稳定性。

另外，射极输出器也常用于多级放大电路的中间级，起阻抗转换作用，减少前后级的影响。其高输入电阻相当于前级的负载，因此可以提高前级的放大倍数，对后级放大电路来说，其低输出电阻相当于后级的信号源内阻，为后级提供更高的输入电压。

例：

已知 R_S=1kΩ,R_B=240kΩ，R_E=R_L=4kΩ，U_{BE}=0.6V，β=50，U_{CC}=12V。①求静态工作点②求电压放大倍数；③求放大电路的输入电阻和输出电阻；④若信号源的电压 u_s=4 sinωtmV，求输出电压以 u_o。

解：①静态工作点 Q 为

$$I_B = \frac{E_C - U_{BE}}{R_B + (1+\beta)R_E} = \frac{12-0.6}{240+(1+50)\times 4} \approx 25.68\mu A$$

$$I_C = \beta I_B = 50 \times 25.6 = 1.28 mA$$

$$U_{CE} = E_C - I_C R_E = 12 - 1.28 \times 4 = 6.88 V$$

②

$$r_{be}=300+(1+\beta)\frac{26}{I_E}=300+51\times\frac{26}{1.28}\approx 1.34\text{k}\Omega$$

电压放大倍数为

$$A_u=\frac{(1+\beta)R_L^{'}}{r_{be}+(1+\beta)R_L^{'}}=\frac{(1+50)\times 2}{1.336+(1+50)\times 2}\approx 0.99\approx 1$$

③放大电路的输入电阻和输出电阻分别为

$$r_i=R_B//\left[r_{be}+(1+\beta)R_L^{'}\right]=240//[1.34+(1+50)\times 2]\approx 72.24\text{k}\Omega$$

$$r_o=\frac{R_S+r_{be}}{1+\beta}//R_E=\frac{1+1.34}{1+50}//4\approx 0.045\text{k}\Omega=45\Omega$$

或者

$$r_o\approx\frac{R_S+r_{be}}{1+\beta}\approx 46\Omega$$

④

$$u_i=\frac{r_i}{r_i+R_s}\cdot u_s=\frac{72.2}{72.2+1}\times 4\sin\omega t\approx 3.9\sin\omega t\text{mV}$$

所以

$$u_o\approx u_i=3.9\sin\omega t\text{mV}$$

第四节　多级、差动与功率放大电路

一、多级放大电路

（一）多级放大电路的组成及耦合方式

实际应用中放大电路的输入信号很微弱，只有微伏级或毫伏级。由于单级放大电路的放大倍数有限，通常不能满足实际要求，因此，需要把几个单级放大电路连接起来，组成多级放大电路。通常把与信号源连接的第一级放大电路称为输入级，与负载连接的输出级放大电路称为末级。信号源的微弱信号经输入级和中间级放大后，可以得到足够的电压信号，再经过末前级和末级的功率放大，以得到负载所需要的功率。

多级放大电路中级与级之间的连接方式称为耦合。常用的耦合方式有三种：阻容耦合、直接耦合和变压器耦合。变压器耦合目前很少用，下面主要介绍前两种耦合方式。

1. 阻容耦合

阻容耦合是指级与级之间通过电容连接，如图 7-5 所示，其中，两极之间的电容 C_2 和后级放大电路的输入电阻 r_{i2} 构成两级之间的阻容耦合。特点是只能放大和传递交流信号。为减小交流信号在电容上的传输损失，耦合电容要做的足够大，常采用电解电容，不利于集成化，所以阻容耦合方式很难在集成电路中采用，而在分立元件多级放大电路中被广泛使用。阻容耦合方式的优点是各级静态工作点彼此独立、互不影响，便于单独调试；缺点是不能放大直流信号或变化缓慢的信号。

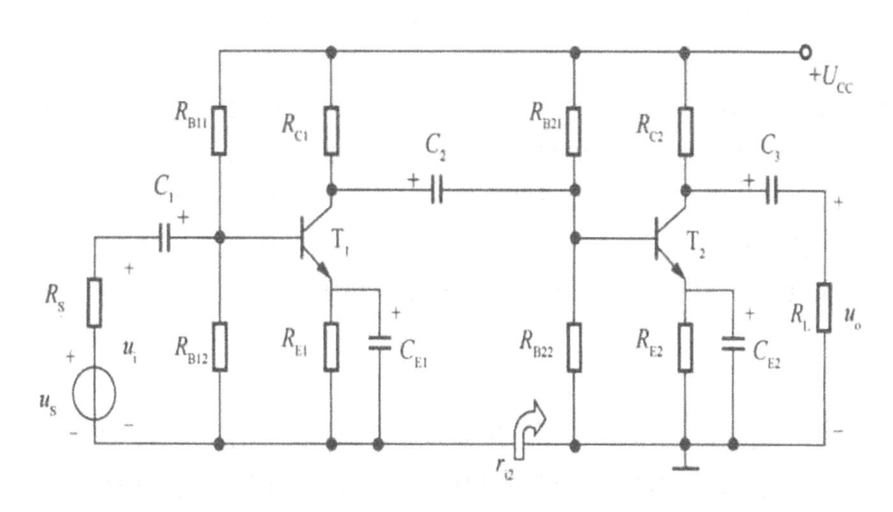

图 7-5　两级阻容耦合交流放大电路

2. 直接耦合

直接耦合是指级与级之间直接用导线连接。优点是既可以放大交流信号，也可以放大直流信号或变化缓慢的信号。无需大的耦合电容，便于集成化，所以直接耦合方式在集成放大电路中被广泛使用。缺点是各级静态工作点相互影响，不便调试。另外，这种直接耦合会产生严重的零点漂移现象。

当放大电路没有输入信号时，由于晶体管参数受温度等因素影响或电源电压波动等，静态工作点不稳定，再经过逐级放大，在输出端会出现变化缓慢的输出电压，产生偏离初始值的变化量，即输出电压有漂移不会稳定在初始值，这种现象称为零点漂移。漂移严重时会淹没输入信号，影响放大电路的正常工作。

（二）多级放大电路动态参数的分析

单级放大电路可以用一个含有受控源的双端口网络来等效，输入端口相当于一个电阻，获取输入电压信号；输出端口相当于一个信号源驱动负载。

1. 电压放大倍数 A_u

前一级的输出电压就是后一级的输入电压，如 $\dot{U}_{o1}=\dot{U}_{i2}$。若有 n 级放大电路，则多级放大电路的电压放大倍数为

$$A_u=\frac{\dot{U}_o}{\dot{U}_i}=\frac{\dot{U}_{o1}}{\dot{U}_i}\cdot\frac{\dot{U}_{o1}}{\dot{U}_{i2}}\cdots\cdots\frac{\dot{U}_o}{\dot{U}_{in}}=A_{u1}\cdot A_{v2}\cdots\cdot A_{un}$$

即总的电压放大倍数等于各级电压放大倍数的乘积。

在计算前几级电压放大倍数时，应当注意：前一级放大器作为后一级放大器的信号源，后一级放大器的输入电阻也就是前一级放大器的负载电阻，如 $R_{L1}=r_{i2}$，$R_{L2}=r_{i3}$，……，该电阻越大，前一级放大器的电压放大倍数就越大。

2. 输入电阻 r_i

多级放大电路的输入电阻就是第一级的输入电阻因射极输出器的输入电阻很高，常作为多级放大电路中的输入级，以提高输入电压 $\dot{U}_i$，降低输入电流 $\dot{I}_i$。当射极输出器作为第一级时，注意其输入电阻与它的负载有关，这个负载就是第二级的输入电阻。

3. 输出电阻 r_o

多级放大电路的输出电阻就是最后一级的输出电阻

$$r_o=r_{on}$$

因射极输出器的输出电阻很低，常作为多级放大电路中的输出级，以提高输出电压 $\dot{U}_0$ 的稳定性。当射极输出器作为最后一级时，注意其输出电阻与它的信号源内阻有关，这个信号源内阻就是前一级的输出电阻。

（三）阻容耦合两级放大电路的计算

第一级为固定偏置式放大电路，第二级为分压式偏置放大电路。由于电容 C_1，C_2 和 C_3 隔直流，对直流分量相当于断路，所以两级的静态工作点 C_3 互相独立，按照各自的直流通路分别计算。由微变等效电路可以求出此两级放大电路的动态参数：总的电压放大倍数为 $A_u=A_{u1}\cdot A_{u2}$，计算 A_{u1} 时注意 $R_{L1}=r_{i2}$；总的输入电阻就是第一级的输入电阻，即 $r_i=r_{i1}=R_{B1}//r_{be1}$；总的输出电阻就是第二级的输出电阻，即 $r_o=r_{o2}=R_{C2}$。

例：已知参数为 $U_{CC}=12$ V，$\beta_1=50$，$\beta_2=80$，

$U_{BE1}=U_{BE2}=0.6$V，$R_{B1}=600$kΩ，$R_{C1}=7.5$kΩ，$R_{B21}=45$kΩ，$R_{B22}=15$kΩ，$R_{C2}=2$kΩ，$R_{E2}=1.2$kΩ，$R_L=3.9$kΩ。①估算各级静态工作点；②求晶体管的输入电阻；③求各级电

压放大倍数和总电压放大倍数；④求放大电路的输入电阻和输出电阻。

解：①第一级的静态工作点 Q_1 为

$$I_{B1}=\frac{U_{CC}-U_{BE1}}{R_{B1}}=\frac{12-0.6}{600}=0.019\text{mA}=19\mu\text{A}$$

$$I_{C1}=\beta_1 I_{B1}=50\times0.019=0.95\text{mA}$$

$$U_{CE1}=U_{CC}-I_{C1}R_{C1}=12-0.95\times7.5=4.875\text{V}$$

第二级的静态工作点 Q_2 为

$$U_{B2}=\frac{R_{B22}}{R_{B21}+R_{B22}}U_{CC}=\frac{15}{45+15}\times12=3\text{V}$$

$$I_{C2}\approx I_{E2}=\frac{U_{B2}-U_{BE2}}{R_{E2}}=\frac{3-0.6}{1.2}=2\text{mA}, I_{B2}=\frac{I_{C2}}{\beta_2}=\frac{2}{80}=0.025\text{ mA}=25\mu A$$

$$U_{CE2}=U_{CC}-I_{C2}R_{C2}-I_{E2}R_{E2}\approx12-2\times(2+1.2)=5.6\text{V}$$

②晶体管的输入电阻为

$$r_{be1}=300+(1+\beta_1)\frac{26}{I_{E1}}=300+51\times\frac{26}{0.95}\approx1696\Omega\approx1.70\text{k}\Omega$$

$$r_{be2}=300+(1+\beta_2)\frac{26}{I_{E2}}=300+81\times\frac{26}{2}=1353\Omega\approx1.35\text{k}\Omega$$

③

$$A_{u1}=-\frac{\beta_1 R_{L1}'}{r_{be1}}=-\frac{50\times1.03}{1.70}\approx-30.29$$

$$R_{L1}'=R_{C1}//R_{L1}=\frac{7.5\times1.2}{7.5+1.2}\approx1.03\text{k}\Omega$$

$$R_{L1}=r_{i2}$$

$$r_{i2}=R_{B21}//R_{B22}//r_{bc2}=\frac{R_{B21}\times R_{B22}}{R_{B21}+R_{B22}}//r_{be22}=11.25//1.35\approx1.21\text{k}\Omega$$

$$R'_{L2}=R_{C2}//R_{L}=\frac{2\times3.9}{2+3.9}\approx1.32\text{k}\Omega$$

故总的电压放大倍数为

$$A_u=A_{u1}\cdot A_{u2}=(-30.3)\cdot(-78.2)\approx2370$$

两级总电压放大倍数为正数，这表明$\dot{U}_o$与$\dot{U}_i$同相。

④两级放大电路的输入电阻为

$$r_i=r_{it}=R_{B1}//r_{bel}\approx r_{bel}=1.7\text{k}\Omega$$

两级放大电路的输出电阻为

$$r_o=r_{o2}=R_{C2}=2\text{k}\Omega$$

二、差动放大电路

（一）差动放大电路对零点漂移的抑制

差动放大电路主要利用对称性原理抑制零点漂移，在直接耦合多级放大电路中得到了广泛应用。通常用在多级放大电路的第一级，是集成运算放大器的主要组成单元。

基本差动放大电路：电路两边完全对称。不但对应的电阻元件参数相等，而且晶体管的型号和参数也相同。

由于差动放大电路中所组成的单级放大电路是对称的，对电源来说并联工作，静态分析时可按单管放大电路处理。由于电路两边完全对称，所以静态工作点相同，即

$$I_{B1}=I_{B2}$$

$$I_{C1}=I_{C2}$$

$$U_{C1}=U_{C2}$$

当温度升高时，由于两管特性一致，集电极电流同时增加，且

$$u_o = \Delta U_{C1} - \Delta U_{C2} = 0$$

此时，虽然两个管子都产生了零点漂移，但由于是同向等量的漂移，所以两个管子的集电极点位仍然相等，则输出电压仍然为零，因此这种电路对零点漂移有很强的抑制作用。

同理，该电路对于由电源电压波动、元件参数变化等原因所引起的漂移也同样有良好的抑制作用。

（二）差动放大电路的工作原理

差动放大电路有两个输入端 u_{i1}，u_{i2}，根据两端输入信号的大小和极性，可分成下述三种情况：

1. 共模信号输入

即 $u_{i1}=u_{i2}$，两个信号大小相等、极性相同，称为共模信号。此时由于电路的对称性 $u_{o1}=u_{o2}$，所以 $u_o=u_{o1}-u_{o2}=0$。可见，差动放大电路对共模信号没有放大作用，即共模电压放大倍数 $A_c=0$。

各种干扰信号，包括温度变化、电源波动等，由于它们对电路两边的影响是相同的，因此这些零漂信号都可以看成是共模信号，放大倍数为零，这说明差动放大电路有很强的抑制零点漂移的能力。

2. 差模信号输入

即 $u_{i1}=-u_{i2}$ 两个信号大小相等、极性相反，称为差模信号。

放大电路两边参数对称，$u_i=u_{i1}-u_{i2}=2u_{i1}$，$u_o=u_{o1}-u_{o2}=2u_{o1}$，，因此差模电压放大倍数 $A_d=\dfrac{u_o}{u_i}=\dfrac{u_{o1}}{u_{i1}}=A_{u1}$。由此可见，差模电压放大倍数与单管放大电路的电压放大倍数相同。

3. 比较信号输入

即两个输入信号的大小、极性都任意，称为比较输入或差动输入。此时可以将输入信号分解为一对共模信号 u_c 和一对差模信号 u_d，即

$$u_d = \frac{u_{i1} - u_{i2}}{2}$$

$$u_c = \frac{u_{i1} + u_{i2}}{2}$$

两个输入信号可以写成

$$u_{i1} = u_d + u_c$$

$$u_{i2}=-u_d+u_c$$

于是信号 u_{i1}，u_{i2} 分解为两组输入：一组是共模输入 $u_{c1}=u_{c2}=u_c$；另一组是差模输 $u_{d1}=-u_{d2}=u_d$。由上面分析得知，该电路对共模信号无放大能力，所以输出信号完全是由差模信号引起的，而且输入电压 $u_i=u_{i1}-u_{i2}=u_{d1}-u_{d2}$，故此时电压放大倍数就是差模输入时的电压放大倍数，即

$$A_u=\frac{u_{o1}-u_{o2}}{u_{i1}-u_{i2}}=A_d$$

可见，差动放大电路放大的是两个输入信号的差，只有当两个输入端的输入信号有差值时才进行放大，输出信号才有变动，所以称“差动”放大。差动放大电路将两个输入端的电压差放大后加到负载两端，则差动放大电路的输出电压为

$$u_o=A_u\left(u_{i1}-u_{i2}\right)$$

由此可以看出，当输入电压 u_{i2}=0 时，输出电压 u_o 与输入电压 u_{i1} 同相，称 u_{i1} 端为同相输入端；当输入电压 u_{i1}=0 时，输出电压 u_o 与输入电压 u_{i2} 反相，称以 u_{i2} 端为反相输入端；当输入电压 u_{i1}、u_{i2} 都不为 0 时，称双端比较输入或差动输入，输出电压与输入电压的相位关系，由差值 $u_{i1}-u_{i2}$ 来决定。

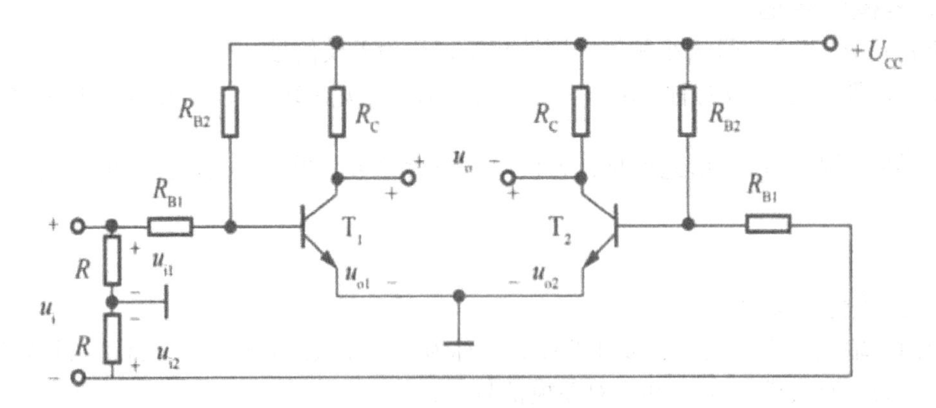

图 7-6　基本差动放大电路

三、功率放大电路

（一）功率放大电路概述

在实际应用的放大电路中，一般同时包括电压放大电路和功率放大电路，电压放大电路是工作在小信号状态下，放大的只是输入电压的幅度，而功率放大电路是工作在大

信号状态下，不仅输出大电压，还要输出大电流，目的是为了输出足够大的功率，以便驱动负载工作。功率放大电路在音响系统、自动控制、测量等领域中广泛应用。

传统的功率放大电路往往采用变压器耦合方式，便于实现阻抗匹配，但有体积大、笨重、不易集成等缺点，现在很少使用。目前大多采用的是无输出变压器（output transformer less，OTL）的功率放大电路和无输出电容（output capacitor less，OCL）的功率放大电路。

对功率放大电路的基本要求是：①输出功率尽可能大。即要求输出电压、输出电流的幅度足够大，通常晶体管在接近极限参数 U_{CEO}，I_{CM}，P_{CM} 状态下工作。②电路的效率要高。由于输出功率较大，因此直流电源消耗的功率也大。效率就是指负载上的交流信号功率与电源供给的直流功率的比值。为提高效率，应尽量降低电路的静态功耗，而静态功耗等于电源电压与晶体管静态电流的乘积，故降低静态功耗的办法就是降低晶体管静态电流 I_C。③信号的非线性失真要尽量减小。由于功率放大电路中的晶体管工作在接近极限状态，容易产生失真，因此应尽量减小失真，以满足负载的要求。

（二）互补对称式功率放大电路

1. 无输出变压器（OTL）的单电源互补对称放大电路

图 7-7（a）所示为无输出变压器（OTL）的单电源互补对称放大电路的原理图，T_1 和 T_2 是两个不同类型的三极管，它们的特性基本上相同。

在静态时，A 点的电位为 $\frac{1}{2}U_{CC}$，输出耦合电容 C_L 上的电压为 A 点和“地”之间的电位差，也等于 $\frac{1}{2}U_{CC}$。此时输入端的直流电位也调至 $\frac{1}{2}U_{CC}$，所以 T_1 和 T_2 均工作于乙类，处于截止状态。

当有信号输入时，对交流信号而言，输出耦合电容 C_L 的容抗及电源内阻均很小，可忽略不计，它的交流通路如图 7-7（b）所示。在输入信号 u_i 的正半周，T_1 和 T_2 的基极电位均大于 $\frac{1}{2}U_{CC}$，T_1 的发射结处于正向偏置，T2 的发射结处于反向偏置，故 T_1 导通，T_2 截止，流过负载 R_L 的电流等于 T_1 集电极电流 i_{C1}，如图 7-7（b）虚线所示。同理，在输入信号 u_i 的负半周，T_1 截止，T_2 导通，流过负载 R_L 的电流等于 T_2 集电极电流 i_{CC}，如图 7-7（b）实线所示。

在输入信号一个周期内，T_1 和 T_2 交替导通，它们互相补足，故称为互补对称放大电路，电流 i_{C1} 和电流 i_{C2} 以正反不同的方向交替流过负载电阻 R_L，所以在 R_L 上合成而得到一个交变的输出电压信号 u_o。并由图 7-7（a）可看出，互补对称放大电路实际上是由两个射极输出器组成，所以，它还具有把射极电阻 R_{E1}，R_{E2} 起限流保护作用。为了不使 C_L 放电过程中电压下降过多，所以 C_L 的电容量必须足够大，且连接时应注意它的极性。

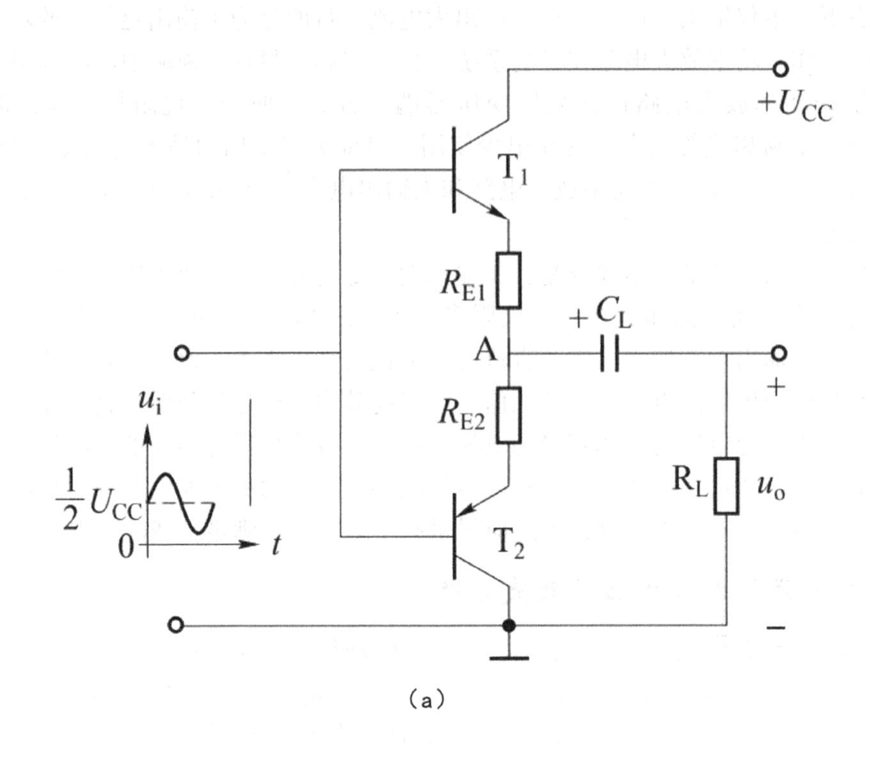

（a）

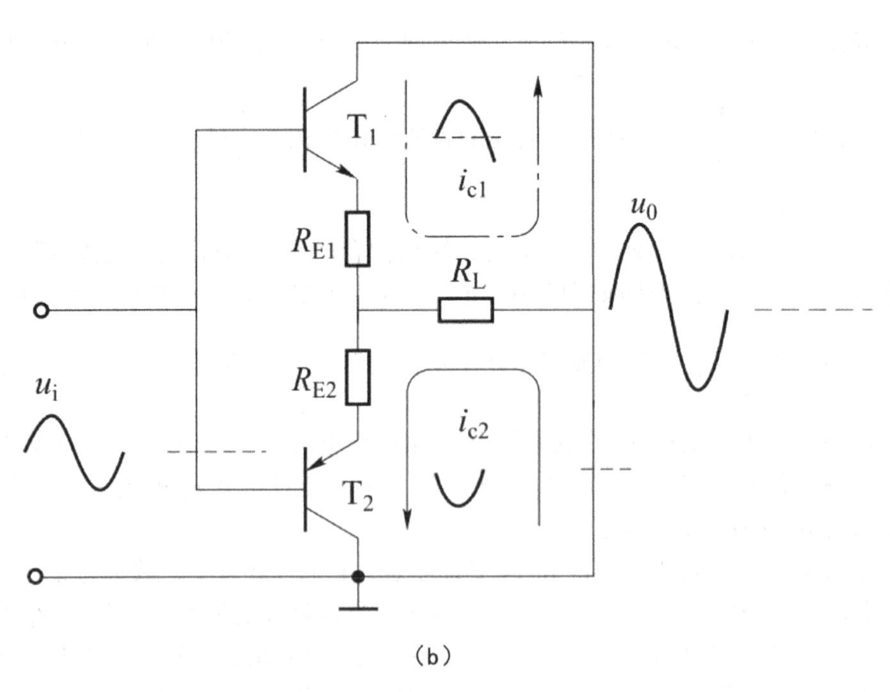

（b）

图 7-7　OTL 互补对称功放电路

（a）互补对称放大器电路原理图；（b）交流通路示意图

从图 7-7（a）可看出，该放大电路工作于乙类状态，因为三极管的输入特性曲线上有一段死区电压，当输入电压很小，不足以克服死区电压时，三极管就截止，所以在死区电压这段区域内（即输入信号为零时）输出电压为零，将产生失真，这种失真叫交越失真，如图 7-8 所示为基极电流 i_b 的交越失真波形。为了避免交越失真，可使静态工作点稍高于截止点，即避开死区段，也就是使放大电路工作在甲乙类状态。

2. 无输出电容（OCL）的双电源互补对称放大电路

OTL 互补对称放大电路，是采用大容量电容器 CL 与负载耦合，所以影响了放大电路的低频性能，且难以实现集成化。为了解决这一问题，可把 C 除去而采用正负两个电源，如图 7-9 所示电路。由于这种电路没有输出电容，所以把它叫做无输出电容（OCL）的双电源互补对称放大电路。

从图 7-9 所示电路中可看出，R_1，D_1 和 D_2 能使电路工作于甲乙类状态，以免产生交越失真。由于电路对称，静态时两功率管 T_1 和 T_2 的电流相等，所以负载电阻 R_L 中无电流通过，两管的发射极电位 V_A=0。它的工作原理与无输出变压器（OTL）的单电源互补对称放大电路相似。在理想情况，可以证明，无输出电容（OCL）的双电源互补对称放大电路的效率也等于 78.5%。

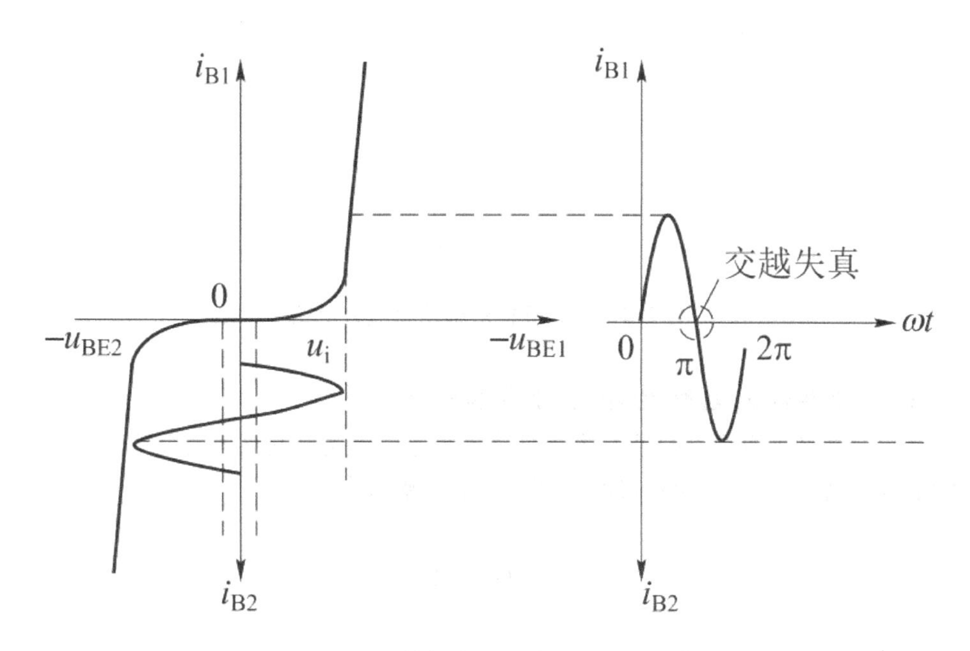

图 7-8　基极电流的交越失真波形

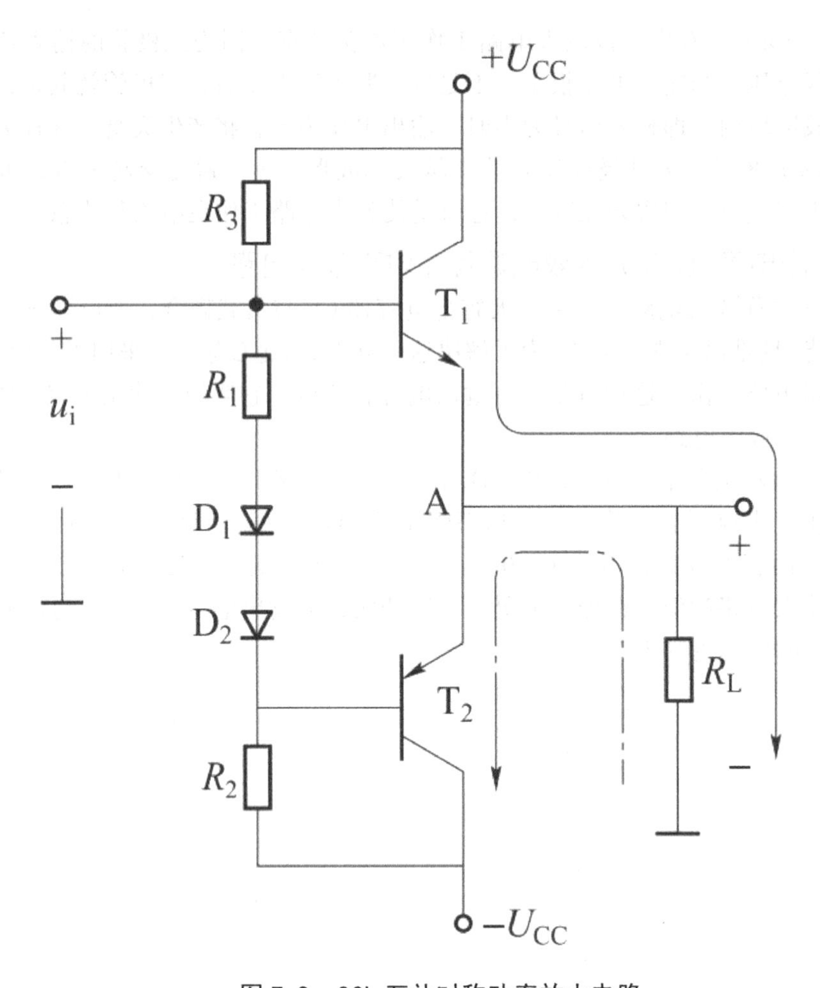

图 7-9　OCL 互补对称功率放大电路

（三）功率放大电路的输出功率和效率

功率放大电路所能输出的最大功率及其效率是功率放大电路的两个重要技术指标。由于负载电阻 R_L 上所能获得的正弦电压最大幅值为

$$U_{om}=U_{cC}-U_{CES}$$

故负载 R_L 电压有效值为

$$P_{om}=\frac{U_o^2}{R_L}=\frac{\left(U_{CC}-U_{CES}\right)^2}{2R_L}$$

负载 R_L 上能获得的最大功率为

$$P_{om}=\frac{{U_o}^2}{R_L}=\frac{\left(U_{CC}-U_{CES}\right)^2}{2R_L}$$

上述各式中，U_{CES} 为晶体管饱和压降。负载 R_L 流过的电流为

$$i_o=\frac{U_{CC}-U_{CES}}{R_L}\sin\omega t$$

这个电流正是电源所提供的电流，由此可求得电源所消耗的平均功率为

$$P_E=\frac{1}{\pi}\int_0^{\pi}\left(\frac{U_{CC}-U_{CES}}{R_L}\sin\omega t\cdot U_{CC}\right)\mathrm{d}\omega t=\frac{2U_{CC}\left(U_{CC}-U_{CES}\right)}{\pi R_L}$$

此时，功率放大电路的效率为

$$\eta=\frac{P_{om}}{P_E}=\frac{\dfrac{\left(U_{CC}-U_{CES}\right)^2}{2R_L}}{\dfrac{2U_{CC}\left(U_{CC}-U_{CES}\right)}{\pi R_L}}=\frac{\pi\left(U_{CC}-U_{CES}\right)}{4U_{CC}}$$

若忽略晶体管饱和压降 U_{CES}，则 $\eta\approx\frac{\pi}{4}\approx 78.5\%$，其余的能量都消耗在晶体管上。

第五节　场效应管放大电路

与晶体管放大电路相类似，场效应管放大电路也要设置静态工作点，也必须设置静态偏置电路。其动态分析也与晶体管放大电路相类似。所不同的是晶体管的集电极电流是受基极电流控制，为电流控制元件。而场效应管的漏极电流是受栅极电压控制，为电压控制元件。

一、场效应管放大电路的静态偏置方式

静态时栅极电位为 0，而源极电流（等于漏极电流）流经源极电阻，所以栅 - 源电压为

$$U_{GS}=-I_S R_s=-I_D R_s$$

由于 U_{GS} 是靠管子自身漏极电流 I_D 在 R_S 上产生的压降加的偏压，故称自给偏压。由漏极回路可知

$$U_{DS}=U_D-I_o\left(R_D+R_S\right)$$

由于栅极不取电流，故栅极电位为

$$U_G=\frac{R_{G2}}{R_{G1}+R_{G2}}U_D$$

栅 - 源偏压为

$$U_{GS}=\frac{R_{G1}}{R_{G1}+R_{G2}}U_D-I_D R_s$$

二、动态分析

输入回路与输出回路的公共端是源极，故称它们为共源极放大电路。

设输入信号为正弦量，并用相量表示。由于管子的栅 - 源之间是绝缘的，所以栅 - 源动态电阻 $r_{gs}\approx\infty$，故为开路。而漏极信号电流是受栅源电压控制的，故 $\dot{I}_d=g_m\dot{U}_{GS}$，又由于管子的输出特性具有恒流性质，因此其动态输出电阻 $r_{ds}\approx\infty$，相当于开路。

$$\dot{U}_o=-\dot{I}_d R_L^{'}=-g_m U_{GS} R_L^{'}$$

式中

$$R_L^{'}=\frac{R_D\cdot R_L}{R_D+R_L}$$

又因为 $\dot{U}_i=\dot{U}_{Gs}$，所以电压放大倍数为

$$A_u = \frac{\dot{U}_o}{\dot{U}_i} = -g_m R_L'$$

放大电路的输入电阻为

$$r_i = R_G + \frac{R_{G1} \cdot R_{G2}}{R_{G1} + R_{G2}}$$

通常 R_G 取值较高，这样可以大大提高放大电路的输入电阻。但由于栅极不取电流，所以 R_G 不影响静态偏置电压。

上述分析表明，由于场效应晶体管动态输入电阻 $r_{gs} \approx \infty$，所以它能够组成具有高输入电阻的放大电路。这种放大电路适合于作为多级放大电路的输入极。特别是在信号源内阻较高的情况下，就更加显示其输入电阻高的优点。

放大电路的输出电阻为 $r_o \approx R_D$。

第八章　集成运算放大器与数字电路

第一节　集成运算放大器

一、集成运算放大器概念

集成运算放大器是具有高开环放大倍数并带有深度负反馈的多级直接耦合放大电路，最初是应用于模拟电子计算机，用于实现加、减、乘、除、比例、积分、微分等运算，用途十分广泛，并因此而得名。随着技术的发展其在自动控制系统和测量装置中也有广泛的应用。

（一）集成运算放大器的基本组成及符号

不管是什么型号的组件，集成运算放大器基本上都由输入级、中间放大级、功率输出级和偏置电路四部分组成，如图 8-1 所示。

偏置电路的作用是向各放大级提供合适的偏置电流，确定各级静态工作点。

输入级是运算放大器的关键部分，一般由差动放大电路组成。它具有输入电阻很高，能有效地放大有用（差模）信号，抑制干扰（共模）信号。

中间级一般由共射极放大电路构成，主要任务是提供足够大的电压放大倍数。

输出级一般采用射极输出器或互补对称电路，以减小输出电阻，能输出较大的功率推动负载。此外，输出级应有过载保护措施，以防输出端意外短路或负载电流过大而烧毁功率管。

运算放大器的符号如图 8-2 所示，其中反相输入端和同相输入端分别用符号“–”和“+”标明。所谓反相输入，是指在此端输入信号后，集成运算放大器将输出一个与输入信号反相且放大 A 倍的信号；而所谓同相输入是指在此端输入信号后，集成运算放大器将输出一个与输入信号同相且放大 A 倍信号。

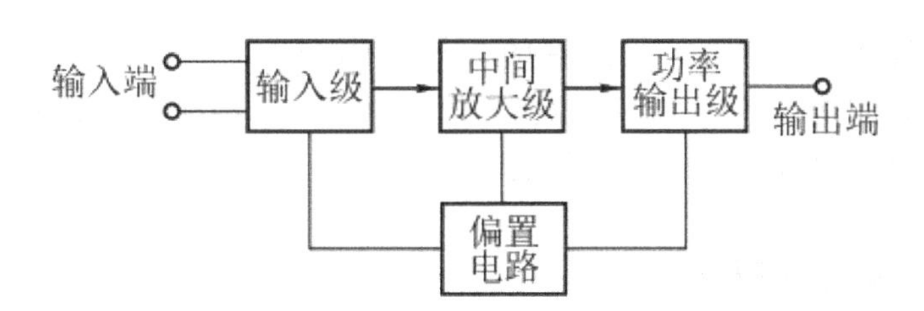

图 8-1　运算放大器的基本组成

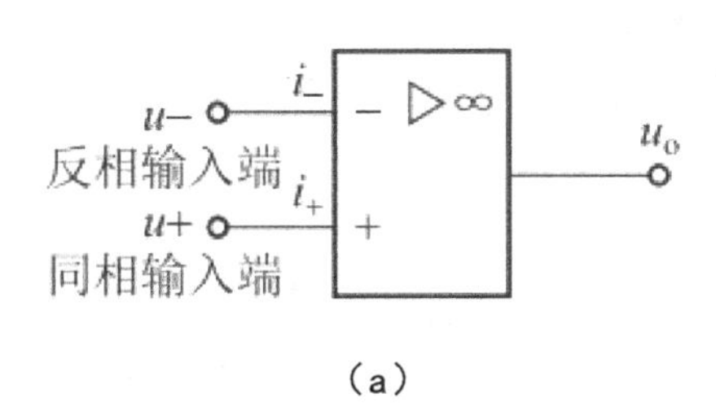

(a)

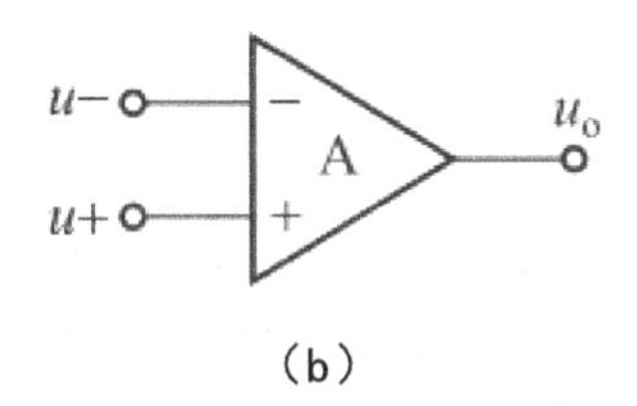

(b)

图 8-2　运算放大器的符号

(a) 新标准符号；(b) 旧标准符号

二、典型集成运算放大器芯片

（一）集成电路分类及外形

集成电路按用途特点分为通用型运算放大器和专用型运算放大器。

集成电路的几种封装形式：金属圆壳封装、扁平式塑料封装、双列直插式封装。对于集成功率放大器和集成稳压电源，还带有金属散热片及安装孔。超大规模集成电路的一种封装形式，外壳多为塑料。集成电路封装的引线一般有 8、12、14、18、24 根等。

（二）几种典型的运算放大器芯片

1. 双电源通用型单运算放大器 μA 741

μA 741 在一个芯片上集成了 1 个通用运算放大器。它工作所需的最大电源电压为 ±15 V，输入失调电压范围 2 ~ 10mV，输入偏置电流范围 300 ~ 1 000 nA，开环增益 100 ~ 106dB。

2. 双运算放大器 LF35、四运算放大器 LM324

LF353 是使用极为广泛的普通型双运算放大电路，其特点是工作电压高，频率响应快。LM324 芯片上集成了 4 个通用运算放大器。

三、主要性能指标

为了描述集成运算放大器的性能，现将常用的几项分别介绍如下：

（一）开环差模电压增益 A_{od}

指运算放大器组件没有外接反馈电阻（开环）时的直流差模电压放大倍数。一般用对数表示，单位为分贝。它的定义是

$$A_{od}=20\lg\left|\frac{\Delta U_o}{\Delta U_- - \Delta U_+}\right|$$

A_{od} 愈大，运算电路精度愈高，工作性能愈好。A_{od} 一般为 104 ~ 107，即 80 ~ 140 dB，高质量集成运算放大器 A_{od} 可达 140 dB 以上。

（二）共模抑制比 K_{CMR}

差动放大电路的最重要的性能特点是能放大差模信号（有用信号），抑制共模信号（漂移信号）。因此衡量差动放大电路对零漂的抑制效果及优劣就归结为其 A_{ud} 和 A_{uc} 的比值，通常用共模抑制比 K_{CMR} 来表征。

$$K_{CMR}=\frac{A_{ud}}{A_{uc}} \text{ 或} K_{CMR}=20\lg\left|\frac{A_{ud}}{A_{uc}}\right|(\text{dB})$$

显然共模抑制比愈大，差动放大电路分辨所需要的差模信号的能力就愈强，而受共模信号的影响就愈小。性能好的集成运放其 K_{CMR} 可达 120 dB 以上。共模抑制比越大越好。

（三）最大输出电压 U_{opp}

指运算放大器组件在不失真的条件下的最大输出电压。以 F007 为例，当电源电压

为 ±15 V 时 U_{opp} 均为 ±12 V。

此外，运算放大器还有输入失调电压 U_{IO}、输入失调电流 I_{IO}、输入偏置电流 I_{IB}、最大差模输入电压 U_{IDM}、最大共模输入电压 U_{ICM} 等参数。

（四）理想运算放大器

1. 理想运算放大器的技术指标

在分析集成运算放大器的各种应用电路时，常常将其中的集成运算放大器看成是一个理想运算放大器。所谓理想运算放大器就是将集成运算放大器的各项技术指标理想化，理想化的主要条件是：

（1）开环差模电压增益 $A_{od}\to\infty$；

（2）差模输入电阻 $r_{id}\to\infty$；

（3）输出电阻 $r_0\to 0$；

（4）共模抑制比 $K_{CMR}\to\infty$；

电压传输特性是指输出电压与输入电压的关系曲线。输入与输出之间存在线性关系区，也存在非线性关系区，实际的集成运算放大器当然不 / 可能达到上述理想化的技术指标（理想特性关系）。将实际运算放大器视为理想运算放大器所造成的误差，在工程上是允许的。

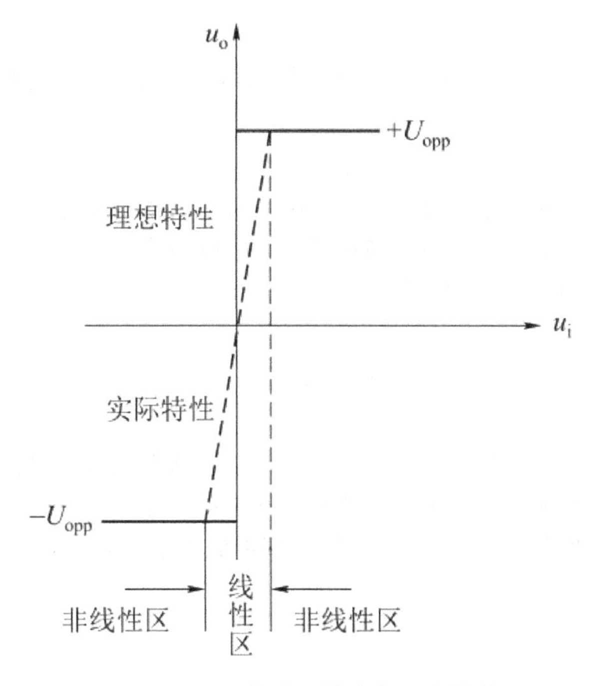

图 8-3　集成运放的电压传输特性

2. 理想运算放大器的工作特点

在各种应用电路中，集成运算放大器的工作范围可能有两种情况：工作在线性区或工作在非线性区。当工作在线性区时，集成运算放大器的输出电压与其两个输入端的电压之间存在着线性放大关系，即

$$u_o = A_{od}(u_+ - u_-)$$

式中：u_o—集成运算放大器的输出端电压；

u_+ 与 u_-—分别是其同相输入端和反相输入端电压；

A_{od}—指开环差模电压增益。

当集成运算放大器分别工作在线性区或非线性区时，各自有若干重要的特点，下面分别进行讨论。

（1）理想运算放大器工作在线性区时的特点

①理想运算放大器的输入电流等于零。

由于运算放大器差模输入电阻 $r_{id} \to \infty$，故可认为反相输入端和同相输入端的输入电流小到近似等于 0，即运算放大器本身不取用电流：

$$i_- = i_+ \approx 0$$

上式表明流入集成运算放大器的两个输入端的电流可视为 0，但不是真正的断，故称为“虚断”。

②理想运算放大器的差模输入电压等于零。

由于运算放大器开环电压放大倍数 $A_{od} \to \infty$，而输出电压又是一个有限数值，所以 $(u_+ - u_-) = u_o / A_{od} \approx 0$，于是反相输入端与同相输入端电位相等。

即集成运算放大器两个输入端之间的电压非常接近于，但又不是短路，故称为“虚短”。

$$u_+ \approx u_-$$

虚短是高增益的运算放大器组件引入深度负反馈的必然结果，只在闭环状态下，工作于线性区的运算放大器才有虚短现象，离开上述前提条件，虚短现象不复存在。

③同相输入端接“地”$(u_+=0)$，则反相输入端近似等于“地”电位，称为“虚地”。

$$u_- \approx u_+ = 0$$

当运算放大器工作在线性区时，u_0 和（$u_+ - u_-$）是线性关系，运算放大器是一个线性放大元件。由于运算放大器的开环电压放大倍数 A_{od} 很高，即使输入 mV 级以下的信号，也足以使输出电压饱和，其饱和值为 $+U_{opp}$ 或 $-U_{opp}$，达到接近正、负电源电压值；

同时由于干扰，使工作难于稳定。为此要使运算放大器工作在线性区，通常都要引入深度电压负反馈。

（2）理想运算放大器工作在非线性区时的特点

如果运算放大器工作信号超出了线性放大的范围，则输出电压不再随着输入电压线性增长，而将达到饱和，运算放大器将工作在饱和区，此时，不能满足式 $u_o=A_{od}(u_+-u_-)$ 关系式。

①输出电压 u_o 要么等于 $+U_{opp}$，要么等于 $-U_{opp}$。

当 $u_+>u_-$ 时，$u_o=+U_{opp}$；当 $u_+<u_-$ 时，$u_o=U_{opp}$。

在非线性区内，运算放大器的差模输入电压（u_+-u_-）可能很大，即 $u_+\neq u_-$。也就是说，此时，“虚短”现象不复存在。

②理想运算放大器的输入电流等于 0。

在非线性区，虽然运算放大器两个输入端的电压不等，但因为 $\gamma_{id}\to\infty$，故仍认为此时输入电流等于 0，即 $i_-=i_+\approx 0$。

如上所述，理想运算放大器工作在线性区或非线性区时，各有不同的特点。因此，在分析各种应用电路的工作原理时，首先必须判断其中的集成运算放大器究竟工作在哪个区域。

四、集成运算放大器的线性应用电路

当集成运算放大器外部接不同的线性或非线性元器件将输出信号（部分或全部）回送给输入端构成负反馈电路时，可以灵活地实现各种特定的函数关系（各种模拟信号的比例、求和、积分、微分、对数、指数等数学运算）。正确判断集成运算放大器反馈极性和反馈的类型，是分析反馈放大电路的基础。

（一）反馈方框图及组态判别方法

反馈是指将输出信号（电压或电流）的部分或全部通过一条电路反向送回输入端的过程。相关的电路或元件就称为反馈电路或反馈元件。放大电路通过反馈电路作用使放大电路的性能得到改善。

1. 反馈方框图

构成反馈放大电路的一般方框图如图 8-4 所示，图中 $A=\dot{X}_o/\dot{X}_i'$ 称为反馈放大电路的开环放大倍数，$A_f=\dfrac{\dot{X}_o}{\dot{X}_i}=\dfrac{\dot{X}_o}{\dot{X}_f+\dot{X}_i'}=\dfrac{A}{1+AF}$ 称为闭环放大倍数，（$1+AF$）称为反馈深度，反映负反馈的程度。

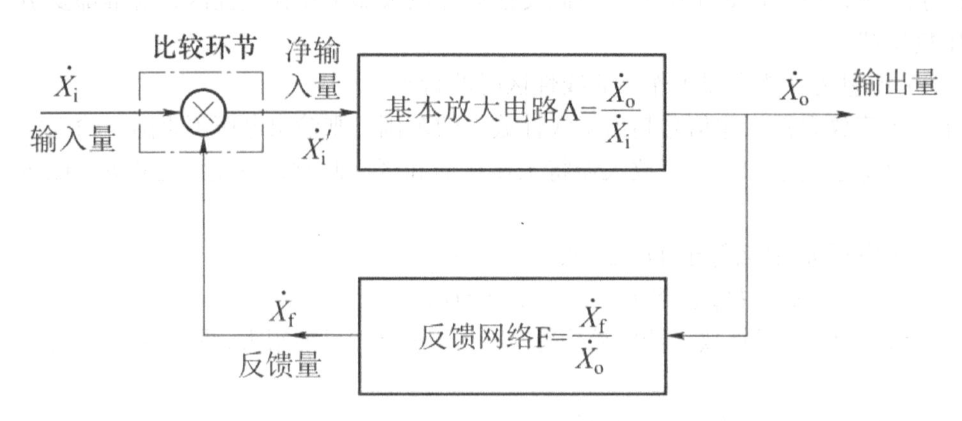

图 8-4　反馈放大电路的一般方框图

2. 反馈组态及判断方法

反馈组态一般有电压并联负反馈、电压串联负反馈、电流并联负反馈、电流串联负反馈四种类型。其判别方法可按以下步骤进行：

（1）有无反馈的判断

检查电路中是否存在反馈元件。反馈元件是指在电路中把输出信号回送到输入端的元件。

反馈元件可以是一个或若干个，例如，可以是一根连接导线，也可以是由一系列运放、电阻、电容和电感组成的网络，但它们的共同点是一端直接或间接地接于输入端，另一端直接或间接地接于输出端。

（2）反馈组态的判断

①电压反馈和电流反馈

电压反馈：反馈信号取自输出电压的部分或全部。如图 8-5（a）。

判别方法：使输出端短路 u_o=0（R_L 短路），若反馈消失则为电压反馈。

电流反馈：反馈信号取自输出电流。如图 8-5（b）。

判别方法：使输出端短路 u_o=0（R_L 短路），若反馈依然存在则为电流反馈。

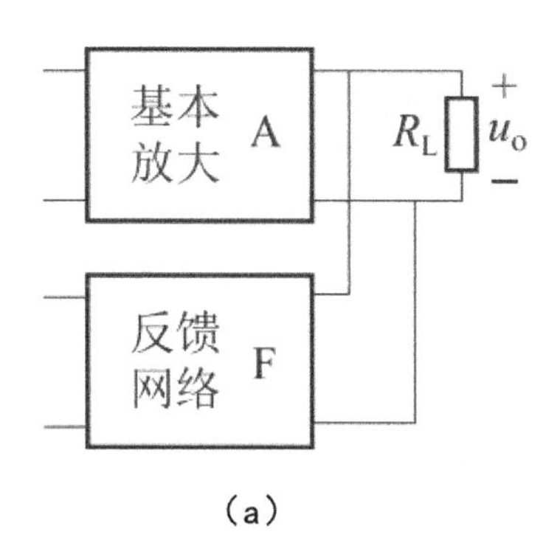

（a）

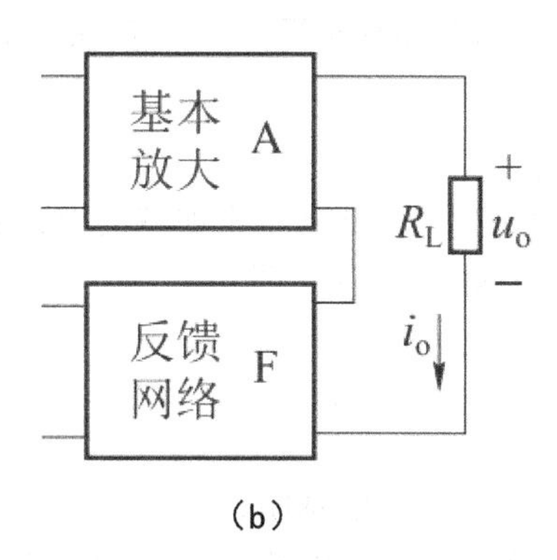

（b）

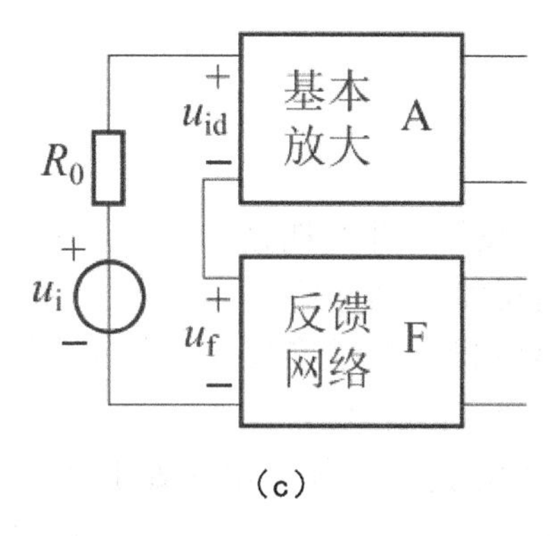

（c）

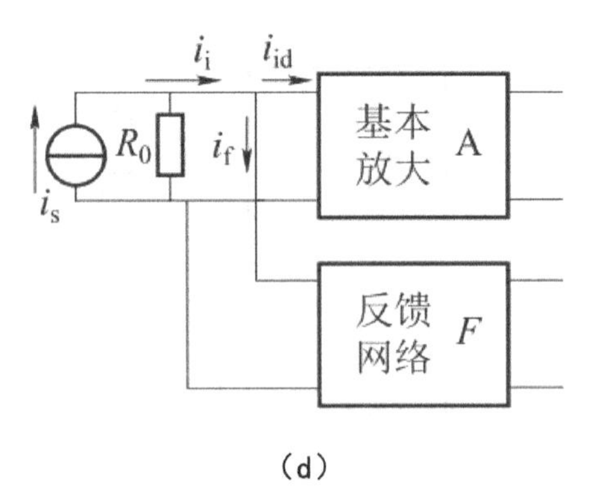

（d）

图 8-5　反馈电路类型

（a）电压反馈；（b）电流反馈；（c）串联反馈；（d）并联反馈

（2）串联反馈和并联反馈

串联反馈：反馈信号与输入信号以电压相加减的形式在输入端出现或反馈信号端与输入信号端不接于同一点。如图 8-5（c）所示。

$$u_{id}=u_i-u_f$$

特点：信号源内阻越小，反馈效果越明显。

并联反馈：反馈信号与输入信号以电流相加减的形式在输入端出现或反馈信号端与输入信号端接于同一点。如图 8-5（d）所示。

$$i_{id}=i_i-i_f$$

特点：信号源内阻越大，反馈效果越明显。

（3）反馈极性（正、负反馈）的判断

若反馈信号使净输入信号减弱，则为负反馈；若反馈信号使净输入信号加强，则为正反馈。反馈极性的判断多用瞬时极性法。

瞬时极性法——假设放大电路中的输入电压处于某一瞬时极性（正半周为正，用“⊕”表示，负半周为负，用“⊖”表示），沿放大电路通过反馈网络再回到输入回路。依次判定出电路中各点电位的瞬时极性。如果反馈信号与原假定的输入信号瞬时（变化）极性相同，则表明为正反馈，否则为负反馈。

判别规律总结：反馈信号与输入信号在不同节点为串联反馈，在同一个节点为并联反馈。反馈取自输出端或输出分压端为电压反馈，反馈取自非输出端为电流反馈。

（二）比例运算电路

1. 反相比例运算电路

图 8-6 所示电路中，输入信号 u_i 经 R_1 加在反相输入端与“地”之间。输出信号 u_o 与 u_i 反相；同相输入端经 R_2 接地，反馈电阻 R_F 跨接于输入与输出端之间。把 u_o 反馈至输入端以形成深度并联电压负反馈。

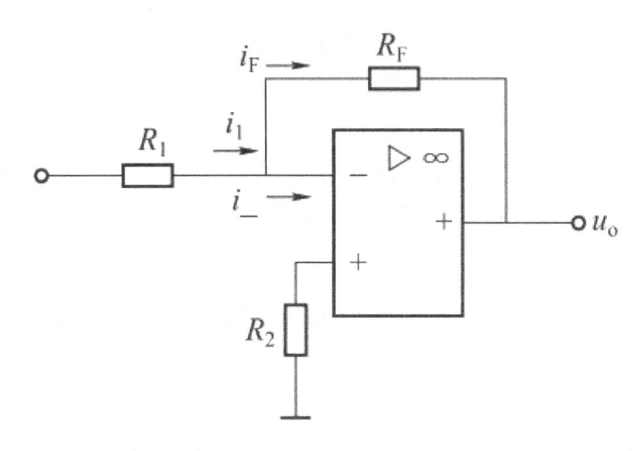

图 8-6　反相比例运算电路

（1）电路分析

由于运放器本身不取用电流 $i_-\approx 0$，所以 $i_1\approx i_F$，而 $i_1=(u_i-u_-)/R$，$i_F=(u_--u_o)/R_F$，又因为同相输入端 u_+ 接“地”，反相输入端 u_- 为“虚地”，由此得到

$$i_1 = u_i / R_1$$

$$i_F = -u_o / R_F$$

所以 $\dfrac{u_i}{R_1} \approx -\dfrac{u_o}{R_F}$，即

$$u_o = -\frac{R_F}{R_1}u_i \text{ 或 } A_F = \frac{u_o}{u_i} = -\frac{R_F}{R_1}$$

式子表明，由于引入了深度负反馈后，运算放大器的闭环电压放大倍数与运放组件本身参数无关，只决定于外接电阻。同时也说明输入与输出电压是比例运算关系，式中负号表明输入信号与输出信号反相位。

如果 $R_1=R_F$，则 $u_o=-u_i$，此时的反相比例运放电路称为反相器或反号器。

同相输入端的外接电阻 R_2 称平衡电阻，其作用是保证运算放大器差动输入级输入端静态电路的平衡。R_2 一般取值为 $R_1//R_F$。

（2）反馈类型判别

下面来分析反馈的极性与类型。

从图 8-6 中可看出反馈电路自输出端引出而接到反相输入端。设 u_i 为正（“⊕”），则 u_o 为负（“⊖”），此时反相输入端的电位高于输出端的电位，输入电流 i_1 和反馈电流 i_F 的实际方向如图 8-6 中所示，流进运放器本身的电流为 $i_d=i_1-i_F$，即 i_F 削弱了净输入电流，故为负反馈。

另外反馈信号与输入信号在同一节点引入，以电流的形式出现，它与输入信号并联，故为并联反馈。反馈电流 i_F 取自输出电压 u_o，即与 u_o 成正比，故为电压反馈。所以反相比例运算电路是一个并联电压负反馈的电路。

2. 同相比例运算电路

同相比例运算电路如图 8-7（a）所示。输入信号 u_i 经电阻 R 接到同相输入端与“地”之间，反相输入端通过 R 接“地”。

（1）电路分析

同样，由于运算放大器本身不取用电流，$i_1 \approx i_F$，而 $u_i=u_+=u_-$，所以得到

$$u_o=\left(1+\frac{R_F}{R_1}\right)u_i$$

即

$$\frac{0-u_i}{R_1}\approx\frac{u_i-u_o}{R_F} \text{ 或 } A_F=\frac{u_o}{u_i}=\left(1+\frac{R_F}{R_1}\right)$$

式子表明，在同相比例运算电路中，其 u_o 与 u_i 的比值为（$1+R_F/R_1$）。

如果 $R_F=0$，则 $u_o=u_i$，此时的同相比例运算电路称为同号器或电压跟随器。和前面交流放大器所讨论过的射极跟随器一样，同号器也具有很高的输入电阻和很小的输出电阻。同号器中 R_F 与 R_2 均可除去，见图 8-7（b）所示。

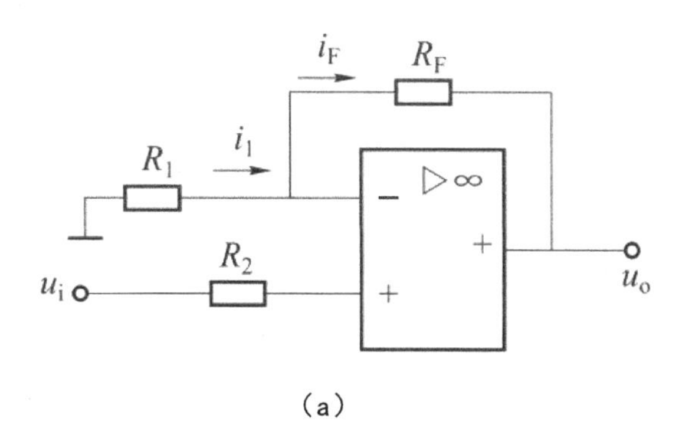

(a)

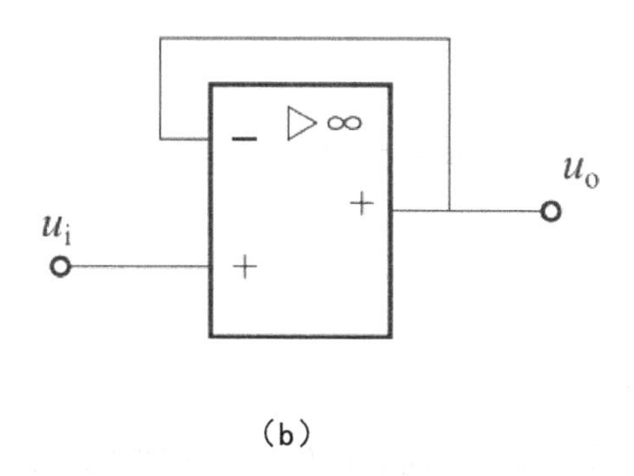

(b)

图 8-7　反相比例运算电路

（2）反馈类型判别

由图 8-7（a）可见，反馈电路自输出端引出接到反相输入端，再经电阻 R_1 接“地”。设 u_i 为正，则 u_o 也为正，此时反相输入端的电位低于输出端的电位但高于“地”的电位，i_1 和 i_F 的实际方向与图 8-7（a）中正方向相反。经 R_F 和 R_1 分压后，反馈电压 $u_F=-i_1 R_1$ 是 u_o 的一部分，净输入电压 $u_d=u_i-u_F$，u_F 削弱 u_d，故为负反馈。另外反馈信号与输入信号分别接在运放器的两个输入端，以电压的形式出现，反馈电压 $u_F=u_o R_1/(R_1+R_F)$ 并与 u_o 成正比，故为电压反馈。它与输入信号串联，故为串联反馈。所以同相比例运算电路是一个串联电压负馈的电路，见图 8-8 所示。

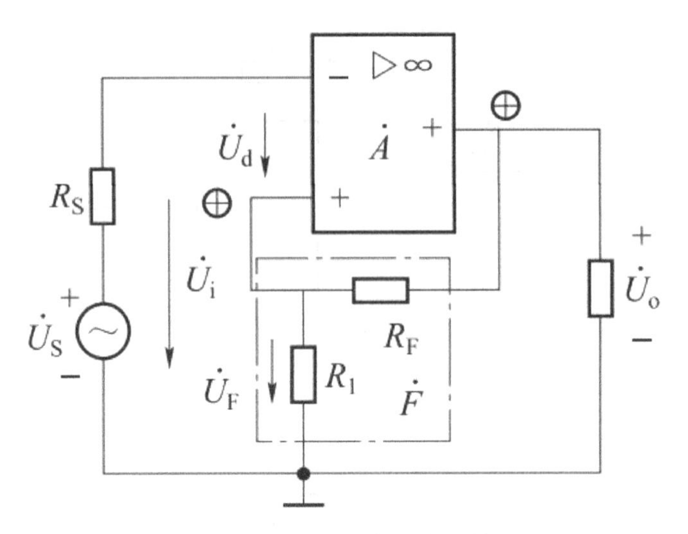

图 8-8 并联电压负反馈

（三）加法、减法运算电路

1. 加法电路

（1）反相加法运算电路

在反相输入端接上若干输入电路，就构成反相加法运算电路。由于集成运算放大器本身不取用电流即 $i_+=i_-=0$，所以有

$$i_{11}+i_{12}+i_{13}=i_F$$

考虑到反相输入时，反相输入端为“虚地”，即 $u_+=u_-=0$，则

$$\frac{u_{i1}}{R_{11}}+\frac{u_{i2}}{R_{12}}+\frac{u_{i3}}{R_{13}}=-\frac{u_o}{R_F}$$

即

$$u_o=-\left(\frac{R_F}{R_{11}}u_{i1}+\frac{R_F}{R_{12}}u_{i2}+\frac{R_F}{R_{13}}u_{i3}\right)$$

平衡电阻 $R_2=R_{11}//R_{12}//R_{13}//R_F$，若使 $R_{11}=R_{12}=R_{13}=R_F$，则有

$$u_o=-(u_{i1}+u_{i2}+u_{i3})$$

（2）同相加法运算电路

同相加法运算电路，图中由于集成运算放大器本身不取用电流即 $i_+=i_-=0$，则有

$$i_{21}+i_{22}+i_{23}=0$$

$$\frac{u_{i1}-u_+}{R_{21}}+\frac{u_{i2}-u_+}{R_{22}}+\frac{u_{i3}-u_+}{R_{23}}=0$$

由于 $u_-=\frac{R_1}{R_1+R_F}u_o\approx u_+$，所以

$$u_o=\left(1+\frac{R_F}{R_1}\right)\frac{\frac{u_{i1}}{R_{21}}+\frac{u_{i2}}{R_{22}}+\frac{u_{i3}}{R_{23}}}{\frac{1}{R_{21}}+\frac{1}{R_{22}}+\frac{1}{R_{23}}}$$

若使 $R_{21}=R_{22}=R_{23}$，且 $R_F=2R_1$，则有

$$u_o=u_{i1}+u_{i2}+u_{i3}$$

必须指出，在同相输入运放电路中，加在两个输入端信号 $u_-\approx u_+$，是一对大小近似相等、相位相同的共模信号。因此，采用同相输入方式时，应保证输入电压小于集成运放组件所允许的最大共模输入电压。

例：一个测量系统的输出电压和一些待测量（经传感器变换为信号）的关系为 $u_o=2u_{i1}+0.5u_{i2}+4u_{i3}$，试用集成运算放大器构成信号处理电路，若取 $R_F=100\text{k}\Omega$，求各电阻阻值。

解：分析：输入信号为加法关系，故第一级采用加法电路，输入信号与输出信号要求同相位，所以再一级反相器。

推导第一级电路的各电阻阻值：

$$u_o=-\left(\frac{R_F}{R_{11}}u_{i1}+\frac{R_F}{R_{12}}u_{i2}+\frac{R_F}{R_{13}}u_{i3}\right)$$

由 $R_F=100\text{k}\Omega$ 得：$R_{11}=50\text{k}\Omega$ 、$R_{12}=200\text{k}\Omega$、$R_{13}=25\text{k}\Omega$；平衡电阻 $R_{b1}=R_{11}//R_{12}//R_{13}//R_F=50//200//25//100=16\text{k}\Omega$。

第二级为反相电路：$R_{21}=R_F=100\text{k}\Omega$；平衡电阻 $R_{b2}=R_{23}//R_F=100//100=50\text{k}\Omega$。

2. 减法电路

输入信号 u_{i1} 和 u_{i2} 分别经电阻 R_1 和 R_2 加在反相和同相输入端。由于运算放大器是线性条件下工作，可以运用叠加原理求出其运算关系。

设 u_{i1} 单独作用，这时 u_{i2}=0（接地），这是反相运算方式，故

$$u_o' = -\left(R_F / R_1\right) u_{i1}$$

设 u_{i2} 单独作用，这时 u_{i1}=0（接地），这是同相运算方式，故

$$u_o'' = \left(1 + R_F / R_1\right) u_+$$

由于 u_{i2} 不是直接接在同相输入端，而是经 R2 和 R3 分压后才接到同相输入，故

$$u_+ = \frac{R_3}{R_2 + R_3} u_{i2}$$

u_{i1} 和 u_{i2} 同时作用，输出电压 u_o 为

$$u_o = u_o' + u_o'' = -\frac{R_F}{R_1} u_{i1} + \left(1 + \frac{R_F}{R_1}\right) \frac{R_3}{R_2 + R_3} u_{i2}$$

若 R_1=R_2，R_3=R_F，上式可写为 $u_o = \frac{R_F}{R_1}\left(u_{i2} - u_{i1}\right)$ 可以实现比例减法运算。

若取 R_1=R_2=R_3=R_F 则

$$u_o = u_{i2} - u_{i1}$$

这就实现了减法运算。

五、集成运算放大器的非线性应用电路

当运算放大器处于开环或加有正反馈的工作状态，由于开环放大倍数 A_{od} 很高，很小的输入电压或干扰电压就足以使放大器的输出电压达到饱和值。因而此时放大器的 u_o 和 u_i 之间不存在线性关系。放大器在这种状态下的应用称为非线性应用。

（一）比较器

比较器是对输入信号进行鉴别和比较的电路，视输入信号是大于还是小于给定值来决定输出状态。它在测量、控制以及各种非正弦波发生器等电路中得到广泛应用。

图 8-9 所示电路为最简单的比较器，电路中无反馈环节，运算放大器处于开环状态下工作。u_R 为基准电压，它可以为正值或负值，也可以为零值，接至同相端。输入信号接至反相端与 u_R 进行比较。

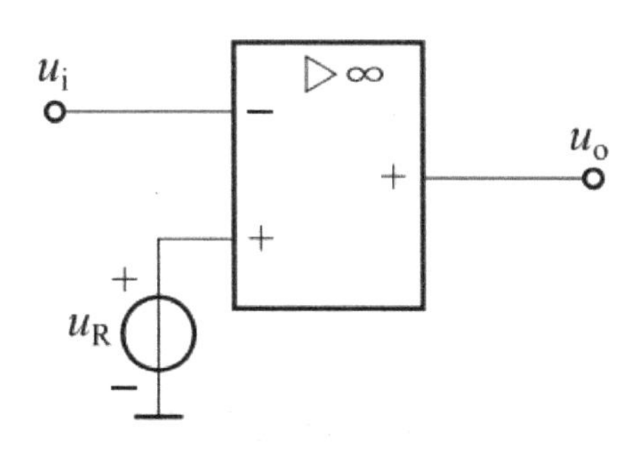

图 8-9 电压比较器

1. 过零比较器

若 u_R=0，则输入信号 u_i 每次过零时，输出电压 u_o 都会发生突变，这种比较器称过零比较器。又分为反相输入过零限幅比较器及传输特性如图 8-10 所示；同相输入过零限幅比较器及传输特性如图 8-11 所示。图中的二极管 D_Z 取到双向限幅的作用，具体限制电压值视稳压管的稳压值而定。

利用过零比较器可以实现信号的波形变换。

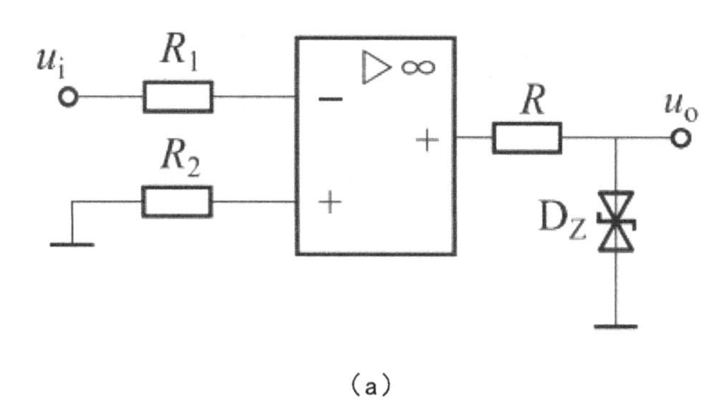

（a）

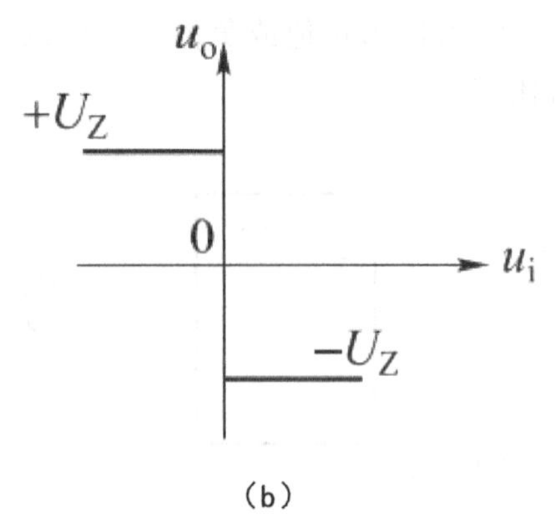

（b）

图 8-10　反相输入过零比较器

（a）电路结构；（b）传输特性

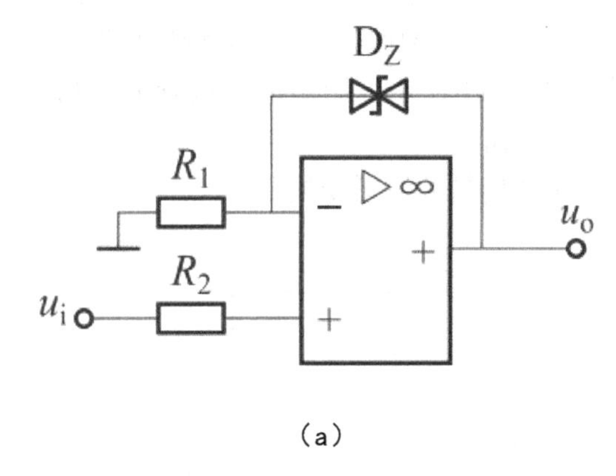

（a）

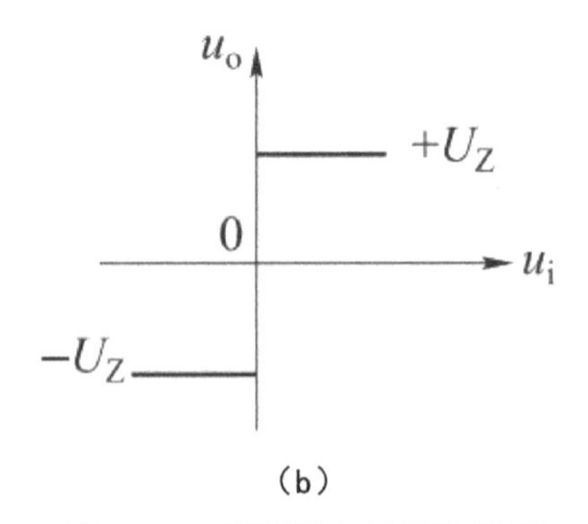

（b）

图 8-11　同相输入过零比较器

（a）电路结构；（b）传输特性

2. 任意值比较器

若图 8-9 所示电路中参考电压 $u_R \neq 0$ 时构成的为任意值电压比较器。

当 $u_i > u_R$ 时，$(u_+ - u_-) < 0$，组件处于负饱和状态，u_o 为负饱和值 $-U_{opp}$；

当 $u_i < u_R$ 时，$(u_+ - u_-) > 0$，组件处于正饱和状态，u_o 为正饱和值 $+U_{opp}$。

3. 滞回比较器

如果在过零比较器的基础上引入正反馈，即将输出电压通过电阻 R_F 再反馈到同相输入端，形成电压串联正反馈。其阈值电压就随输出电压的大小和极性而变，这时比较器的输入—输出特性曲线具有滞迟回线形状，这种比较器称为滞迟比较或滞回比较器，又称为施密特触发器。输入信号加在反相输入端，而反馈信号作用于同相输入端，反馈电压

$$u_F = u_+ = \frac{R_2}{R_F + R_2} u_o$$

如果比较器的输出电压 $u_o = +U_{OPP}$，要 u_o 使变为 $-U_{OPP}$，则 $u_i > u_+ = \frac{R_2}{R_F + R_2} U_{OPP}$；

如果比较器的输出电压 $u_o = -U_{OPP}$，要 u_o 使变为 J$+U_{OPP}$，则

$u_i < u_+ = \frac{R_2}{R_F + R_2}\left(-U_{OPP}\right)$，$U_{TH1}$ 的计算式为

$$U_{TH1} = \frac{R_2}{R_F + R_2} U_{OPP}$$

为上阈值电压，即 $u_i > U_{TH2}$ 后，u_o 从 $+U_{OPP}$ 变为 $-U_{OPP}$。

$$U_{TH2} = \frac{R_2}{R_F + R_2}\left(-U_{OPP}\right)$$

为下阈值电压，即 $u_i < U_{TH2}$ 后，u_o 从 $-U_{OPP}$ 变为 $+U_{OPP}$。

例：图 8-12 为集成运放理想组件，$u_i = 6\sin\omega t$V，稳压管 D_{Z1} 和 D_{Z2} 的稳压值均为 6V，试画出输出电压 u_o 的波形，并求出其幅值与周期。

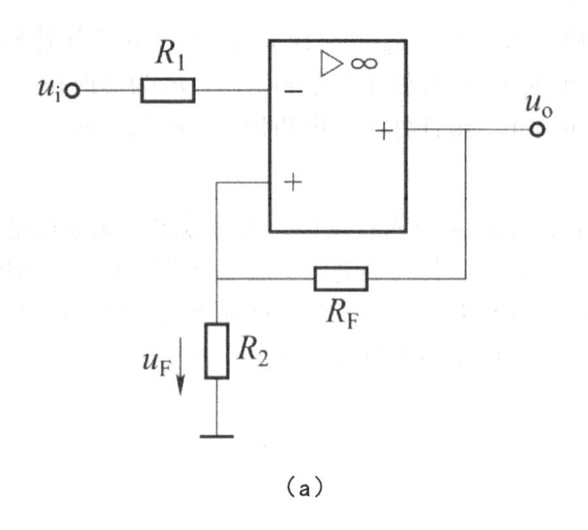

(a)

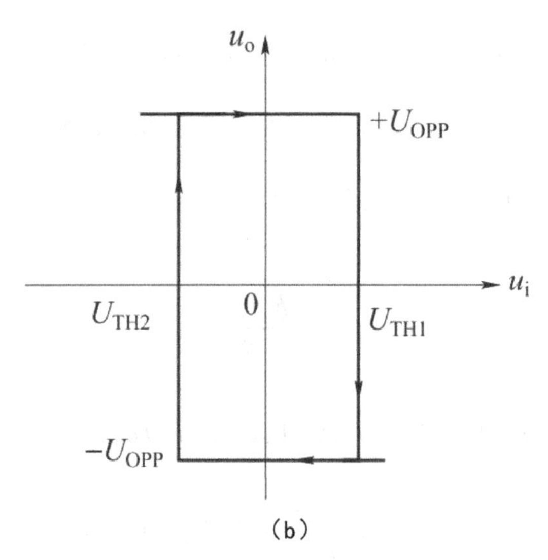

(b)

图 8-12　滞回比较器

(a) 电路结构；(b) 传输特性

解：图 8-12（a）所示电路为滞回比较器，可求出上、下阈值电压，由于 D_{Z1} 与 D_{Z2} 的限幅作用，最大输出电压被限制在 ±6.7 V 内。

$$U_{THL}=\frac{R_2}{R_F+R_2}U_{oM}=\frac{10}{20+10}6.7=2.2V$$

$$U_{\mathrm{TH2}}=\frac{R_2}{R_{\mathrm{F}}+R_2}(-U_{\mathrm{oM}})=\frac{10}{20+10}(-6.7)=-2.2\mathrm{V}$$

滞回比较器的传输特性，属于下行特性。

当 $u_{\mathrm{i}}>u_{\mathrm{TH1}}$=2.2V 时，$u_{\mathrm{o}}$ 由 +6.7V 变为 −6.7V；

当 $u_{\mathrm{i}}<u_{\mathrm{TH1}}$=−2.2V 时，$u_{\mathrm{o}}$ 由 −6.7V 变为 +6.7V。

（二）方波发生器

过零比较器输出的方波是由外加正弦波转换过来的，实质上是一种波形变换电路。如果在运算放大器的同相输入端引入适当的电压正反馈，则电路的电压放大倍数更高，输出与输入也不是线性关系，也即运算放大器在不需要外接信号的情况下可自行输出方波。

方波发生器的基本电路，输出电压 u_{o} 经电阻 R_1 和 R_2 分压，将部分电压通过 R_3 反馈到同相输入端作为基准电压，其基准电压与 u_{o} 同相位。其大小为

$$u_2=\frac{R_2}{R_1+R_2}u_c$$

同时，输出电压 u_{o} 又经 R_{F} 与 C 组成的积分电路，将电容电压 u_{C} 作为输入电压接至反相端，与基准电压 u_2 进行比较。

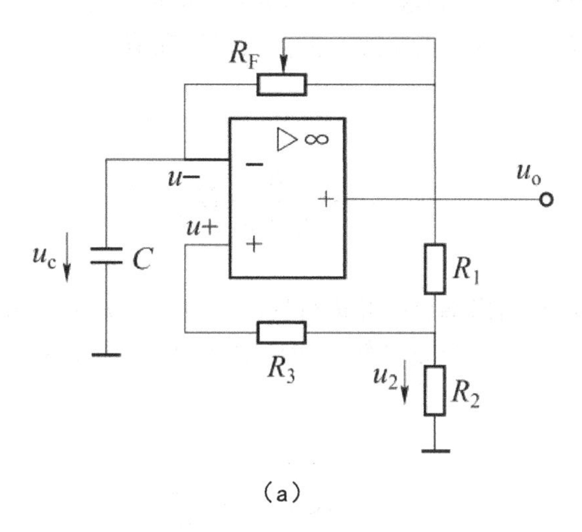

(a)

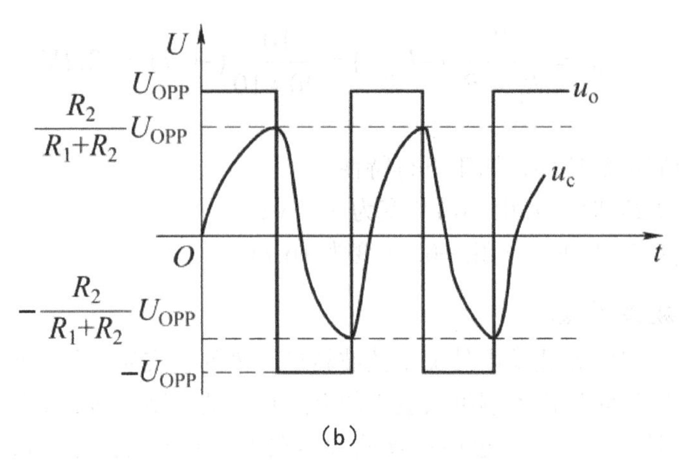

（b）

图 8-13　方波发生器的电路与波形图

（a）电路结构；（b）波形图

如在接通电源之前电容电压 $u_C=0$，则接通电源后，由于干扰电压的作用，使输出电压 u_o 很快达到饱和值，而其极性则由随机因素决定。如 $u_o=+U_{OPP}$ 正饱和值，则同相输入端电压

$$u_+ = +\frac{R_2}{R_1+R_2}U_{OPP}$$

同时随着电容的充电，反相输入端电压 $u_-=u_C$ 按指数规律上升，到 u_- 略大于 u_+ 时，输出电压 u_o 变为负值，并由于正反馈，很快从正饱和值 $+U_{OPP}$ 变为负饱和值 $-U_{OPP}$。此时 u_+ 为负值，即

$$u_+ = -\frac{R_2}{R_1+R_2}U_{OPP}$$

同时电容通过 R_F 和输出端放电并进行反向充电。当 u_- 反向充电到比 u_+ 更负时，u_o 又从 $-U_{OPP}$ 变为 $+U_{OPP}$。如此反复翻转，输出端便形成矩形波振荡。可以证明，振荡周期为

$$T = 2R_F C\ln\left(1+\frac{2R_2}{R_1}\right)$$

适当选取 R_1 和 R_2 阻值。使 $R_2/R_1=0.86$，则振荡频率为

$$f = \frac{1}{2R_F C}$$

调节 R_F 阻值，即可改变输出波形的振荡频率。

六、正弦波振荡电路

信号产生电路中均无需输入信号，但能在输出端产生形状各异的周期性变化的信号，如正弦波、三角波、矩形波、锯齿波等。这些电路不仅广泛应用于广播、电视、计算机和通讯等领域，而且在工农业、国防和科技等领域获得广泛应用。本节主要讨论正弦信号产生电路。

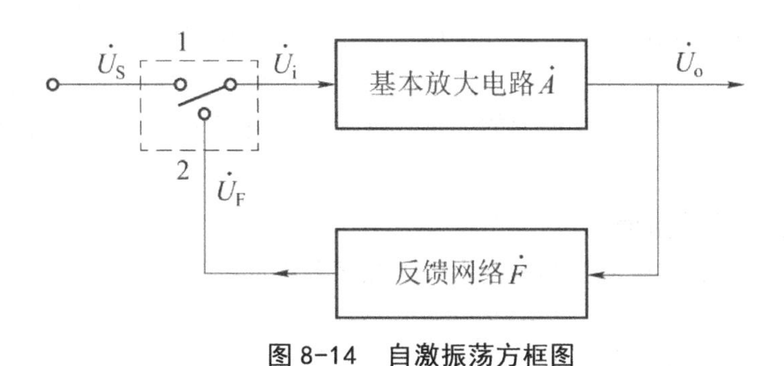

图 8-14　自激振荡方框图

（一）正弦波振荡器的基本概念

1. 基本振荡器的产生

图 8-14 为自激振荡电路方框图。当放大器输入端开关置于 1 端，则 $\dot{U}_i = \dot{U}_s$ 其输出为 $\dot{U}_o$，其反馈网络的反馈电压为 $\dot{U}_F$。若 $\dot{U}_F$ 的大小与相位与 $\dot{U}_s$ 相同，则开关拨向 2 时，则 $\dot{U}_F$ 就可取 $\dot{U}_s$，此时输出仍为 $\dot{U}_o$。显然，这时反馈放大器已变成不需输入信号的振荡器了。

2. 产生振荡的条件

由图 8-14 可知：$\dot{A} = \dot{U}_o / \dot{U}_i$，$\dot{F} = \dot{U}_F / \dot{U}_o$ 所以 $\dot{A}\dot{F} = \dot{U}_F / \dot{U}_i$，由此可得产生正弦波的振荡条件是：

$$\dot{A}\dot{F} = 1$$

式子表示的是电路维持振荡的平衡条件，其 $\dot{A}$ 和 $\dot{F}$ 均为复数，所以该条件包含有幅度平衡条件和相位平衡条件

$$|\dot{A}\dot{F}|=1$$

$$\varphi_A+\varphi_F=\pm 2n\pi \quad (n\text{为整数})$$

而相位条件说到底是指该反馈网络必须是正反馈的连接。

3. 起振与稳幅过程

振荡电路最初的信号从何而来呢？当振荡电路接通电源时，电路中会产生噪声和扰动信号，它包含有各种频率的分量，通过选频网络的选择，只有一种频率的信号既满足相位平衡条件，又同时满足幅值平衡条件$|\dot{A}\dot{F}|>1$，经过正反馈和不断放大后，输出信号就会逐渐由小变大，使电路起振。所以振荡电路的起振条件与振荡电路的平衡条件是不同的，前者$|\dot{A}\dot{F}|>1$而后者$\dot{A}\dot{F}=1$即可。

由于$|\dot{A}\dot{F}|>1$，振荡电路起振后会不会输出信号的幅度会越来越大呢？由于晶体管是非线性器件，当振荡幅度大到一定程度后，管子进入饱和和截止区，电路放大倍数会降低，从而限制了信号幅度的增大，直到$\dot{A}\dot{F}=1$时，电路就达到稳定工作状态。当然，放大电路的非线性也会导致输出波形的失真，这在实际电路中可采取一定的稳幅措施加以解决。

4. 正弦波振荡器的组成

由以上分析可知，正弦波振荡电路由以下几部分组成：

（1）放大电路

通过电源供给振荡器能量，并且具有放大信号的作用。

（2）反馈网络

产生正反馈以满足相位平衡条件。

（3）选频网络

选择某一个频率满足振荡条件，形成单一频率的正弦波振荡。有的振荡电路的选频网络和反馈网络是同一网络。

（4）稳幅环节

使振幅稳定，改善波形。有的振荡电路的稳幅是通过反馈来实现的。

5. 判断能否产生正弦波振荡器的步骤

为了保证振荡电路起振，必须由起振条件确定电路的某些参数。判断能否产生振荡的步骤是：①该振荡电路必须具备放大电路、反馈网络、选频网络和稳幅这么几个环节组成。②该放大电路一定要工作在放大状态。③通常幅度平衡条件容易满足，而相位平衡条件主要是用瞬时极性法判断该电路是否处于正反馈状态。

6. 正弦波振荡电路的分类

根据选频网络所用的元器件不同，正弦波振荡电路一般分为三种：

（1）*RC* 振荡器：选频网络由 *R*、*C* 元件组成。其电路工作频率较低（10 ~ 100

kHz），输出功率较小常用于低频电子线路。如文氏桥式、移相式及双 T 式等。

（2）LC 振荡器：选频网络由 L、C 元组成。其电路工作频率较高，一般为几十 MHz 以上，输出功率较大，常用于高频电子电路或设备中。

（3）石英晶体振荡器：依靠石英晶体谐振器来完成选频工作。工作频率在几十 kHz 以上，其频率稳定度高，多用于时基电路或测量设备中。

（二）RC 振荡器

1. RC 串并联电路特性

图 8-15（a）为 RC 串并联电路，我们定性分析该网络的频率特性。当输入信号 $\dot{U}_i$ 频率较低时，此时 $1/\omega C_1 \gg R_1$，$1/\omega C_2 \gg R_2$，串并联网络在低频等效电路图图 8-15（b）所示。从图中可知信号频率越低 $1/\omega C_1$ 值越大，输出信号 $|\dot{U}_F|$ 值越小，且 $\dot{U}_F$ 比 $\dot{U}_i$ 相位超前，在频率接近零时，$|\dot{U}_F|$ 趋近于 0，相移超前接近 +90°。

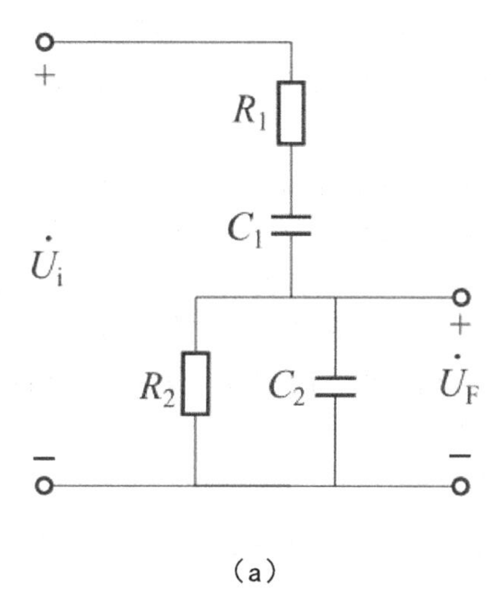

（a）

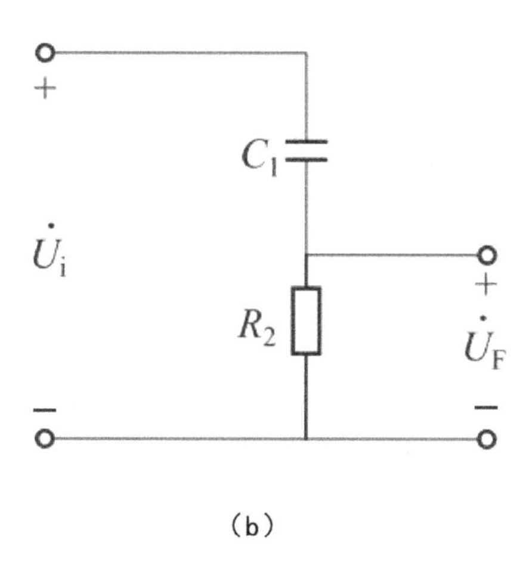

（b）

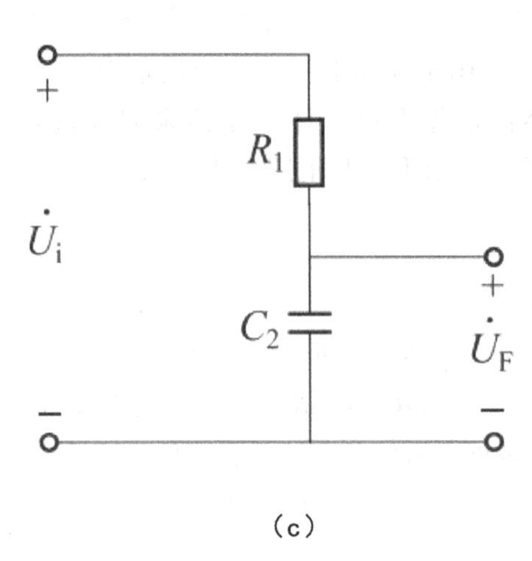

（c）

图 8-15　*RC* 串并联网络等效电路

（a）RLC 串并联电路；（b）低频时等效电路；（c）高频时等效电路

当输入信号$\dot{U}_i$频率较高时，此时 $1/\omega C_1 \ll R_1$，$1/\omega C_2 \ll R_2$，串并联网络在高频等效电路图 8-15（c）所示。而且信号频率越高，$1/\omega C_2$值越小，输出信号的幅值也越小，且$\dot{U}_F$比$\dot{U}_i$的相位滞后。在频率趋近于无穷大时$|\dot{U}_F|$趋近于 0，相移滞后接近 -90° 。

综上所述，当信号的频率降低或升高，输出信号都要减小，而且信号频率由零向无穷大变化时，输出电压的相移由 +90° 向 -90° 变化。显然在中间肯定有某一个频率，输出电压幅度最大，相移为 0° 。

2. 文氏电桥正弦波振荡器

图 8-16（a）为桥式振荡器电路，图 8-16（b）为其电路的方框结构，显然它由放大器和 *RC* 选频网络组成。

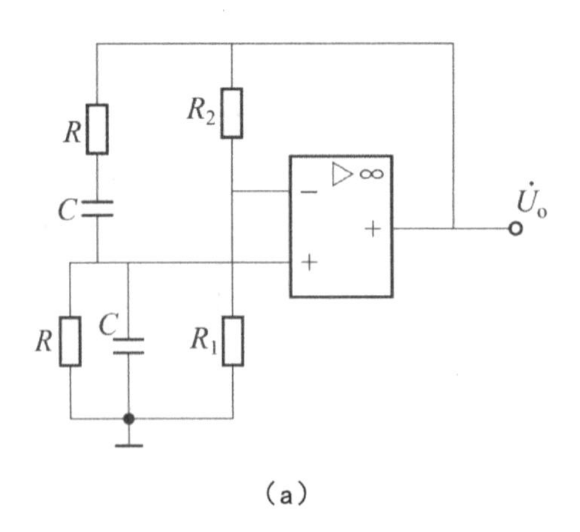

（a）

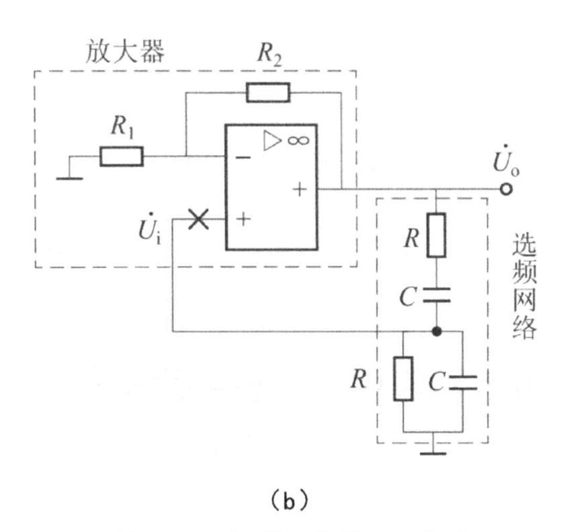

（b）

图 8-16　桥式振荡器原理电路

若我们在图 8-16（b）中打叉处断开电路，可推导桥式振荡器的振荡频率

$$\omega_o=1/RC \text{ 或 } f_o=1/2\pi RC$$

在 $\omega=\omega_o$ 时，RC 反馈网络的 $F=1/3$，为满足振荡的幅度起振条件，要求同相运放的 A 值大于 3，即

$$A=\left(R_1+R_2\right)/R_1>3$$

选择合适的 R_1 和 R_2 值，如 $R_1=10\text{k}\Omega$，选择 $R_2>20\text{k}\Omega$，就能使电路起振。图 8-16 中，R_1，R_2 所构成的负反馈可以改善振荡的输出波形。由于 RC 串并联选频网络和 R_1，R_2 构成一个桥路，所以图 8-16 又称文氏电桥振荡器。

文氏电桥振荡器，只要满足$|\dot{A}|>3$就可以产生振荡。可将 R_2 改为具有负温度系数的热敏电阻，当输出幅度 U_o 增大时 R_2 上的功耗加大，温度升高。由于 R_2 是负温度系数的电阻，故阻值减小，于是放大倍数减小，使 U_o 减小，从而使输出幅度保持稳定。反之，当 U_o 减小时，R_2 反馈支路会使放大倍数增大，使 U_o 保持稳定，从而实现了稳幅。

文氏电桥振荡电路的频率调节比较方便，采用双联电位器或双联可变电容器，同时改变 R 或 C 就可改变振荡频率。

3. 移相式 RC 振荡器

由于放大器的反相作用，提供 180° 相移。为了满足振荡的相位平衡条件，必须使移相网络再提供 180° 的相移。每级 RC 电路所能提供的最大相移为 90° ，但此时 R 或 C 必须为零，所以移相电路至少要采用三级，即每级移相 60° ，就可达到 180° 相移。

由电路分析可得振荡频率和起振条件为：

$$\omega_o = \frac{1}{\sqrt{6}RC}$$

$$A = R_2 / R_1 > 29$$

RC 移相振荡电路结构简单，但波形较差，输出幅度不够稳定，只能用于要求不高场合。

七、集成运算放大器应用的一些实际问题

在使用集成运放组成各种应用电路时为了使电路能正常、安全地工作，防止器件损坏，除正确接线外，通常应注意以下问题。

（一）合理选用集成运放型号

集成运放繁多的品种和各异的性能，给使用者提供了广阔的选择余地，但同时也增加了选择合适产品的难度。根据经验一般可按如下原则选择。①除非有特殊要求，一般选通用型产品；②优先选性能价格比高的产品；③不选市场上不易买到的产品。

（二）集成运放参数的测试

当选定集成运放的产品型号后，通常只要查阅有关器件手册即可得到各项参数值，而不必逐个测试。但手册中给出的往往只是典型值，由于材料和制造工艺的分散性，每个运放的实际参数与手册上给定的典型值之间可能存在差异，因此有时仍需对参数进行测试。参数的测试可以采用一些简单的电路和方法手工进行。在成批生产或其他需要大量使用集成运放的场合下可以考虑用专门的参数测试仪器进行自动测试。

（三）调零、防漂移、消振

1. 调零

集成运放电路在使用时，要求零输入时为零输出，为此除了要求运放的同相和反相两输入端的外接直流通路等效电阻保持平衡之外，还再采用调零电位器进行调节。调零时应将电路接成闭环。一种是在无输入时调零，即将两个输入端接“地”，调节电位器，使输出电压为零。另一种是在有输入时调零，即按已知输入信号电压计算输出电压，然后将实际值调整到计算值。若在调零过程中，输出端电压始终偏向电源某一端电压而无法调零，其原因可能是：调零电位器不起作用；应用电路接线有误或有虚焊点；反馈极性接错或负反馈开环；集成运放内部已损坏等等。如果关断电源后重新接通即可调零，则可能是由于运放输入端信号幅度过大而造成的“堵塞”现象。为了预防“堵塞”，可在运放输入端加上保护措施。

2. 防漂移

如果集成运放的温漂过于严重，大大超过手册规定的数值，则属于不正常现象。则检查电路是否存在以下原因：存在虚焊点；运放产生自激振荡或受到强电磁场的干扰；集成运放靠近发热元件；输入回路的保护二极管受到光的照射；调零电位器滑动端接触不良；集成运放本身已损坏或质量不合格等。

3. 消振

由于集成运放内部晶体管的极间电容和其他寄生参数的影响，很容易产生自激振荡，表现为当输入信号等于零时，利用示波器可观察到过放的输出端存在一个频率较高，近似为正弦波的输出信号，而且该信号不稳定，当人体或金属物体靠近时，输出波形将产生显著变化，影响了运放的正常工作。所以通常是外接 RC 消振电阻或消振电容，用它来破坏产生自激振荡的条件。目前大多数集成运放内部电路已设置消振措施的补偿网络，不需接外部消振电路。

（四）集成运放的保护

使用集成运放时，为了防止损坏器件，保证安全，除了应选用具有保护环节，质量合格的器件以外，还常在电路中采取一定的保护措施。常用的有以下几种。

1. 电源端保护

为了防止电源极性接反，引起器件损坏，可利用二极管的单向导电性，在电源连接线中串接二极管来实现保护。一旦电源极性接错，两个二极管不导通，即可阻断接错极性的电源。

2. 输入保护电路

为了防止因共模或差模输入信号幅度过大而使输入级晶体管饱和甚至损坏，将两只二极管 $D1$，$D2$ 反向并联在两个输入端之间，利用二极管的正向限幅作用，把 u_+、u_- 端电压限制在二极管的正向压降范围内。运放器在正常工作时，u_+ 与 u_- 端的电压极小，两个管子均处于截止状态（死区），对放大器的正常工作无影响。

第二节　数字电路

电子电路所处理的电信号可以分为两大类：一类是在时间和数值上都是连续变化的信号，称为模拟信号；另一类是在时间和数值上都是离散的信号，称为数字信号或脉冲信号。脉冲信号有正、负脉冲的区分，如果脉冲跃变后的值高于初始值，称为正脉冲；反之，脉冲跃变后的值低于初始值，则称为负脉冲。

对模拟信号进行处理的电子电路称为模拟电路，而传送和处理数字信号的电路，称为数字电路。前者电路中的 BJT 工作在放大状态，后者电路中的 BJT 工作在饱和状态和截止状态；模拟电路研究的是输出和输入信号间的大小、相位等问题，而数字电路则主要研究输出和输入信号间的逻辑关系。数字电路的工作特点及分析方法与模拟电路是不同的。

目前，数字电路已经广泛应用于通信、计算机、自动控制以及家用电器等各个技术领域。而对数字电路中的信号进行分析、运算，所使用的数学工具是逻辑代数，也称布尔代数或开关代数。布尔代数起源于19世纪50年代，是英国数学家G-Boole首先提出的。20世纪30年代末期年开始用于开关电路的设计。到20世纪60年代，数字技术的发展使布尔代数成为逻辑设计的基础，广泛地应用于数字电路的分析和设计中。

一、数字电路的概念

用来处理数字信号的电路称为数字电路，如脉冲信号的产生、放大、整形、传送、控制、计数等电路。

由于数字电路的工作信号是不连续的数字信号，反映在电路上只有高电平、低电平两种状态。为了分析方便，在数字电路中分别用1和0来表示高电平和低电平。在数字电路中，二极管和三极管一般都是工作在开关电状态。

数字电路研究的是输出信号的逻辑状态与输入信号逻辑状态之间的关系。这种关系就是输出与输入之间的逻辑关系，即电路的逻辑功能，所以数字电路又称为数字逻辑电路。

二、数字电路的特点

数字电路具有以下特点：①数字电路结构简单，便于集成化、系列化批量生产。②数字信号易于存储，便于长期保存。③可靠性高，抗干扰能力强。④数字集成电路通用性强，成本低。⑤能实现逻辑运算和判断，便于实现各种数字控制。

模拟电路在电路中对信号的放大和削减是通过元器件的放大特性来实现的，而数字电路对信号的传输是通过开关特性来实现的。模拟电路可以在大电流、高电压下工作，而数字电路只是在低电压，小电流下工作，完成或产生稳定的控制信号。

三、数字电路的分类

二极管、三极管、电阻器等元器件组成了最基本的数字电路。现在的数字电路一般都使用集成电路。数字电路的分类如表8-1所示。

表 8-1 数字电路的分类

分类方法	种类	说明
按集成度分	小规模集成电路（SSI）	100 个门以下，包括门电路、触发器
	中规模集成电路（MSI）	100 ~ 1000 个门，包括计数器、寄存器、译码器、比较器等
	大规模集成电路（ISI）	1000 ~ 10000 个门，包括各类专用寄存器
	超大规模集成电路（VLSI）	10000 个门以上，包括各类 CPU 等
按应用分	通用型	—
	专用型	—
按所用器件的制作工艺分	双极型（TIL 型）电路	—
	单极型（MOS 型）电路	—
按电路结构和工作原理分	组合逻辑电路	—
	时序逻辑电路	—

第九章 半导体二极管、触发器与时序逻辑电路

第一节 半导体二极管与直流稳压电源

一、二极管

半导体是一种具有特殊性质的物质，它不像导体那样能够完全导电，又不像绝缘体那样不能导电，它介于两者之间，所以称为半导体。半导体中最重要的两种元素是硅和锗。

晶体二极管简称二极管，也称为半导体二极管，它具有单向导电的性能，也就是在正向电压的作用下，其导通电阻很小；而在反向电压的作用下，其导通电阻极大或无穷大。无论是什么型号的二极管，都有一个正向导通电压，低于这个电压时二极管就不能导通，硅管的正向导通电压为 0.6 ~ 0.7V，锗管的正向导通电压为 0.2 ~ 0.3V。其中，0.7V（硅管）和 0.3V（锗管）是二极管的最大正向导通电压，即到此电压时无论电压再怎么升高（不能高于二极管的额定耐压值），加在二极管上的正向导通电压也不会再升高了。正因为二极管具有上述特性，通常把它用在整流、隔离、稳压、极性保护、编码控制、调频调制和静噪等电路中。它在电路中用符号“VD”或“D”表示。

二极管的识别很简单，小功率二极管的 N 极（负极）在二极管外表大多采用一种色标（圈）表示出来，有些二极管也用二极管的专用符号来表示 P 极（正极）或 N 极（负

极），也有采用符号标志“P”“N”来确定二极管极性的。发光二极管的正负极可通过引脚长短来识别，长脚为正，短脚为负。大功率二极管多采用金属封装，其负极用螺帽固定在散热器的一端。

（一）二极管的分类和型号命名

1. 二极管的分类

①按二极管的制作材料可分为硅二极管、锗二极管和砷化镓二极管三大类，其中前两种应用最为广泛，它们主要包括检波二极管、整流二极管、高频整流二极管、整流堆、整流桥、变容二极管、开关二极管、稳压二极管。②按二极管的结构和制造工艺可分为点接触型和面接触型二极管。③按二极管的作用和功能可分为整流二极管、降压二极管、稳压二极管、开关二极管、检波二极管、变容二极管、阶跃二极管、隧道二极管等。

2. 二极管的型号命名

国标规定半导体器件的型号由5个部分组成，各部分的含义如表9-1所示。第一部分用数字“2”表示主称为二极管；第二部分用字母表示二极管的材料与极性；第三部分用字母表示二极管的类别；第四部分用数字表示序号；第五部分用字母表示二极管的规格号。

表9-1　半导体器件的型号命名及含义

第一部分：主称		第二部分：材料与极性		第三部分：类别		第四部分：序号	第五部分：规格号
数字	含义	字母	含义	字母	含义	用数字表示同一类产品的序号	用数字表示同一类产品的序号
2	二极管	A	N型锗材料	P	小信号管（普通管）		
				W	电压调整管和电压基准管（稳压管）		
				L	整流堆		
		B	P型锗材料	N	阻尼管		
				Z	整流管		
				U	光电管		
		C	N型硅材料	K	开关管		
				D或C	变容管		
				V	混频检波管		
		D	P型硅材料	JD	激光管		
				S	隧道管		
				CM	磁敏管		
		E	化合物材料	H	恒流管		
				Y	体效应管		
				EF	发光二极管		

（二）常用二极管

常用二极管有整流二极管、稳压二极管、检波二极管、开关二极管和发光二极管等。

1. 整流二极管

整流二极管的性能比较稳定，但因其PN结电容较大，不宜在高频电路中工作，所以不能作为检波管使用。整流二极管是面接触型结构，多采用硅材料制成。整流二极管有金属封装和塑料封装两种。整流二极管2CZ52C的主要参数为最大整流电流100mA、最高反向工作电压100V、正向压降≤ 1V。

2. 稳压二极管

稳压二极管也称为齐纳二极管或反向击穿二极管，在电路中起稳压作用。它是利用二极管被反向击穿后，在一定反向电流范围内，其反向电压不随反向电流变化这一特点进行稳压的。稳压二极管的正向特性与普通二极管相似，但其反向特性与普通二极管有所不同。当其反向电压小于击穿电压时，反向电流很小；当反向电压临近击穿电压时，反向电流急剧增大，并发生电击穿。此时，即使电流再继续增大，管子两端的电压也基本保持不变，从而起到稳压作用。但二极管击穿后的电流不能无限制地增大，否则二极管将被烧毁，所以稳压二极管在使用时一定要串联一个限流电阻。

3. 检波二极管

检波（也称解调）二极管的作用是利用其单向导电性将高频或中频无线电信号中的低频信号或音频信号分检出来，其广泛应用于半导体收音机、收录机、电视机及通信等设备的小信号电路中，具有较高的检波效率和良好的频率特性。

4. 开关二极管

开关二极管是利用二极管的单向导电性在电路中对电流进行控制的，它具有开关速度快、体积小、寿命长、可靠性高等特点。开关二极管是利用其在正向偏压时电阻很小，反向偏压时电阻很大的单向导电性，在电路中对电流进行控制，起到接通或关断开关的作用。开关二极管的反向恢复时间很小，主要用于开关、脉冲、超高频电路和逻辑控制电路中。

5. 发光二极管

发光二极管（LED）是一种能将电信号转变为光信号的二极管。当有正向电流流过时，发光二极管发出一定波长范围内的光，目前的发光管能发出从红外光到可见范围内的光。发光二极管主要用于指示，并可组成数字或符号的LED数码管。为保证发光二极管的正向工作电流的大小，使用时要给它串入适当阻值的限流保护电阻。

（三）二极管的主要参数

1. 最大整流电流

最大整流电流是指在长期使用时，二极管能通过的最大正向平均电流值，用I_{FM}表示，通过二极管的电流不能超过最大整流电流值，否则会烧坏二极管。锗管的最大整流

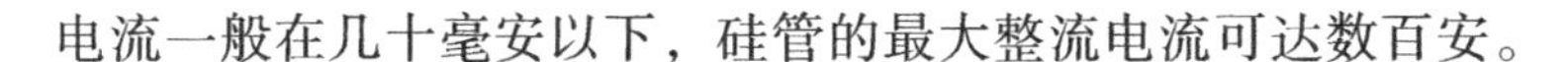
电流一般在几十毫安以下，硅管的最大整流电流可达数百安。

2. 最大反向电流

最大反向电流是指二极管的两端加上最高反向电压时的反向电流值，用上表示。反向电流越大，则二极管的单向导电性能越差，这样的管子容易烧坏，其整流效率也较低。硅管的反向电流约在 1μA 以下，大的有几十微安，大功率管子的反向电流也有高达几十毫安的。锗管的反向电流比硅管的大得多，一般可达几百微安。

3. 最高反向工作电压（峰值）

最高反向工作电压是指二极管在使用中所允许施加的最大反向电压，它一般为反向击穿电压的 1/2 ~ 2/3，用 U_{RM} 表示。锗管的最高反向工作电压一般为数十伏以下，而硅管的最高反向工作电压可达数百伏。

（四）二极管的检测

1. 极性的判别

将数字万用表置于二极管挡，红表笔插入“V/Ω”插孔，黑表笔插入“COM”插孔，这时红表笔接表内电源正极，黑表笔接表内电源负极。将两只表笔分别接触二极管的两个电极，如果显示溢出符号“1”，说明二极管处于截止状态；如果显示 1V 以下，说明二极管处于正向导通状态，此时与红表笔相接的是管子的正极，与黑表笔相接的是管子的负极。

2. 好坏的测量

量程开关和表笔插法同上，当红表笔接二极管的正极，黑表笔接二极管的负极时，显示值在 1V 以下；当黑表笔接二极管的正极，红表笔接二极管的负极时，显示溢出符号“1”，则表示被测二极管正常。若两次测量均显示溢出，则表示二极管内部断路。若两次测量均显示“000”，则表示二极管已被击穿短路。

3. 硅管与锗管的测量

量程开关和表笔插法同上，红表笔接被测二极管的正极，黑表笔接负极，若显示电压在 0.4 ~ 0.7V，则说明被测管为硅管。若显示电压在 0.1 ~ 0.3V，则说明被测管为锗管。用数字式万用表测二极管时，不宜用电阻挡测量，因为数字式万用表电阻挡所提供的测量电流太大，而二极管是非线性元件，其正、反向电阻与测试电流的大小有关，所以用数字式万用表测出来的电阻值与正常值相差极大。

二、半导体二极管的识别及测试

（一）PN 结的形成及单向导电性

1. PN 结的形成

（1）半导体材料

导体：自然界中电阻率小、导电能力强的物质称为导体，金属一般都是导体。

绝缘体：有的物质几乎不导电，称为绝缘体，如橡皮、陶瓷、塑料和石英等。

半导体：导电特性处于导体和绝缘体之间，称为半导体，如锗、硅、砷化镓和一些硫化物、氧化物等。

①掺杂性

往纯净的半导体中掺入某些杂质，会使它的导电能力明显变化，其原因是掺杂半导体的某种载流子浓度大大增加。

②热敏性和光敏性

当受外界热和光的作用时，半导体的导电能力明显变化。

N 型半导体：自由电子浓度大大增加的杂质半导体，也称为电子半导体。

形成机理：在硅或锗晶体中掺入少量的 5 价元素磷，晶体中的某些半导体原子被杂质取代，磷原子的最外层有 5 个价电子，其中 4 个与相邻的半导体原子形成共价键，必定多出一个电子，这个电子几乎不受束缚，很容易被激发而成为自由电子，这样磷原子就成了不能移动的带正电的离子。

由磷原子提供的自由电子，浓度与磷原子相同，N 型半导体主要依靠自由电子导电。

P 型半导体：空穴浓度大大增加的杂质半导体，也称为空穴半导体。

形成机理：在硅或锗晶体中掺入少量的 3 价元素，如硼，晶体点阵中的某些半导体原子被杂质取代，硼原子的最外层有 3 个价电子，与相邻的半导体原子形成共价键时产生一个空穴。这个空穴可能吸引束缚电子来填补，使得硼原子成为不能移动的带负电的离子。

由硼原子提供的空穴，浓度与硼原子相同，P 型半导体主要依靠空穴导电。

（2）PN 结的形成

在同一片半导体基片上，分别制造 P 型半导体和 N 型半导体，为便于理解，图中 P 区仅画出空穴（多数载流子）和得到一个电子的 3 价杂质负离子，N 区仅画出自由电子（多数载流子）和失去一个电子的 5 价杂质正离子。根据扩散原理，空穴要从浓度高的 P 区向 N 区扩散，自由电子要从浓度高的 N 区向 P 区扩散，并在交界面发生复合（耗尽），形成载流子极少的正负空间电荷区，也就是 PN 结，又叫耗尽层。正负空间电荷在交界面两侧形成一个由 N 区指向 P 区的电场，称为内电场，它对多数载流子的扩散运动起阻挡作用，所以空间电荷区又称为阻挡层。同时，内电场对少数载流子（P 区的自由电子和 N 区的空穴）则可推动它们越过空间电荷区，这种少数载流子在内电场作用下有规则的运动称为漂移运动。

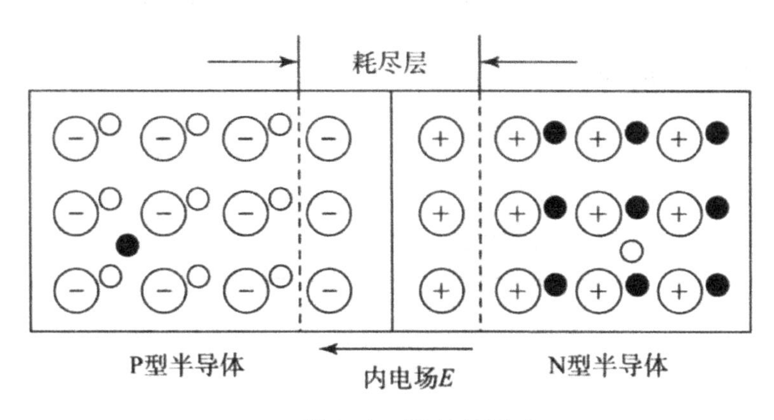

图 9-1　PN 结的形成

扩散和漂移是相互联系、相互矛盾的。在一定条件下（如温度一定），多数载流子的扩散运动逐渐减弱，而少数载流子的漂移运动则逐渐增强，最后两者达到动态平衡，空间电荷区的宽度基本上稳定下来，PN 结就处于相对稳定的状态。

PN 结是构成各种半导体器件的基础。

2. PN 结的单向导电性

如果在 PN 结上加正向电压，外电场与内电场的方向相反，扩散与漂移运动的平衡被破坏。外电场驱使 P 区的空穴进入空间电荷区抵消一部分负空间电荷，同时 N 区的自由电子进入空间电荷区抵消一部分正空间电荷，于是空间电荷区变窄，内电场被削弱，多数载流子的扩散运动增强，形成较大的扩散电流（由 P 区流向 N 区的正向电流）。在一定范围内，外电场越强，正向电流越大，这时 PN 结呈现的电阻很低，即 PN 结处于导通状态。

如果在 PN 结上加反向电压，外电场与内电场的方向一致，扩散与漂移运动的平衡同样被破坏。外电场驱使空间电荷区两侧的空穴和自由电子移走，于是空间电荷区变宽，内电场增强，使多数载流子的扩散运动难以进行，同时加强了少数载流子的漂移运动，形成由 N 区流向 P 区的反向电流。由于少数载流子数量很少，因此反向电流不大，PN 结的反向电阻很高，即 PN 结处于截止状态。

由以上分析可知，PN 结具有单向导电性，这是 PN 结构成半导体器件的基础。

（二）二极管的结构、特性及应用

1. 二极管的基本结构

如图 9-2 所示，PN 结加上管壳和引线，就成为半导体二极管，根据 PN 结的结合面的大小，有点接触型（图 9-2（a））和面接触型（图 9-2（b））两种。点接触型二极管的 PN 结的结电容容量小，适用于高频电路，不能用于大电流和整流电路，因为构造简单，所以价格便宜，用于小信号的检波、调制、混频和限幅等一般用途；面接触型二极管的PN结面积较大，允许通过较大的电流，主要用于把交流电变换成直流电的“整流”电路中。

二极管电路符号如图9-2（c）所示。

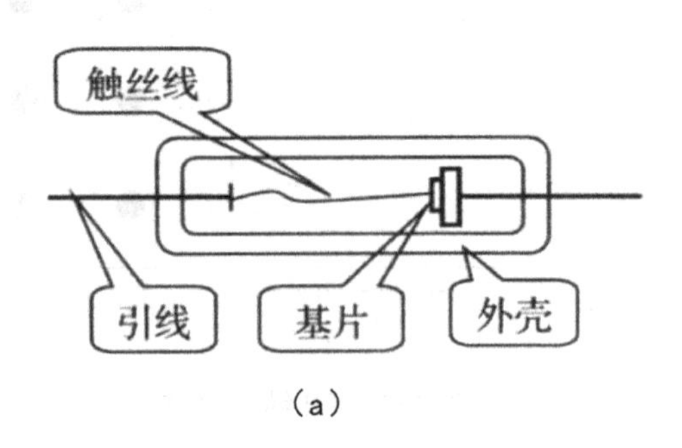

（a）

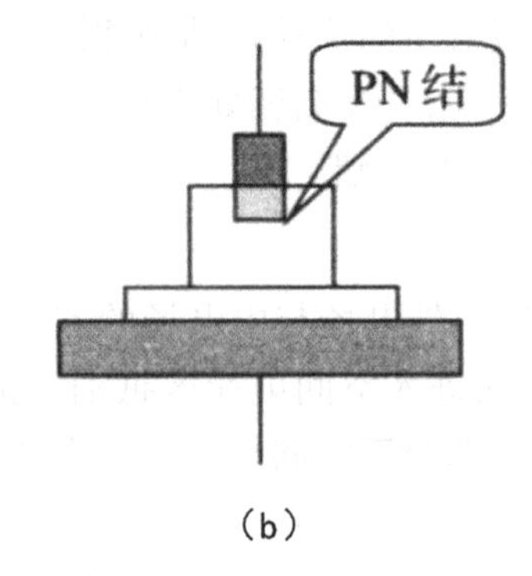

（b）

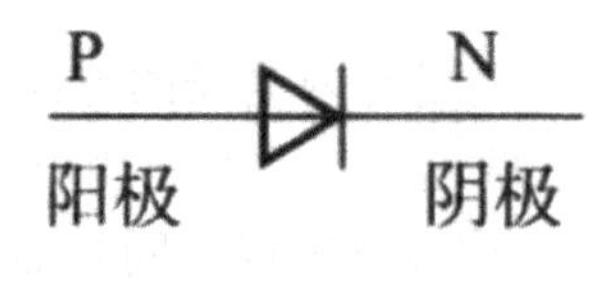

（c）

图9-2　二极管结构

（a）点接触型；（b）面接触型；（c）电路符号

2. 二极管的伏安特性

二极管的伏安特性指的是二极管两端的电压U和流过的电流I的关系。二极管最重要的特性就是单向导电性。在电路中，电流只能从二极管的阳极流入，阴极流出。

（1）正向特性

在电路中，将二极管的阳极接在高电位端，阴极接在低电位端，这种连接方式称为正向偏置。必须说明，当加在二极管两端的正向电压很小时，二极管仍然不能导通，流过二极管的正向电流十分微弱。只有当正向电压达到某一数值（这一数值称为“死区电压”，锗管约为 0.1V，硅管约为 0.5V）以后，二极管才能导通。导通后二极管两端的电压基本上保持不变（锗管为 0.2 ~ 0.3V，硅管为 0.6 ~ 0.7V），称为二极管的正向压降。

（2）反向特性

在电路中，二极管的阳极接在低电位端，阴极接在高电位端，此时二极管中几乎没有电流流过，处于截止状态，这种连接方式称为反向偏置。二极管处于反向偏置时，仍然会有微弱的反向电流流过二极管，称为漏电流。当二极管两端的反向电压增大到某一数值，反向电流会急剧增大，二极管将失去单向导电的特性，这种状态称为二极管的击穿。

3. 二极管的类型

二极管种类很多，按照所用半导体材料的不同，可分为锗二极管（Ce 管）和硅二极管（Si 管）。根据其不同用途，可分为整流二极管、稳压二极管、发光二极管、光电二极管、开关二极管、变容二极管等。

4. 二极管的主要参数

（1）最大整流电流 I_F

它是指二极管长期连续工作时允许通过的最大正向平均电流，其值与 PN 结面积及外部散热条件等有关。因为电流通过管子时会使管芯发热，温度上升，当温度超过允许限度（硅管为 141℃左右，锗管为 90℃左右）时，就会使管芯过热而损坏。所以在规定散热条件下，二极管使用中不要超过二极管最大整流电流值，如常用的 1N4001 ~ 1N4OO7 型硅二极管的额定正向工作电流为 1A。

（2）最高反向工作电压 U_{DRM}

加在二极管两端的反向电压高到一定值时，会将管子击穿，失去单向导电能力，如 1N4007 反向击穿电压为 1000V。为了保证使用安全，规定了最高反向工作电压值，一般取反向击穿电压的一半。

（3）反向电流 I_{DRM}

反向电流是指二极管在规定的温度和最高反向电压作用下，流过二极管的反向电流。反向电流越小，管子的单向导电性能越好。值得注意的是，反向电流与温度有着密切的关系，大约温度每升高 10℃，反向电流增大一倍，硅二极管比锗二极管在高温下具有较好的稳定性。

（4）最高工作频率 f_M

它指二极管工作的上限频率，超过此值时，由于结电容的作用，二极管将不能很好地体现单向导电性。

5. 二极管的应用

（1）整流二极管

利用二极管的单向导电性，可以把方向交替变化的交流电变换成单一方向的直流电。

（2）开关元件

二极管在正向电压作用下电阻很小，处于导通状态，相当于一只接通的开关；在反向电压作用下，电阻很大，处于截止状态，如同一只断开的开关。利用二极管的开关特性，可以组成各种逻辑电路。

（3）限幅元件

二极管正向导通后，它的正向压降基本保持不变（硅管为0.6 ~ 0.7V，锗管为0.2 ~ 0.3V）。利用这一特性，在电路中作为限幅元件，可以把电压信号的幅度限制在一定范围内。

（4）续流二极管

在开关电源的电感中和继电器等感性负载中起续流作用。

（5）检波二极管

如在收音机中起检波作用等。

（6）变容二极管

如使用于电视机的高频头中的调谐电路等。

（7）显示元件

如用于大屏幕电视墙等。

（二）二极管极性及性能测试

1. 外观判别二极管极性

二极管的极性一般都标注在其外壳上，有时会将二极管的图形直接画在其外壳上。

①如果二极管引线是轴向引出的，则会在其外壳上标出色环（色点），有色环（色点）的一端为二极管的阴极端，若二极管是透明玻璃壳，则可直接看出极性，即二极管内部连触丝的一端为阳极。②如果二极管引线是横向引出的，则长管脚为二极管的阳极，短管脚为二极管的阴极。

2. 二极管的性能判断

（1）二极管极性的识别和性能的粗略判断

①实验内容

普通二极管：借助万用表的欧姆挡作简单判别。

指针式万用表正端（+）红表笔接表内电池负极，而负端（-）黑表笔接表内电池的正极。根据PN结正向导通电阻值小、反向截止电阻值大的原理来简单确定二极管性能好坏和极性。

发光二极管：发光二极管通常是用砷化镓、磷化镓等制成的一种新型器件，它具有工作电压低、耗电少、响应速度快、抗冲击、耐振动、性能好以及轻而小的特点。

发光二极管和普通二极管一样具有单向导电性，正向导通时才能发光。发光二极管发光颜色有多种，如红、绿、黄等，形状有圆形和长方形等。发光二极管在出厂时，一根引线做得比另一根引线长，通常，较长引线表示阳极（+），另一根为阴极（-）。

普通发光二极管正向工作电压一般在 1.5 ~ 3V 内，允许通过的电流为 2 ~ 20mA，电流的大小决定发光的亮度。电压、电流的大小依器件型号不同而稍有差异。若与 ITL 器件连接使用时，一般需串接一个 470Ω 的限流电阻，以防止器件损坏。

②操作步骤

对于普通二极管，使用万用表的 R×1kΩ 挡先测一下它的电阻，然后再反接两管脚测其电阻，将正偏及反偏电阻值填入表中。

对于发光二极管，使用万用表的 R×1kΩ 挡先测一下它的电阻，然后再反接两管脚测其电阻，读出二极管正偏电阻及反偏电阻值，并填入表中。

根据正偏电阻和反偏电阻来判断这个二极管的好坏。若两次指示的阻值相差很大，说明该二极管单向导电性好，并且阻值大（几百千欧以上）的那次红笔所接为二极管阳极；若两次指示的阻值相差很小，说明该二极管已失去单向导电性；若两次指示的阻值均为无穷大，说明该二极管已经开路。

（2）测量注意事项

①万用表的欧姆倍率挡不宜选得过低，一般不要选 R×1Ω 挡，普通二极管也不要选择 R×10kΩ 挡，以免因电流过大或电压过高而损坏被测元件。②在使用万用表的欧姆挡时，每次更换倍率挡后都要进行欧姆调零。③测量时，手不要同时接触两个引脚，以免人体电阻的介入影响到测量的准确性。

三、直流稳压电源的组成

（一）电路结构

直流稳压电源电路一般由变压、整流、滤波、稳压四部分电路组成。

（二）各部分功能

1. 电源变压器

一般情况下，负载所需要的直流电压 U_O 的数值较低，这就需要通过变压器将电网提供的交流电压 u_1 变换到适当的 u_2，然后再进行整流。

2. 整流电路

利用二极管的单向导电性把交流电变换为极性固定的直流电 u_3，称为脉动直流电。

3. 滤波电路

滤波电路用于滤除整流输出电压中的纹波，输出较平滑的直流电压 u_4。滤波电路一般由电抗、电容元件组成，如在负载电阻两端并联电容器 C，或与负载串联电感器 L，以及由电容、电感组合而成的各种复式滤波电路。

4. 稳压电路

由于电网电压（有效值）有时会产生波动，负载变化也会引起输出的直流电压 U_O 发生变化，稳压电路的作用就是在上述情况下使输出的直流电压保持稳定。

四、整流电路原理

（一）整流电路的性能指标

1. 整流输出电压的平均值 $U_o(AV)$

它指的是整流电路输出的单向脉动直流电压的平均值。

2. 整流二极管的正向平均电流 $I_{D(AV)}$

就是整流电路工作时流过二极管的正向平均电流，该值应小于二极管所允许的最大整流电流 I_F，以防止二极管过热烧毁。

3. 整流二极管所承受的最大反向电压 U_{RM}

整流电路实际工作时，加在整流二极管上的反向电压应该小于其最高反向工作电压 U_{RM}；否则，可能使二极管因反向击穿而损坏。

（二）单相半波整流电路的工作原理

1. 整流电路

单相半波整流电路是最简单的一种整流电路，电路组成及原理如图 9-3（a）所示。

2. 性能指标分析

（1）整流输出电压的平均值 $U_{o(AV)}$ 为

$$U_{o(Av)} = \frac{1}{2\pi}\int_0^{\pi} \sqrt{2}U_2 \sin\omega t d(\omega t) = \frac{\sqrt{2}}{\pi}U_2 = 0.45U_2$$

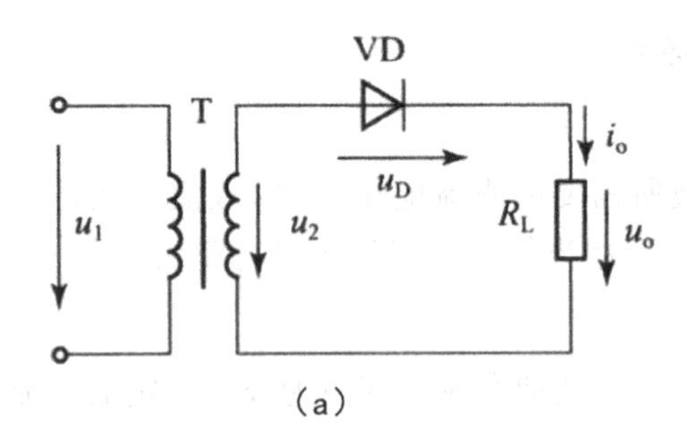

（a）

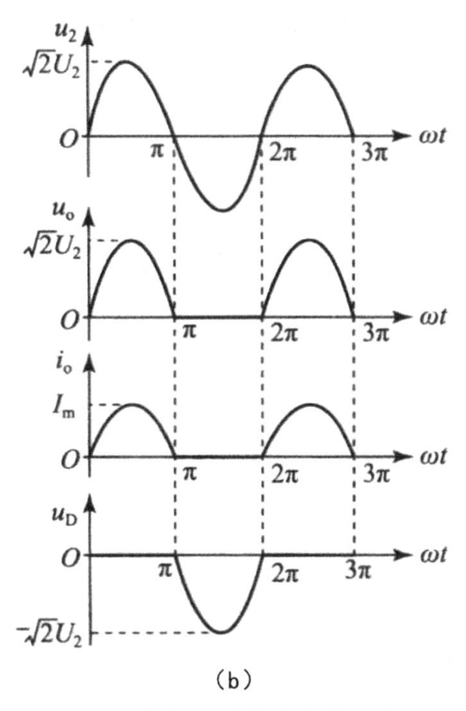

（b）

图 9-3　单相半波整流电路及波形

（a）整流电路；（b）波形变化

（2）整流二极管的正向平均电流 $I_{D(AV)}$

流经二极管的电流平均值与负载电流平均值相等，即

$$I_o = \frac{U_{o(AV)}}{R_L} = 0.45\frac{U_2}{R_L}$$

（3）整流二极管所承受的最高反向电压 U_{RM}

二极管所承受的最高反向电压就是 u_2 的最大值，即

$$U_{RM} = U_{2m} = \sqrt{2}U_2$$

（三）单相桥式整流电路的工作原理

1. 工作原理

单相桥式整流电路是目前使用最多的一种整流电路，电路组成如图 9-4 所示。

工作过程分析：在 u_2 正半周，假设极性如图 9-4 所示，二极管 VD_1 、VD_3 导通，VD_2 、VD_4 截止，电流经 VD_1 、R_L 、VD_3 形成闭合回路；在 u_2 负半周，二极管

VD_2、VD_4，导通，VD_1 、VD_3 截止，电流经 VD_2、R_L 、VD_4 形成闭合回路，两个半波的电流都流过了负载 R_L，并且两次流经负载的方向是相同的，实现了整流，这种整流后的电流叫作脉动直流电。

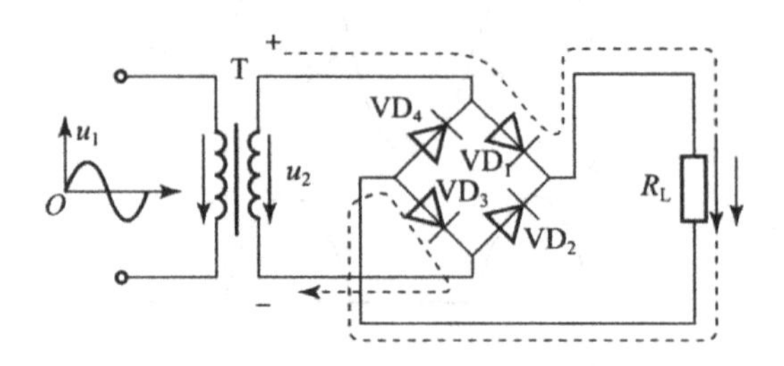

u_2 正半周时电流通路

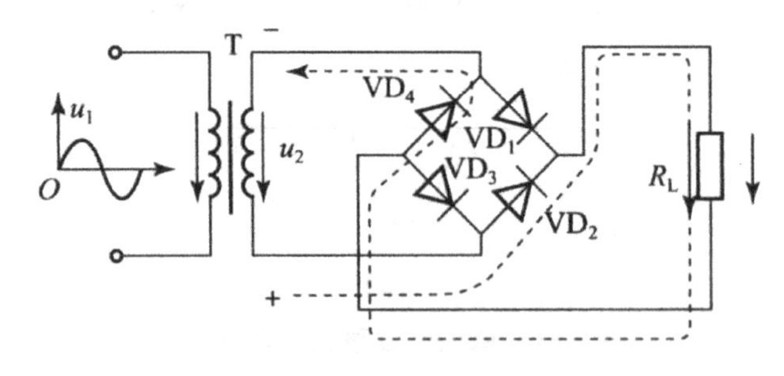

u_2 负半周时电流通路

（a）

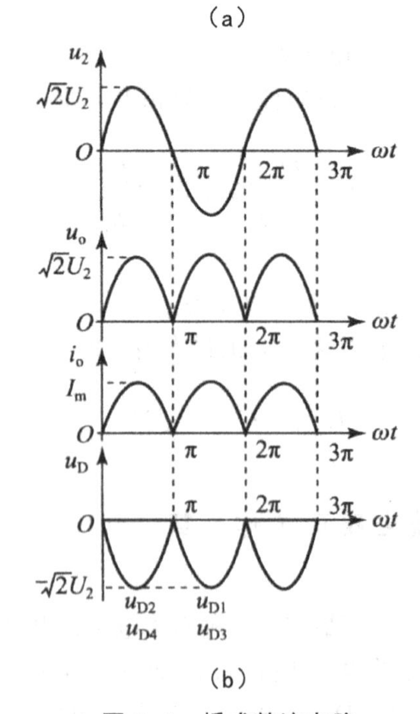

（b）

图 9-4　桥式整流电路

2. 性能指标分析

（1）整流输出电压的平均值 $U_{o(AV)}$ 为

$$U_{o(AV)}=\frac{1}{\pi}\int_0^{\pi}\sqrt{2}U_2\sin\omega t\mathrm{d}(\omega t)=2\frac{\sqrt{2}}{\pi}U_2=0.9U_2$$

（2）整流二极管的正向平均电流 $I_{D(AV)}$

流过负载 R_L 的电流平均值为

$$I_o=\frac{U_{o(AV)}}{R_L}=0.9\frac{U_2}{R_L}$$

流过二极管的电流平均值为

$$I_{D(AV)}=\frac{1}{2}I_o=0.45\frac{U_2}{R_L}$$

（3）整流二极管所承受的最高反向电压 U_{RM}

二极管所承受的最大反向电压就是 u_2 的最大值，即

$$U_{RM}=U_{2m}=\sqrt{2}U_2$$

五、滤波电路原理

滤波指的是把整流电路输出的单向脉动电压变换成负载所要求的平滑的直流电压。

电路分析：如图 9-5 所示，在负载 R_L 两端并联电容器 C，该电容器容量较大，一般为几百至几千微法。

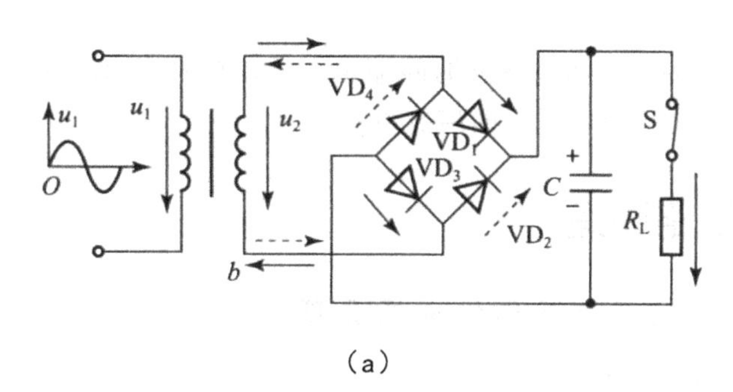

（a）

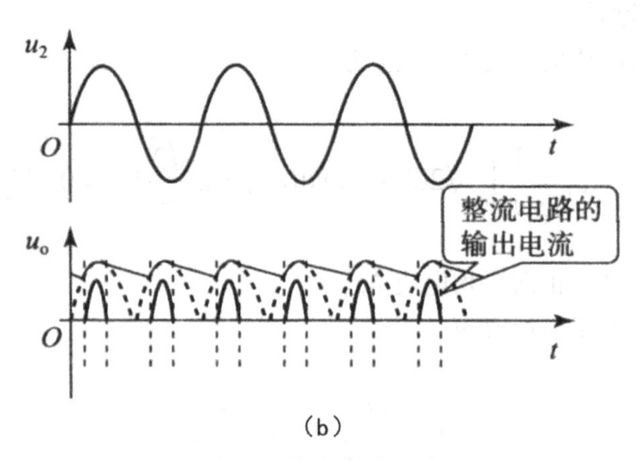

（b）

图 9-5　滤波电路及波形

（a）滤波电路；（b）波形

（一）工作过程

由于电容器是一种能够储存电场能的“储能”元件，它的端电压 u_C 不能突变。当外加电压升高时，u_C 只能逐渐升高；当外加电压降低时，u_C 也只能逐渐降低。根据电容器的这一性质，把它并联在整流电路的输出端，相当于一个备用电源，就可以使原来输出的脉动电压波动受到抑制，使输出电压变得平滑。

（二）电容滤波特点

一般常用以下经验公式估算电容滤波时的输出电压平均值。

半波：U_o=U_2，全波：U_o=1.2U_2

为了获得较平滑的输出电压，一般情况下要求（全波整流）

$$\tau = R_L C \geqslant (3\sim5)\frac{T}{2}$$

式中，T 为交流电源的周期。滤波电容 C 一般选择体积小、容量大的电解电容器。应注意，普通电解电容器有正、负极性，使用时正极必须接高电位端，如果接反会造成电解电容器的损坏。

加入滤波电容以后，二极管导通时间缩短，且在短时间内承受较大的冲击电流 (i_C+i_o)，为了保证二极管的安全，选管时应放宽裕量。

六、稳压电路原理

（一）二极管稳压电路的组成及原理

1. 稳压二极管的结构

稳压二极管也是一种晶体二极管，它是利用 PN 结的击穿区具有稳定电压特性来工作的，在稳压设备和一些电子电路中获得了广泛的应用。

2. 稳压二极管的工作原理

稳压二极管的特点就是反向击穿后（控制电流不要烧毁稳压管），其两端的电压基本保持不变。这样，当把稳压二极管接入电路以后，若由于电源电压发生波动，或其他原因造成 U_o 变动时，稳压管会自动改变流过自身的电流，与电阻 R 配合，使负载两端的电压基本保持不变。

3. 稳压二极管的主要参数

（1）稳定电压 U_z

指的是 PN 结的反向击穿电压，它随工作电流和温度的不同而略有变化。对于同一型号的稳压二极管来说，稳压值有一定的离散性。

（2）稳定电流 I_z

稳压二极管工作时的参考电流值。它通常有一定的范围，即 $Z_{min} \sim I_{Zmax}$。

（3）动态电阻 r_Z

它是稳压二极管两端电压变化与电流变化的比值，随工作电流的不同而改变。通常工作电流越大，动态电阻越小，稳压性能越好。

（4）电压温度系数

如果稳压二极管的温度变化，它的稳定电压也会发生微小变化，温度变化 1℃所引起管子两端电压的相对变化量即是温度系数。一般来说稳压值低于 6V 的属于齐纳击穿，温度系数是负的；高于 6V 的属雪崩击穿，温度系数是正的。对电源要求比较高的场合，可以用两个温度系数相反的稳压二极管串联起来作为补偿。由于相互补偿，温度系数大大减小，可使温度系数达到 0.0005%/℃。

（5）额定功耗 P_{Zmax}

工作电流越大，动态电阻越小，稳压性能越好，但是最大工作电流受到额定功耗 P_z 的限制，超过 P_{Zmax} 将会使稳压管损坏。

4. 稳压二极管的选用

选择稳压二极管时应注意：流过稳压二极管的电流 I_z 不能过大，应使 $I_Z \leqslant I_{Zmax}$；否则会超过稳压管的允许功耗，I_Z 也不能太小，应使 $I_Z \geqslant I_{Zmax}$；否则不能稳定输出电压，这样使输入电压和负载电流的变化范围都受到一定限制。

（二）串联型稳压电路

针对稳压管稳压电路输出电流小、输出电压不能调节的问题，串联型稳压电路作了改进，因而得到广泛的应用，而且它也是集成稳压电路的基础。

串联型稳压电路一般由 4 个部分组成，以采用集成运算放大电路的串联型稳压电路为例（图 9-6）。

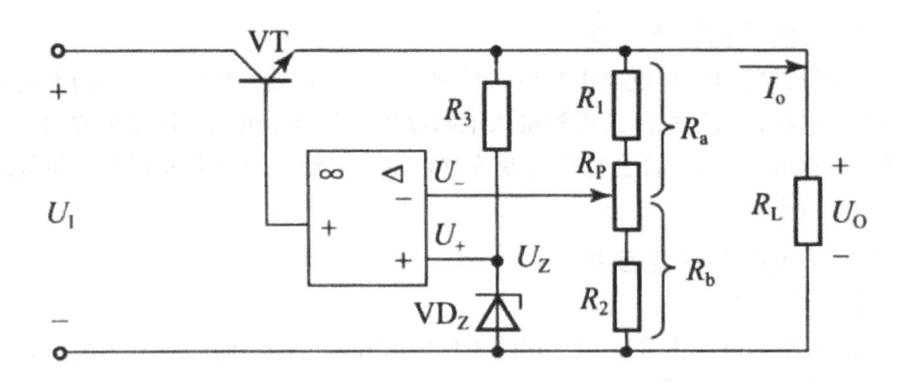

图 9-6　串联型直流稳压电源

采样环节：是由电阻 R_1、R_2、R_P 组成的电阻分压器，它将输出电压的一部分取出送到放大环节，电位器 & 是调节输出电压用的。

基准电压：从由稳压管 VD_z 和电阻 R_3 构成的电路中取得基准电压，即稳压管的稳定电压，是稳定性较高的直流电压，作为调整、比较的标准。R_3 是稳压管的限流电阻。

放大环节：由集成运算放大电路组成，它将采样电压与基准电压进行比较，通过放大差模信号去控制调整管 VT。

调整环节：一般由工作于线性区的功率管 VT 组成，它的基极电流受放大环节输出信号控制，只要控制基极电流 I_B，就可以改变集电极电流 I_C 和集电极 - 发射极电压 U_{CE}，从而调整输出电压。

稳压原理：在稳压调整过程讨论时，要用到以下几个关系式，即

$$U_1 = U_{CE} + U_O$$

$$U_- = \frac{R_b}{R_a + R_b} \cdot U_O = U_+ = U_z$$

所以，有

$$U_O = \frac{R_a + R_b}{R_b} \cdot U_z$$

可以看出，该稳压电路的输出电压是可调的，滑动 R_P 的触点，U_O 就会随之改变。

当电源电压升高（降低）或负载电阻增加（减小）而引起输出电压出现升高（降低）的趋势时，采样电压就会增大（降低），因此运放反相输入端输入信号增大（减小），

基准电压不变，集成运放输出电压减小（升高），即三极管 VT 的输入电压 U_{BE} 减小（增大），从而导致 U_{CE} 增大（减小），使输出电压降低（升高）。需说明的是，这个调整过程是瞬间自动完成的，所以输出电压基本不变。

第二节　触发器与时序逻辑电路

一、触发器

触发器的特点：①在电路上具有信号反馈，在功能上具有记忆功能；②有两个稳定的状态：0 和 1；③在适当输入信号作用下，可从一种状态翻转到另一种状态；④在输入信号取消后，能将获得的新状态保存下来。

触发器有以下两个基本特性：①有两个稳态，可分别表示二进制数码 0 和 1，无外触发时可维持稳态。②外触发下，两个稳态可相互转换（称翻转）。

触发器电路的分类有以下三种基本方式：①按稳定工作状态分：双稳态触发器、单稳态触发器、无稳态触发器。②按结构分：基本 RS 触发器、同步触发器、主从触发器、边沿触发器。③按逻辑功能分：RS 触发器、JK 触发器、D 触发器、T 和 T′ 触发器。

设计触发器时，需要注意触发器的几个时间特性，满足这些特性触发器才能正常工作。建立时间：是指在时钟沿到来之前数据从不稳定到稳定所需的时间。如果建立的时间不满足要求，那么数据将不能在这个时钟上升沿被稳定的打入触发器。保持时间：是指触发器的时钟信号上升沿到来以后，数据也必须保持一段时间，以便能够稳定读取如果保持时间不满足要求那么数据同样也不能被稳定的打入触发器。数据输出延时：当时钟有效沿变化后，数据从输入端到输出端的最小时间间隔。

（一）基本 RS 触发器

基本 RS 触发器是最简单的触发器，也是构成其他各种触发器的基础。基本 RS 触发器既可以由两个交叉耦合的与非门构成，又可以由两个交叉耦合的或非门构成。

1. 工作原理

作为触发器要求 Q 与 $\bar{Q}$ 在逻辑上是互补的。Q 与 $\bar{Q}$ 是基本触发器的输出端，两者的逻辑状态在正常情况下能保持相反（即互补），触发器有两种稳定状态：一个状态是 $Q=1,\ \bar{Q}=0$，称为置位状态（或触发器处于状态 1）；另一个状态是 $Q=0,\ \bar{Q}=1$，称为复位状态（或触发器处于状态 0）。相应的输入端被分别称为直接置位端［直接置“1”端（$\bar{S}$）］和直接复位端［直接置“0”端（$\bar{R}$）］

下面分别来分析基本 RS 触发器输出与输入的逻辑关系。

（1）$\bar{R}=0,\ \bar{S}=1$

此时$\overline{QS}=0$，Q的输入端输入一个负脉冲，输出$\bar{Q}$为1；$\overline{QS}=1$，Q的输入端输入一个正脉冲，输出Q为0。即Q，$\bar{Q}=1$，称为触发器置0或复位。

（2）$\bar{R}=1$、$\bar{S}=0$

此时$\overline{QS}=0$，Q的输入端输入一个负脉冲，输出Q为1；$Q\bar{R}=1$，$\bar{Q}$的输入端输入一个正脉冲，输出$\bar{Q}$为0。即Q，$\bar{Q}=0$，称为触发器置1或置位。

（3）$\bar{R}=1$，$\bar{S}=1$

当$\bar{R}=1$，$\bar{S}=1$时，分两种情况讨论：

触发器前一个输入状态为$\bar{R}=0$，$\bar{S}=1$，Q的状态为0，$\bar{Q}$的状态为1. 当前输入时$\bar{R}$由0变为1，此时$Q\bar{R}=0$，$\bar{Q}$的输入端输入一个负脉冲，输出$\bar{Q}$为1，$\overline{QS}=1$，Q的输入端输入一个正脉冲，输出Q为0，此时Q，$\bar{Q}=1$，保持前一个输出状态。

触发器前一个输入状态为$\bar{R}=1$、$\bar{S}=0$，Q的状态为1，Q的状态为0，当前输入时$\bar{S}$由0变为1，此时$Q\bar{R}=1$，$\bar{Q}$的输入端输入一个正脉冲，输出$\bar{Q}$为0，$\overline{QS}=0$，Q的输入端输入一个负脉冲，输出Q为1，此时$Q=1$，$\bar{Q}=0$，仍然保持前一个输出状态，称为触发器的记忆功能。

（4）$\bar{R}=0$、$\bar{S}=0$

当$\bar{S}$端和$\bar{R}$端同时加负脉冲时，两个“与非”门输出端都为“1”，这与Q和$\bar{Q}$的状态应该互补的要求不一致，这种情况是不容许的。另一方面当负脉冲除去后，由于两个与非门的传输时间总是略有区别，当$\bar{R}$和$\bar{S}$同时变为1时，触发器的状态即可能保持为1，又可能保持为0。这种不确定性是不容许的。因此，使用这种触发器时要避免出现$\bar{S}$端和$\bar{R}$端同时为0的情况。

2. 功能描述

基本RS触发器的功能可由表9-2描述，该表称为状态真值表。表中Q_n为输入信号改变以前的电路状态，称为现在状态（简称现态）；Q_{n+1}是输入信号变为当前值后触发器所达到的状态，称为下一状态或次态。由表9-2可见，若$\bar{S}=1$，$\bar{R}$由1变为0时，则触发器将置0；$\bar{R}=1$，$\bar{S}$由1变为0时，触发器将置1。因此，输入信号$\bar{R}$和$\bar{S}$均为低电平有效。

9-2　基本RS触发器的状态真值表

$\bar{R}$	$\bar{S}$	Q_n	Q_{n+1}	功能
0	0	0 1	不定	禁用
0	1	0 1	0	置0
1	0	0 1	1	置1
1	1	0 1	0 1	Q_n保持

（二）时钟 RS 触发器

基本 RS 触发器具有直接置 0 和直接置 I 的功能，当输入信号 R 或 S 发生变化时，触发器的状态就立即改变。但在时序电路中，要求触发器的翻转时刻受时钟脉冲的控制，而翻转到何种状态由输入信号决定，从而出现了各种受时钟控制的触发器。时钟 RS 触发器是各种时钟触发器的基本形式。

时钟 RS 触发器的逻辑电路：R 和 S 为输入信号，为置 0 或置 1 端，CF 为时钟脉冲输入端。

在数字电路中所使用的触发器，往往用一种正脉冲来控制触发器的翻转时刻，这种正脉冲就称为时钟脉冲 CP，是一种控制命令。时钟 RS 触发器通过导引电路来实现时钟脉冲对输入端 R 和 S 的控制。当时钟脉冲到来之前，即 $CP=0$ 时，不论 R 和 S 端的电平如何变化，G3 门和 G4 门的输出端均为“1”，基本触发器保持原状态不变。只有当时钟脉冲来到之后，即 $CP=1$ 时，触发器才按 R、S 端的输入状态来决定其输出状态。时钟脉冲过去后，输出状态不变。

时钟脉冲（正脉冲）来到后，即 $CP=1$，G3 门的输出状态受 S 端信号的控制，G4 门受 R 端信号的控制。若此时 $S=1$、$R=0$，则 G3 门输出将变为“0”，向 G1 门“$\overline{S}_{\mathrm{D}}$”端送去一个置“1”负脉冲，触发器的输出端 Q 将处于态。如果此时 $S=0$，$R=1$，则 G4 门将向 G2 门“$\overline{R}_{\mathrm{D}}$”端送置“0”负脉冲，$Q$ 将处于“0”态。如果此时 $S=R=0$，则 G3 门和 G4 门均保持“1”态，时钟脉冲过去以后的新状态 Q_{n+1} 和时钟脉冲来到以前的状态 Q_n 一样。如果此时 $S=R=1$，则 G3 门和 G4 门都向基本触发器送负脉冲。

使 G1 门和 G2 门输出端均处于“1”态，时钟脉冲过去以后，Q 端是处于“1”还是处于“0”是不确定的，这种情况应是禁止出现的。

（三）JK 触发器

符号中 $\overline{R}_{\mathrm{D}}$ 及 $\overline{S}_{\mathrm{D}}$ 是直接置 0 和直接置 1 端，所谓直接置 0 和直接置 1 是指该信号对生产 Q 端的作用不受时钟的控制，因此也称为异步置 0 和异步置 1 端，符号上的小圆圈表明是低电平有效。在集成触发器中信号 K 和信号 J 可以有多个，它们的逻辑关系为 $J=J_1\ J_2\ J_3$，$K=K_1\ K_2\ K_3$。JK 触发器由两个可控的 RS 触发器串连组成，分别称为主触发器和从触发器。通过一个“非”门将两个触发器的 CP 端联系起来。

JK 触发器的 J、K 信号端与 RS 触发器的 R、S 信号之间的关系为

$$S=J\overline{Q}_n,\quad R=KQ_n$$

JK 触发器的特征方程

$$Q_{n+1}=J\overline{Q}_n+\overline{K}Q_n$$

根据 JK 触发器的特征方程和工作原理分 4 种情况讨论 JK 触发器的逻辑功能。

1. J=1，K=1

从 JK 触发器的特征方程可知，当 J=1，K=1 时，$Q_{n+1}=\bar{Q}_n$。

设时钟脉冲来到之前，即 CP=0 时，触发器的初始状态为“0”态（即 Q_n=0）。这时主触发器的 $S=J\bar{Q}=1$、$R=KQ=0$。当时钟脉冲来到后，即 CP=1 时，由于主触发器的 S=1 和 R=0，故翻转为“1”态。当 CP 从“1”下跳为“0”时，这时从触发器的 CP 由 0 变为 1，从触发器的 S=1 和 R=0，它也就翻转为“1”态。反之，设初始状态为“1”态，这时主触发器的 S=0 和 R=1，当 CP=1 时，它翻转为“0”态；当 CP 下跳变为“0”时，从触发器也翻转为“0”态。即 $Q_{n+1}=\bar{Q}_nQ_n$。

可见 JK 触发器在 J=K=1 的情况下，来一个时钟脉冲，就使它翻转一次。这表明，在这种情况下，触发器具有计数功能。

2. J=0，K=0

从 JK 触发器的特征方程可知，当 J=0，K=0 时，Q_{n+1}=Q_n。

设触发器的初始状态为“0”态。当 CP=1 时，由于主触发器的 S=0 和 R=0，它的状态保持不变。当 CP 下跳时，由于从触发器的 S=0、R=1，也保持原态不变。如果初始状态为“1”态，也保持原态不变。即 Q_{n+1}=Q_n。

3. J=1，K=0

从 JK 触发器的特征方程可知，当 J=1，K=0 时，Q_{n+1}=1。

设触发器的初始状态为“0”态。当 CP=1 时，由于主触发器的 S=1 和 R=0，故翻转为“1”态。当 CP 下跳时，由于从触发器的 S=1 和 R=0，故也翻转为“1”态。如果初始状态为“1”态，主触发器由于 S=1 和 R=0，当 CP 下跳时也保持“1”态不变。

4. J=0，K=1

从 JK 触发器的特征方程可知，当 J=0，K=1 时，Q_{n+1}=0。

通过上面的分析，可以看出主从 JK 触发器在时钟脉冲 CP=1 期间，主触发器接受激励信号，主触发器的状态改变，从触发器状态不变；在 CP 由 1 变为 0 时，从触发器按照主触发器的状态翻转。因为主触发器是一个同步触发器，所以在 CP=1 期间，激励信号始终作用于主触发器。

表 9-3　JK 触发器的状态真值表

J	K	Q_n	Q_{n+1}	功能
0	0	0 1	Q_n	保持
0	1	0 1	0	置 0
1	0	0 1	0	置 1
1	1	0 1	$\bar{Q}_n$	翻转

（四）D 触发器

下面分两种情况来分析维持阻塞型 D 触发器的逻辑功能。

1. D=0

当时钟脉冲来到之前，即 CP=0 时，G3、G4 和 G6 的输出均为“1”，G5 因输入端全“1”而输出为“0”。这时，触发器的状态不变。

当时钟脉冲从“0”上跳为“1”，即 CP=1 时，G6、G5 和 G3 的输出保持原状态未变，而 G4 因输入端全“1”其输出由“1”变为“0”。这个负脉冲一方面使基本触发器置 0，同时反馈到 G6 的输入端，使在 CP=1 期间不论。作何变化，触发器保持“0”态不变（不会空翻）。

2. D=1

当 CP=0 时，G3 和 G4 的输出为“1”，G6 的输出为“0”，G5 的输出为 1，这时触发器的状态不变。

当 CP=1 时，G3 的输出由“1”变为“0”。这个负脉冲一方面使基本触发器置 1. 同时反馈到 G4 和 G5 的输入端，使在 CP=1 期间不论 Q 作任何变化，只能改变 G6 的输出状态，而其他均保持不变，即触发器保持“1”态不变。

由上可知，维持阻塞型 D 触发器具有在时钟脉冲上升沿触发的特点，其逻辑功能为：输出端。的状态随着输入端 D 的状态而变化，但总比输入端状态的变化晚一步，即某个时钟脉冲来到之后 Q 的状态和该脉冲来到之前 D 的状态一样。

综上所述，D 触发器的特性方程为

$$Q_{n+1} = D$$

（五）触发器逻辑功能变换

虽然各种触发器的逻辑功能不同，但是按照一定的原则，进行适当的变换，可以将一种逻辑功能的触发器转换成另一种逻辑功能的触发器。下面举例说明。

1. 将 D 触发器转换成 JK 触发器

若要将 D 触发器转换成 JK 触发器，比较两个触发器的特征方程，可以得到转换电路。已知 D 触发器的特征方程为 $Q_{n+1}=D$，JK 触发器的特征方程为 $Q_{n+1} = J\overline{Q}_n + \overline{K}Q_n$。比较两个触发器的特征方程，求得转换电路的方程

$$D = J\overline{Q}_n + \overline{K}Q_n$$

如果用与非门实现上述表达式，则

$$D = \overline{\overline{J\overline{Q}_n} \cdot \overline{\overline{K}Q_n}}$$

需要注意的是，新转换成的JK触发器与原有的D触发器时钟边沿一致，都是CP的上升沿触发。从式 $D=J\bar{Q}_n+\bar{K}Q_n$ 可知，当 J=0，K=0时，D=Q_n，即 Q_{n+1}=Q_n；当J=1，K=0时，D=1，即 Q_{n+1}=1；当 J=0，K=1时，D=0，即 Q_{n+1}=0；当 J=0，K=1时，$D=Q_{n+1}=\bar{Q}_n$。从上述分析可知，其逻辑结果与JK触发器的逻辑结果完全一致。

2. 将JK触发器转换成D触发器

若要将JK触发器转换成D触发器，可以采用相似的方法。

JK触发器的特征方程为 $Q_{n+1}=J\bar{Q}_n+\bar{K}Q_n$，D触发器的特征方程为 Q_{n+1}=D，比较两式，将D触发器的特征方程进行下面的变换

$$Q_{n+1}=D=D\left(Q_n+\bar{Q}_n\right)=DQ_n+D\bar{Q}_n$$

比较JK及D触发器变换后的方程，令 $J=D,K=\bar{D}$，则可将JK触发器的逻辑功能转换成D触发器的逻辑功能。

当 D=1，即 J=1和 K=0时，在 CP 的下降沿触发器翻转为（或保持）“1”态；D=0，即 J=0和 K=1时，在 CP 的下降沿触发器翻转为（或保持）“0”。变换后的D触发器是在时钟脉冲 CP 的下降沿翻转。

二、时序逻辑电路的分析

时序电路可分为同步时序电路和异步时序电路两大类。

就异步电路而言，又可分成脉冲型和电平型两类。前者的输入信号为脉冲，后者的输入信号为电平。

由于各种触发器都是由基本RS触发器构成的，从这个意义上说，任何时序电路本质上都是电平异步电路。然而，电平异步电路的设计较为复杂，电路各部分之间的时间关系也难以协调。因此，人们用简单的电平异步电路（如RS电路）精心地构成了各种时钟触发器。这样，对于广大的数字电路或系统的设计人员来说，就可以用这些触发器作为记忆元件构成同步时序电路和脉冲异步电路，而不必深入地了解电平异步电路的工作机理和设计方法。

由于脉冲异步电路有许多缺点，在实际的数字系统中，同步时序电路得到了最为广泛的应用。

（一）时序电路概述

1. 时序电路的特点及其结构

在有些逻辑电路中，任一时刻的输出信号不仅取决于该时刻输入信号，而且还与电路原来的状态有关，或者说，与电路原来的输入信号有关。具备这种功能的电路被称为时序逻辑电路时序电路中含有存储电路，以便存储电路某一时刻之前的状态，这些存储电路多数由触发器构成。

时序电路的基本结构由组合电路和存储电路两部分组成。

$X(X_1,X2,\cdots,X_n)$ 是时序电路的输入信号，$Z(Z_1, Z_2, \cdots, Z_m)$ 是时序电路的输出信号，$W(W_1, W_2, \cdots, W_h)$ 是存储电路的输入信号，$Y(Y_1, Y_2, \cdots, Y_k)$ 是存储电路的输出信号，存储电路所需要的时钟信号未标出，这些信号之间的逻辑关系可以用下列三个方程表示。

输出方程：$Z(t_n)=F[X(t_n), Y(t_n)]$

驱动方程：$W(t_n)=H[X(t_n),Y(t_n)]$

状态方程：$Y(t_{n+1})=G[W(t_n),Y(t_n)]$

方程中 t_n、t_{n+1} 表示相邻的两个离散时间，$Y(t_n)$ 表示各触发器在加入时钟之前的状态，简称现态或原状态。$Y(t_{n+1})$ 则表示加入时钟之后触发器的状态，简称次态或新状态。由输出方程可知，t_n 时刻时序电路的输出 $Z(t_n)$ 与该时刻的输入 $X(t_n)$ 和触发器现态 $Y(t_n)$ 有关。

时序电路的特点：构成时序逻辑电路的基本单元是触发器，时序电路在任何时刻的稳定输出，不仅与该时刻的输入信号有关，而且还与电路原来的状态有关。

2．时序电路的分类

时序电路应用广，电路种类多，因此时序电路有多种分类方式。

根据时序电路输出信号的特点不同，可以将时序电路分为穆尔型（Moore）电路和米里型（Mealy）电路。实际中，有的时序电路输出只与触发器现态 $Y(t_n)$ 有关，与输入 $X(t_n)$ 无关。因此，时序电路的输出方程可写成

$$Z(t_n)=F\left[Y(t_n)\right]$$

这种时序电路称穆尔型电路，输出仅决定于存储电路的状态，与电路当前的输入无关。

输出符合式 $Z(t_n)=F[X(t_n), Y(t_n)]$ 的时序电路，则称为米里型电路，输出不仅取决于存储电路的状态，而且还决定于电路当前的输入。

根据时序电路中时钟信号的连接方式，可将其分为同步时序电路和异步电路两大类。

在同步时序电路中，存储电路里所有触发器的时钟端与同一个时钟脉冲源相连，在同一个时钟脉冲作用下，所有触发器的状态同时发生变化。因此，时钟脉冲对存储电路的更新起着同步作用，故称这种时序电路为同步时序电路，同步时序电路的特点是所有触发器状态的变化都是在同一时钟信号操作下同时发生。

异步时序电路没有统一的时钟脉冲，有的触发器的时钟输入与时钟脉冲相接，而有些触发器的时钟输入不与时钟脉冲相连，后者的状态变化则不与时钟脉冲源同步。异步时序电路的特点是触发器状态的变化不是同时发生。

（三）同步时序电路的分析

同步时序电路的分析是根据给定的同步时序电路，首先列写方程；然后分析在时钟

信号和输入信号的作用下，电路状态的转换规律以及输出信号的变化规律；最后说明该电路完成的逻辑功能。由于同步时序电路中所有触发器都是在同一个时钟信号作用下工作，因此同步时序电路的分析要比异步时序电路的分析简单。

下面介绍同步时序电路的分析步骤：①根据给定的同步时序电路列写方程，主要方程有时序电路的输出方程和各触发器的驱动方程。②将触发器的驱动方程代入对应触发器的特征方程，求出各触发器的状态方程，也就是时序电路的状态方程。③根据时序电路的输出方程和状态方程，计算时序电路的状态转换表、状态转换图或时序图三种形式中的任何一种，它们之间可以互相转换，状态转换表也称态序表。④根据上述分析结果，用文字描述给定同步时序电路的逻辑功能

这里给出的分析步骤不是必须执行且固定不变的步骤，实际应用中可以根据具体情况有所选取如有的时序电路没有输出信号，分析时也就没有输出方程。

三、常用的时序逻辑电路

触发器具有时序逻辑的特征，可以由它组成各种逻辑时序电路，在本节只介绍寄存器和计数器的时序逻辑电路。

（一）寄存器

寄存器与移位寄存器均是数字系统中常见的主要器件，寄存器用来存放二进制数码或信息，移位寄存器除具有寄存器的功能外，还可以将数码移位。

寄存器用来暂时存放参与运算的数据和运算结果。一个触发器只能寄存一位二进制数，要存多位数时，就得用多个触发器。常用的有四位，八位，十六位等寄存器。

寄存器存放数码的方式有并行和串行两种。并行方式就是数码各位从对应位输入端同时输入到寄存器中；串行方式就是数码从一个输入端逐位输入到寄存器中。

从寄存器取出数码的方式也有并行和串行两种。在并行方式中，被取出的数码各位在对应于各位的输出端上同时出现；而在串行方式中，被取出的数码在一个输出端逐位出现。

寄存器分为数码寄存器和移位寄存器两种，其区别在于有无移位的功能。

寄存器的功能是存放二进制数码，就必须具有记忆单元，即触发器，每个触发器能存放一位二进制码，存放N位数码就应具有N个触发器。寄存器为了保证正常存放数码，还必须有适当的门电路组成控制电路。

（二）计数器

在数字电路中，能够记忆输入脉冲个数的电路称为计数器，计数器是一个十分重要的逻辑器件。计数器按其计数方式的不同可以分为同步计数器和异步计数器，每一种计数器又可以分为二进制计数器、十进制计数器和任意进制计数器。

1．二进制计数器

二进制只有0和1两个数码。所谓二进制加法，就是“逢二加一”，即0+1=1，

1+1=10。也就是每当本位是 1，再加 1 时，本位便变为 0，而向高位进位，使高位加 10

由于双稳态触发器有“1”和“0”两个状态，所以一个触发器可以表示一位二进制数，如果要表示二进制数，就得用 1 个触发器。

根据上述，我们可以列出四位二进制加法计数器的状态表，如表 9–4 所示，表中还列出对应的十进制数。

要实现表 9–4 所列的四位二进制加法计数，必须用 4 个双稳态触发器，它们具有计数功能。采用不同的触发器可有不同的逻辑电路，即使用同一种触发器也可得出不同的逻辑电路。下面介绍两种二进制加法计数器。

表 9-4　四位二进制加法计数状态转换表

计算顺序	电路状态				等效十进制数	进位输出 C
	Q_3	Q_2	Q_1	Q_0		
0	0	0	0	0	0	0
1	0	0	0	1	1	0
2	0	0	1	0	2	0
3	0	0	1	1	3	0
4	0	1	0	0	4	0
5	0	1	0	1	5	0
6	0	1	1	0	6	0
7	0	1	1	1	7	0
8	1	0	0	0	8	0
9	1	0	1	1	9	0
10	1	0	0	0	10	0
11	1	0	1	1	11	0
12	1	1	0	0	12	0
13	1	1	1	1	13	0
14	1	1	0	0	14	0
15	1	1	1	1	15	1
16	0	0	0	0	0	0

异步二进制加法计数器。采用从低位到高位逐位进位的方式工作。构成原则是：对一个多位二进制数来讲，每一位如果已经是 1，则再记入 1 时应变为 0，同时向高位发出进位信号，使高位翻转。

异步计数器的计数脉冲 CP 不是同时加到各位触发器。最低位触发器由计数脉冲触发翻转，其他各位触发器有时需由相邻低位触发器输出的进位脉冲来触发，因此各位触发器状态变换的时间先后不一，只有在前级触发器翻转后，后级触发器才能翻转。

2. 同步二进制加法计数器

同步计数器：计数脉冲同时接到各触发器，计数脉冲到来时各触发器可以同时翻转。异步二进制加法计数器线路连接简单，各触发器是逐级翻转，因此工作速度较慢。同步计数器由于各触发器同步翻转，因此工作速度快，但接线较复杂。

同步计数器组成原则：根据翻转条件，确定触发器级间连接方式—找出 J、K 输入端的连接方式。

构成原则：对一个多位二进制数来讲，当在其末尾上加 1，若要使第 i 位改变（由 0 变 1，或由 1 变 0），则第 i 立以下皆应为 1。

从状态表 9-5 可看出，最低位触发器 FF_0 每来一个脉冲就翻转一次；FF_1 当 $Q_0=1$ 时，再来一个脉冲则翻转一次；FF_2 当 $Q_0=Q_1=1$ 时，再来一个脉冲则翻转一次。

如果计数器还是用 4 个主从型 JK 触发器组成，根据表 9-5 可得出各位触发器的 J、K 端的逻辑关系式：

第一位触发器 FF_0，每来一个计数脉冲就翻转一次，$J_0=K_0=1$。

第二位触发器 FF_1，在 $Q_0=1$ 时再来一个脉冲才翻转，$J_1=K_1=Q_0$。

第三位触发器 FF2，在 $Q_1=Q_2=1$ 时再来一个脉冲才翻转，故 $J_2=K_2=Q_1Q_2$。

第四位触发器 FF3，在 $Q_2=Q_1=Q_0=1$ 时再来一个脉冲才翻转，故 $J_3=K_3=Q_2Q_1Q_0$。。

根据以上关系可以得到四位二进制同步加法计数器级间连接的逻辑关系如表 9-6 所示。

表 9-5　二进制加法计数器状态表

脉冲数（CP）	二进制数		
	Q_2	Q_1	Q_0
0	0	0	0
1	0	0	1
2	0	1	0
3	0	1	1
4	1	0	0
5	1	0	1
6	1	1	0
7	1	1	1
8	0	0	0

表 9-6　四位二进制同步加法计数器级间连接的逻辑关系

	触发器翻转条件	J,K 端逻辑表达式
FF_0	每输入一 CP 翻一次	$J_0=K_0=1$
FF_1	$Q_0=1$	$J_1=K_1=Q_0$
FF_2	$Q_1=Q_0=1$	$J_2=K_2=Q_1$ Q_0
FF_3	$Q_2=Q_0=1$	$J_3=K_3=Q_2\ Q_1\ Q_0$

在上述的四位二进制加法计数器中，当输入第 16 个计数脉冲时，又将返回初始状态“0000”。如果还有第五位触发器的话，这时应是“10000”，即十进制数 16。但是现在只有四位，这个数就记录不下来，这称为计数器的溢出。因此，四位二进制加法计数器，能记得的最大十进制数为 $2^4-1=15$。n 位二进制加法计数器，能记录的最大十进制数为 2^n-1。

2. 二 - 十进制计数器

在四位二进制计数器的基础上可以得出四位十进制计数器，所以称为二 - 十进制计数器。

二 - 十进制采用 8421 编码方式，取四位二进制数前面的“0000”～“1001”来表示十进制的 0 ～ 9 这 10 个数码，而去掉后面的“1010”～“1111”等 6 个数。也就是计数器计到第 9 个脉冲时再来一个脉冲，即由“1001”变为“0000”。经过 10 个脉冲循环一次。表 9-7 所示是 8421 码十进制加法计数器的状态表。

表 9-7　十进制加法计数器状态表

脉冲数（CP）	二进制数				十进制数
	Q_3	Q_2	Q_1	Q_0	
0	0	0	0	0	0
1	0	0	0	1	1
2	0	0	1	0	2
3	0	0	1	1	3
4	0	1	0	0	4
5	0	1	0	1	5
6	0	1	1	0	6
7	0	1	1	1	7
8	1	0	0	0	8
9	1	0	0	1	9
10	0	0	0	0	进位

（1）同步十进制计数器

与二进制加法计数器比较，来第 10 个脉冲不是由“1001”变为“1010”，而是恢复为“0000”，即要求第二位触发器 FF_1 不得翻转，保持“0”态，第四位触发器 FF_3 应翻转为“0”。十进制加法计数器采用 4 个主从型 JK 触发器组成时，J、K 端的逻辑关系式如下。

第一位触发器 FF_0，每来一个计数脉冲就翻转一次，$J_0=1$，$K_0=1$。

第二位触发器 FF_1，在 $Q_0=1$ 时再来一个脉冲翻转，而在 $Q_3=1$ 时不得翻转，故 $J_1=Q_0\ Q_3$、$K_1=Q_0$。

第三位触发器 FF_2，在 $Q_1=Q_0=1$ 时再来一个脉冲翻转，故 $J_2=Q_1\ Q_0$，$K_2=Q_1\ Q_0$。

第四位触发器 FF_3，在 $Q_2=Q_1=Q_0=1$ 时，再来一个脉冲翻转，第 10 个脉冲时应由“1”翻转为“0”，故 $J_3=Q_2\ Q_1\ Q_0$，$K_3=Q_0$。

根据以上关系可以得到四位二进制同步加法计数器级间连接的逻辑关系如表 9-8 所示。

表 9-8　四位十进制同步加法计数器级间连接的逻辑关系

	触发器翻转条件	J、K 端逻辑表达式
FF_0	每输入一 CP 翻一次	$J_0=K_0=1$
FF_1	$Q_0=1$	$J_1=Q_0\ Q_3$，$K_1=Q_0$
FF_2	$Q_1=Q_0=1$	$J_2=K_2=Q_1\ Q_0$
FF_3	$Q_2=Q_0=1$	$J_3=Q_2\ Q_1\ Q_0$，$K_3=Q_0$

（2）任意进制计数器

用一片 CT74LS290 构成 10 以内的任意进制计数器。下面以构成六进制计数器为例加以介绍。其六进制计数器的输出状态如表 9-9 所示。

表 9-9　六进制计数器的输出状态表

脉冲数（CP）	二进制数				六进制数
	Q_3	Q_2	Q_1	Q_0	
0	0	0	0	0	0
1	0	0	0	1	1
2	0	0	1	0	2
3	0	0	1	1	3
4	0	1	0	0	4
5	0	1	0	1	5

第十章 门电路与组合逻辑电路

第一节 数制与码制

一、常用计数制

人们在生产实践中，除了最常用的十进制以外，还大量使用其他计数制，如八进制、二进制、十六进制等。

（一）十进制（Decimal）

在十进制数中，每一位有 0 ~ 9 十个数码，其基数为 10。例如，十进制数（123.75）10 表示为：

$$(123.75)_{10}=\sum_{i=2}^{-2}K_i\times10^L=1\times10^2+2\times10^1+3\times10^0+7\times10^{-1}+5\times10^{-2}$$

（二）二进制（Binary）

目前在数字电路中应用最多的是二进制，在二进制数中每一位权有 0 和 1 两个可能的数码，所以计数基数为 2。低位和相邻高位间的进位关系是“逢二进一”，故称为二进制。例如：

$$(101.11)_2=\sum_{i=2}^{-2}K_l\times 2^i=1\times 2^2+0\times 2^1+1\times 2^0+1\times 2^{-1}+1\times 2^{-2}$$

$$=(5.75)_{10}$$

（三）十六进制（Hexadecimal）

十六进制数的每一位有十六个不同的数码，分别用0～9、A(10)、B(11)、C(12)、D(13)、E(14)、F(15)表示。根据式$(N)_J=\sum_{i=N-1}^{m}K_i\cdot J^i$，任意一个十六进制数可展开并计

$$(2A.7F)_{16}=\sum_{i=1}^{-2}K_i\times 16^i=2\times 16^1+10\times 16^0+7\times 16^{-1}+15\times 16^{-2}$$

$$=32+10+0.4375+0.0535937$$

$$=(42.4960937)_{10}$$

（四）八进制（Octonary）

在八进制数中，每一位有0～7八个数码，其基数为8。

例如，八进制数（123）8表示为：

$$(123)_8=\sum_{i=2}^{0}K_i\times 8^i=1\times 8^2+2\times 8^1+3\times 8^0=83$$

二、数制之间的转换

（一）非十进制数转换为十进制

非十进制数只要利用它们的按权展开的多项式和的表达式，再逐项相加，所得的和值便是对应的十进制数。

求二进制数（1011.011）2；八进制数（153.07）8；十六进制数（E93.A）16所对应的十进制数。

解：按权展开得

$$(1011.011)_2=1\times 2^3+0\times 2^2+1\times 2^1+1\times 2^0+0\times 2^{-1}+1\times 2^{-2}+1\times 2^{-3}$$

$$=8+2+1+0.25+0.125$$

$$=(11.375)_{10}$$

$$(153.07)_8=1\times8^2+5\times8^1+3\times8^0+0\times8^{-1}+7\times8^{-2}$$

$$=64+40+3+0.109$$

$$=(107.109)_{10}$$

$$(\text{ E93.A })_{16}=14\times16^2+9\times16^1+3\times16^0+10\times16^{-1}$$

$$=3584+144+3+0.625$$

$$=(3731.625)_{10}$$

（二）十进制数转换为非十进制

1. 求十进制数（26）10 所对应的二进制数。

解：

	余数	二进制位数	
2⌊26	0	K_0	（最低位）
2⌊13	1	K_1	
2⌊6	0	K_2	
2⌊3	1	K_3	
2⌊1	1	K_4	（最高位）
0			

因此 $(26)_{10}$=(($11\&010)_2$。

2. 求十进制数（357）10 所对应的八进制数。

解：

	余数	十六进制位数	
16⌊357	15=F	K_0	（低位）
16⌊22	6	K_1	
16⌊1	1	K_2	（高位）
0			

因此 $(357)_{10}=(545)_8$。

三、常用码制

我们用一组二进制数符来表示十进制数，这就是用二进制码表示的十进制数，简称 BCD 码（Binary Coded Decimals）。一位十进制数有 0 ~ 9 共 10 个数符，必须用四位二进制数来表示，而四位二进制数有 16 种组态，指定其中的任意 10 个组态来表示十进制的 10 个数，其编码方案是很多的，但较常用的只有有权 BCD 码和无权 BCD 码。

在有权 BCD 码中，每一个十进制数符均用一个四位二进制码来表示，这四位二进制码中的每一位均有固定的权值。常见的 BCD 码如表 10-1 所示。

表 10-1　常见的 BCD 码

十进制	8421	5421	2421	631-1	余 3 码	7321
0	0000	0000	0000	0000	0011	0000
1	0001	0001	0001	0010	0100	0001
2	0010	0010	1000	0101	0101	0010
3	0011	0011	1001	0100	0110	0011
4	0100	0100	1010	0110	0111	0101
5	0101	1000	1011	10001	1000	0110
6	0110	1001	1100	1000	1001	0111
7	0111	1010	1101	1010	1010	1000
8	1000	1011	1110	1101	1011	10001
9	1001	1100	1111	1100	1100	1010

表中所列权值就是该编码方式相应各位的权，如 8421BCD 码，各位权值为 8、4、2、1。如代码为 1001，其值为 8+1=9。而同一代码 1001，对应其他代码所表示的数就不同了，如 5421 码为 6；2421 码为 3；631-1 码为 5；余 3 码为 6；7321 码则是 8。

第二节　逻辑代数与函数

一、逻辑代数基础

（一）基本逻辑与复合逻辑

1. “与”“或”“非”三种基本逻辑

基本的逻辑有“与”“或”“非”三种。

（1）逻辑“与”

在图 10-1（a）所示电路中，设灯亮为逻辑“1”，灯灭为逻辑“0”；开关闭合为逻辑“1”，开关断开为逻辑“0”，则灯 F 亮的条件是：开关 A、B 都闭合。这种关系也可以写成逻辑表达式：

$$F=A\cdot B \text{ 或 } F=AB$$

其逻辑符号如图 11-2（b）所示，真值表如表 11-2 所示。

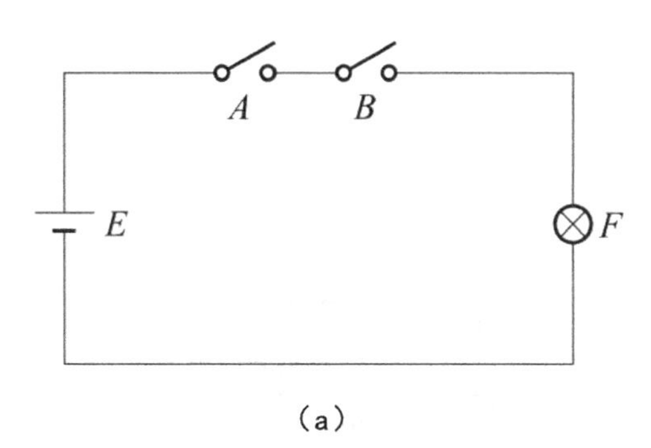

（a）

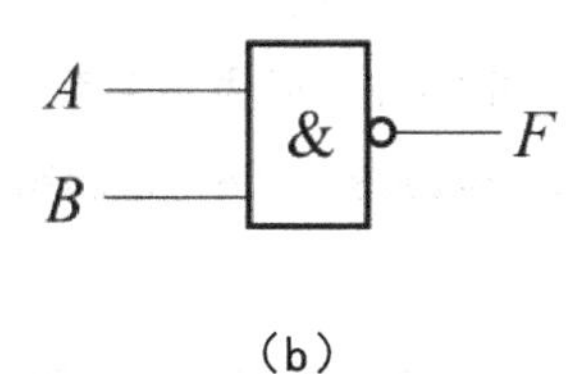

（b）

图 10-1　与逻辑关系

（a）电路图；（b）逻辑符号

表 10-2　与逻辑真值表

A	B	F
0	0	0
0	1	0
1	0	0
1	1	1

（2）逻辑“或”

在图 10-2 所示电路中，灯 F 亮的条件是：开关 A、B 中至少有一个闭合，这种关系也可以写成逻辑表达式：

$$F = A + B$$

其逻辑符号如图 10-2（b）所示，真值表如表 10-3 所示。

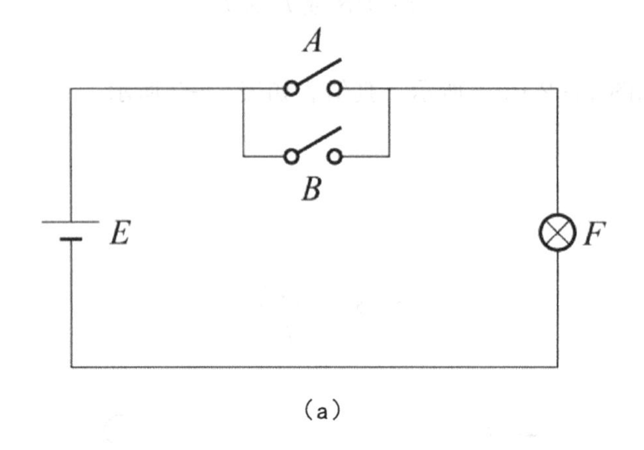

（a）

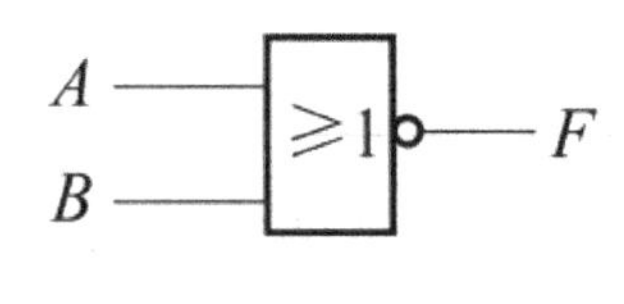

（b）

图 10-2　或逻辑关系

（a）电路图；（b）逻辑符号

表 10-3　或逻辑真值表

A	B	F
0	0	0
0	1	1
1	0	1
1	1	1

（3）逻辑“非”

在图 10-3（a）所示电路中，灯 F 亮的条件是：开关 A 断开。这种关系也可以写成逻辑表达式：

$$F=\overline{A}$$

其逻辑符号如图 10-3（b），真值表如表 10-4 所示。

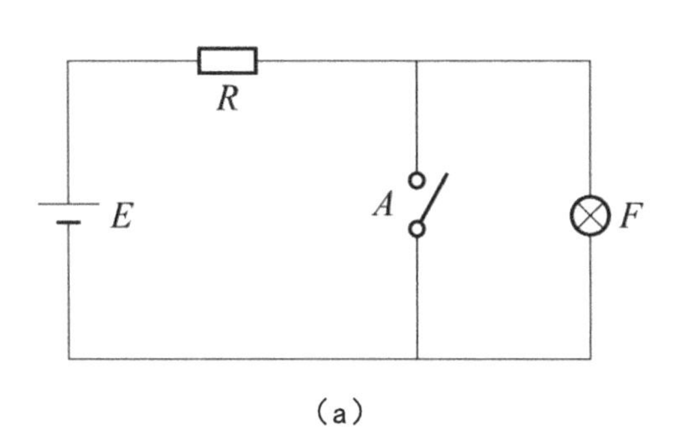

（a）

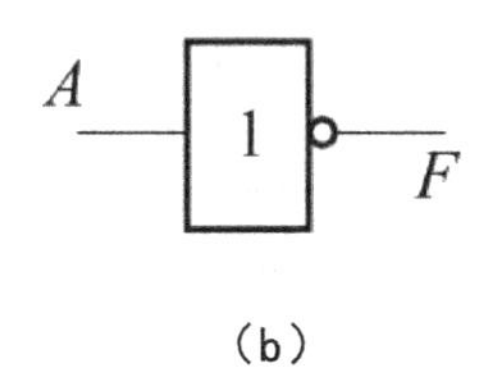

（b）

图 10-3　非逻辑关系

（a）电路图；（b）逻辑符号

表 10-4　非逻辑真值表

A	F
0	1
1	0

2. “与非”“或非”“与或非”“异或”“同或”等复合逻辑

（1）“与非”逻辑

“与”和“非”的复合逻辑，称为“与非”逻辑，如图 10-4（a）。逻辑函数式是：

$$F=\overline{AB}$$

其真值表如表 10-5 所示。

（2）“或非”逻辑

“或”和“非”的复合逻辑，称为“或非”逻辑，如图 10-4（b）。逻辑函数表达式是：

$$F=\overline{A+B}$$

其真值表如表 10-6 所示。

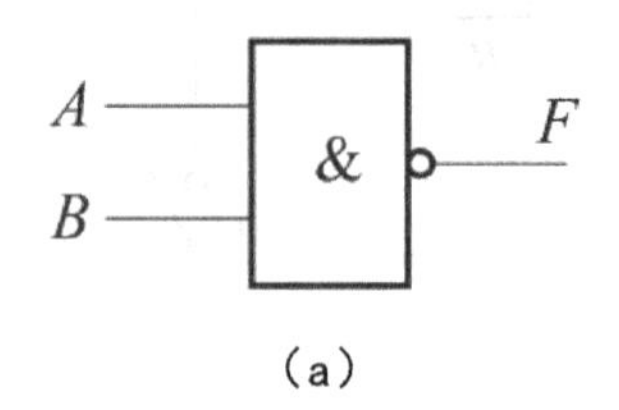

（a）

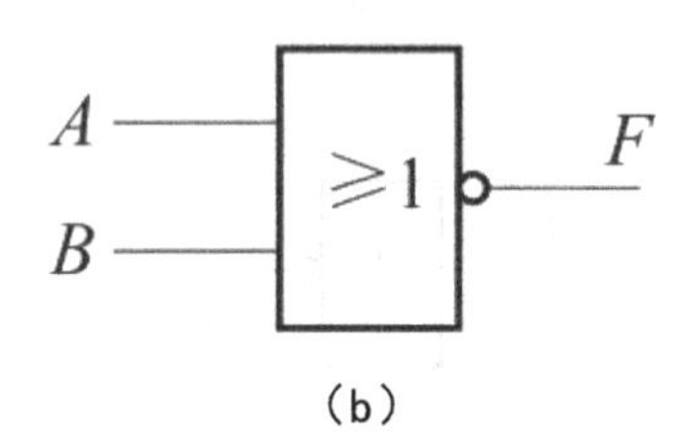

（b）

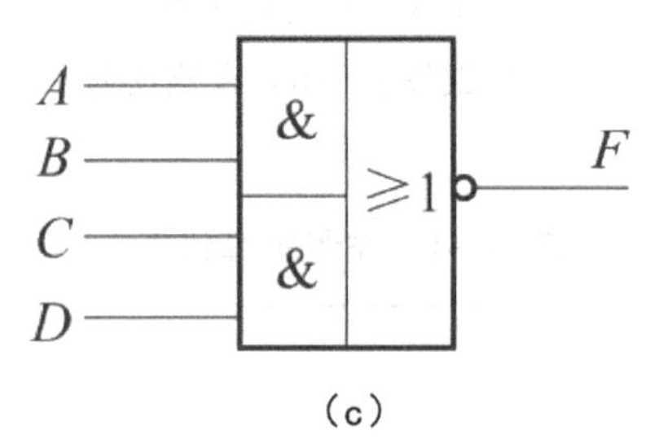

（c）

图 10-4　逻辑符号

（a）与非逻辑符号；（b）或非逻辑符号；（c）与或非逻辑符号

表 10-5　与非逻辑真值表

A	B	F
0	0	1
0	1	1
1	0	1
1	1	0

表 10-6　或非逻辑真值表

A	B	F
0	0	1
0	1	0
1	0	0
1	1	0

（3）“与或非”逻辑

“与”“或”“非”三种逻辑的复合逻辑称为“与或非”逻辑，逻辑符号如图 10-4(c) 所示。逻辑函数表达式是：

$$F = \overline{AB + CD + \cdots}$$

（4）“异或”“同或”逻辑

若两个输入变量 A、B 的取值相异，则输出变量 F 为“1”；若 A、B 取值相同，则 F 为“0”。这种逻辑关系叫“异或”（XOR）逻辑，逻辑符号如图 10-5（a）。其逻辑函数式是：

$$F = A \odot B = \overline{A}B + A\overline{B}$$

读作“F 等于 A 异或 B”，其真值表如表 10-7 所示。

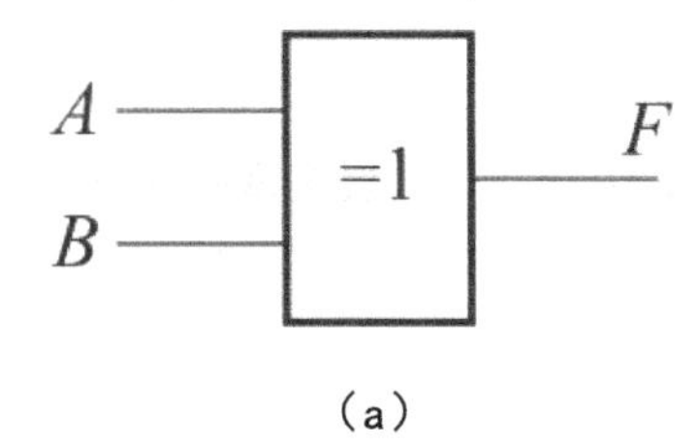

（a）

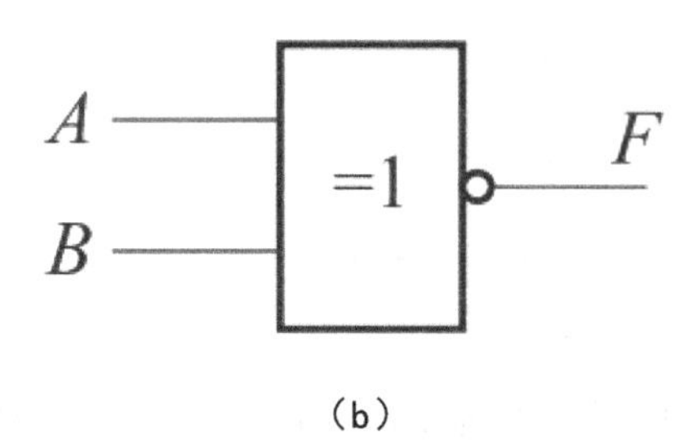

（b）

图 10-5　逻辑符号

（a）异或逻辑符号；（b）同或逻辑符号

表 10-7　异或逻辑与同或逻辑真值表

A　　B	$F=A \oplus B$	$F=A \odot B$
0　　0	0	1
0　　1	1	0
1　　0	1	0
1　　1	0	1

若两个输入变量 A、B 的取值相同，则输出变量 F 为“1”，若 A、B 取值相异，则 F 为 0，这种逻辑关系叫“同或”逻辑，也叫“符合”逻辑，其逻辑符号如图 10-5(b)

所示。其逻辑函数表达式是：

$$F = A \odot B = AB + \overline{A}\overline{B}$$

读作“F 等于 A 同或 B”，其逻辑功能真值表 10-7 所示。

（二）逻辑函数的表示

常用的逻辑函数表示方法有逻辑真值表（简称真值表）、逻辑函数式（简称逻辑式或函数式）、逻辑图和卡诺图等。

1. 真值表

将输入变量所有的取值下对应的输出值找出来，列成表格，即可得到真值表。

例如，三人表决某事件，根据少数服从多数原则，全部不同意、事件不通过；只有一人同意、事件不通过；只有二人或三人都同意事件可通过。若用“0”表示不同意，用“1”表示同意；用“0”表示事件不通过，用“1”表示事件通过，则可以列出表 10-8 所示真值表。

表 10-8　三人表决事件真值表

A	B	C	结果 F
0	0	0	0
0	0	1	0
0	1	0	0
0	1	1	1
1	0	0	0
1	0	1	1
1	1	0	1
1	1	1	1

2. 逻辑函数式

在真值表中，挑出那些使函数值为 1 的变量组合，变量为 1 的写成原变量，为 0 的写成反变量，对应于使函数值为 1 的每一种组合可以写出一个乘积项（与关系），将这些乘积项相加（或关系），即可得到逻辑函数的与或关系式。

例：写出三人表决事件被通过的逻辑函数表达式。

解：A，B，C 有 4 种变量组合使 F 为 1，即 011、101、110、111，则可得 4 个乘积项为 $\overline{A}BC$ 、$A\overline{B}C$　$AB\overline{C}$　ABC，该函数的与或表达式为：

$$F = \overline{A}BC + A\overline{B}C + AB\overline{C} + ABC$$

3. 逻辑图

用逻辑符号表示单元电路及组合的逻辑部件，按要求画出的图形称为逻辑图。

（三）逻辑代数的基本定律

逻辑代数也称为开关代数或布尔代数，它用于研究逻辑电路的输出量与输入量之间的因果关系，是逻辑分析和设计的主要数学工具。

基本运算法则：$0\cdot A=0$　$1\cdot A=A$　$A\cdot A=A$　$A\cdot\overline{A}=0$　$0+A=A$

$$1+A=1 \quad A+A=A \quad A+\overline{A}=1 \quad \overline{\overline{A}}=A$$

交换律：$AB=BA$　$A+B=B+A$

结合律：$ABC=(AB)C=A(BC)$　$A+B+C=A+(B+C)=(A+B)+C$

分配律：$A(B+C)=AB+AC$　$A+BC=(A+B)(A+C)$

证明：$(A+B)(A+C)=AA+AB+AC+BC=A+AB+AC+BC$

$$=A(1+B+C)+BC=A+BC$$

吸收律：$A(A+B)=A$

$$A(\overline{A}+B)=AB \quad A+AB=A$$

$$A+\overline{A}B=A+B$$

证明：$A(A+B)=AA+AB=A+AB=A(1+B)=A$

证明：$A+\overline{A}B=(A+\overline{A})(A+B)=A+B$

$$AB+A\overline{B}=A \quad (A+B)(A+\overline{B})=A$$

证明：$(A+B)(A+\overline{B})=AA+AB+A\overline{B}+B\overline{B}=A+A(B+\overline{B})$

$$=A+A=A$$

多余项律：$AB+\overline{A}C+BC=AB+\overline{A}C$

证明：左边 $=AB+\overline{A}C+(A+\overline{A})BC=AB+ABC+\overline{A}C+\overline{A}BC$

$$=AB(1+C)+\overline{A}C(1+B)=AB+\overline{A}C$$

$$(A+B)(\overline{A}+C)(B+C)=(A+B)(\overline{A}+C)$$

二、逻辑函数化简

通常由真值表给出的逻辑函数式还可以进一步化简，使据此设计的电路更为简单。因此，组成逻辑电路以前，需要将函数表达式化为最简，通常是将函数化为最简与或表达式。所谓最简与或表达式，指的是与项项数最少，每个与项中变量的个数也是最少的与或表达式。逻辑函数常用化简方法有两种：代数化简法和卡诺图化简法。

（一）逻辑函数的代数化简法

对逻辑函数的基本定律、公式和规则的熟悉应用，是化简逻辑函数的基础，反复使用这些定律、公式和规则，可以将复杂的逻辑函数转换成等效的最简形式。常用的代数化简法有并项法、吸收法、消去法、取消法和配项法等。

1．并项法

假设 A 代表一个复杂的逻辑函数式，则运用布尔代数中 $A+\bar{A}=1$ 这个公式，可将两项合并为一项，消去一个逻辑变量。

例：用并项法化简逻辑函数 $F=\bar{A}B\bar{C}+A\bar{C}+\bar{B}\bar{C}$ 。

解：$F=\bar{A}B\bar{C}+A\bar{C}+\bar{B}\bar{C}=\bar{A}B\bar{C}+(A+\bar{B})\bar{C}$

$=(\bar{A}B)\bar{C}+\bar{\bar{A}}B\bar{C}=\bar{C}$

2．吸收法

利用 $A+AB=A$， $AB+\bar{A}C+BC=AB+\bar{A}C$ 吸收多余因子。

例：用吸收法化简逻辑函数 $F=AB+AB\bar{C}+ABD$ 。

解：$F=AB+AB\bar{C}+ABD=AB+AB(\bar{C}+D)$

$=AB(1+\bar{C}+D)=AB$

3．消去法

利用公式 $AB+\bar{A}C+BC=AB+\bar{A}C$；A+AB=A+B 消去多余因子。

例：利用消去法化简逻辑函数 $F=A\bar{B}C\bar{D}+(\bar{A}+B)E+C\bar{D}E$ 。

解：$F=A\bar{B}C\bar{D}+(\bar{A}+B)E+C\bar{D}E=A\bar{B}C\bar{D}+\overline{A\bar{B}}E+C\bar{D}E$

$=A\bar{B}C\bar{D}+\overline{A\bar{B}}E$

4．配项法

利用公式 $A=A+A$， $A=A(B+\bar{B})=AB+\bar{A}B$ 将式扩展成两项，用来与其他项合并。配项的原则是：首先，增加的新项不会影响原始函数的逻辑关系；其次，新增加的项要有利于其他项的合并。使用配项法要求有较高的技巧性，初学者可采用试探法来进行。

例：利用配项法化简逻辑函数 $F = A\bar{B} + B\bar{C} + \bar{B}C + \bar{A}B$。

解：$F = A\bar{B} + B\bar{C} + \bar{B}C + \bar{A}B$

$$= A\bar{B} + B\bar{C} + \bar{B}C(A + \bar{A}) + \bar{A}B(C + \bar{C})$$

$$= A\bar{B} + B\bar{C} + A\bar{B}C + \bar{A}\bar{B}C + \bar{A}BC + \bar{A}B\bar{C}$$

$$= (A\bar{B} + A\bar{B}C) + (\bar{B}C + \bar{A}B\bar{C}) + (\bar{A}\bar{B}C + \bar{A}BC)$$

$$= A\bar{B} + B\bar{C} + \bar{A}C$$

代数化简法并没有统一的模式，要求对基本定律、公式、规则比较熟悉，并具有一定的技巧。

（二）逻辑函数的卡诺图化简法

卡诺图是根据真值表按一定规则画出来的方块图。下面介绍有关的概念，再介绍具体化简方法。

1. 最小项及其性质

（1）最小项的定义

若有一组逻辑变量 A、B、C，由它们组成乘积项，原则是每项都有 3 个因子，并且每个变量都必须以原变量或反变量的形式在这些乘积项中只出现一次。

这些乘积项是 $\bar{A}\bar{B}\bar{C}$、$\bar{A}\bar{B}C$、$\bar{A}B\bar{C}$、$\bar{A}BC$、$A\bar{B}\bar{C}$ $A\bar{B}C$ $AB\bar{C}$ ABC。这些乘积项就叫做变量 A、B、C 的最小项，因此 n 个变量就有 2^n 最小项。

为书写方便，通常用 m_i 表示最小项。确定下标 i 的规则是：当变量按序（A、B、C……）排列后，令“与”项中的所有原变量用 1 表示，反变量用 0 表示，则此得到一个 1、0 序列组成的二进制数，该二进制数所对应的十进制数即为下标 i 的值。

（2）最小项性质

三变量全部最小项的真值表如表 10-9 所示。由表可见最小项具有如下性质：①对于任何一个最小项，只有一组变量的取值使它的值为 1；②任意两个最小项之积恒为 0；③ n 个变量的全部最小项之和恒为 1；④两个最小项中仅有一个变量不同，称这两个最小项为相邻项，相邻项可以合并消去一个因子，如 $AB\bar{C} + ABC = AB$。

表 10-9　三变量逻辑函数最小项真值表

ABC	m_0 $\overline{A}\overline{B}\overline{C}$	m_1 $\overline{A}\overline{B}C$	m_2 $\overline{A}B\overline{C}$	m_3 $\overline{A}BC$	m_4 $A\overline{B}\overline{C}$	m_5 $A\overline{B}C$	m_6 $AB\overline{C}$	m_7 ABC
000	1	0	0	0	0	0	0	0
001	0	1	0	0	0	0	0	0
010	0	0	1	0	0	0	0	0
011	0	0	0	1	0	0	0	0
100	0	0	0	0	1	0	0	0
101	0	0	0	0	0	1	0	0
110	0	0	0	0	0	0	1	0
111	0	0	0	0	0	0	0	1

2．卡诺图的构成

卡诺图实质上是将代表全部最小项的 2^n 个小方格，按相邻原则排列构成的方块图。这种相邻关系既可以是上下相邻、左右相邻，也可以是首尾相邻，即一列中最上格与最下格相邻、一行中最左格与最右格相邻。

图 10-6 ~ 图 10-8 给出了根据相邻原则构成的二变量 ~ 四变量的卡诺图。其中图 11-7（b）用最小项来表示，其余用最小项编号表示。

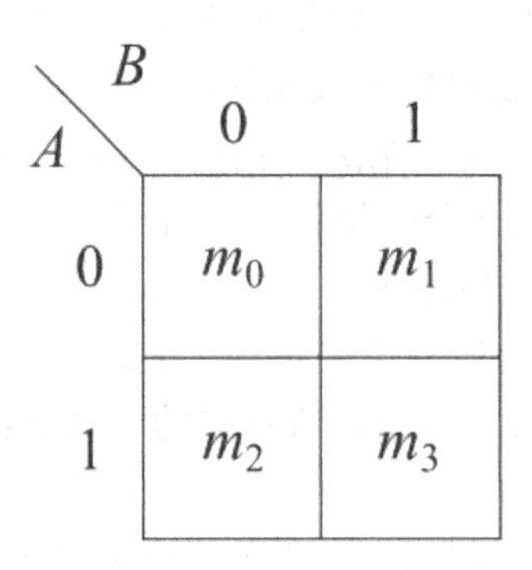

图 10-6　二变量卡诺图

A \ BC	00	01	11	10
0	m_0	m_1	m_3	m_2
1	m_4	m_5	m_7	m_6

（a）

A \ BC	00	01	11	10
0	$\bar{A}\bar{B}\bar{C}$	$\bar{A}\bar{B}C$	$\bar{A}BC$	$\bar{A}B\bar{C}$
1	$A\bar{B}\bar{C}$	$A\bar{B}C$	ABC	$AB\bar{C}$

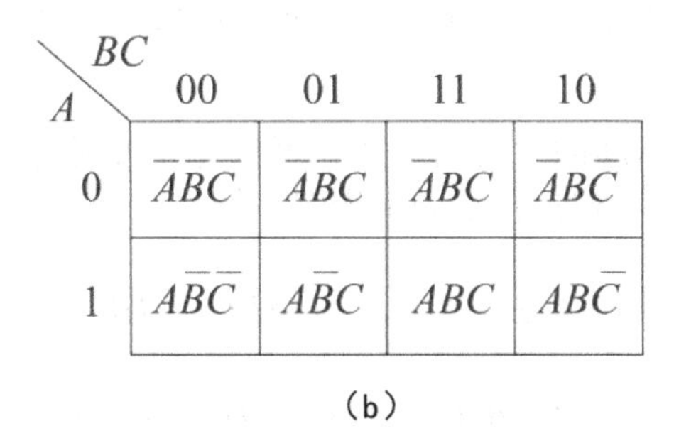

（b）

图 10-7 三变量卡诺图

（a）最小项表示；（b）最小项编号表示

AB \ CD	00	01	11	10
00	m_0	m_1	m_3	m_2
01	m_4	m_5	m_7	m_6
11	m_{12}	m_{13}	m_{15}	m_{14}
10	m_8	m_9	m_{11}	m_{10}

图 10-8 四变量卡诺图

（三）逻辑函数的卡诺图表示法

因为卡诺图的每一个小方格都唯一地对应一个最小项，所以要用卡诺图来表示某个逻辑函数，可先将该函数转换成标准“与或”式（也即最小项表达式），然后选定相应变量数的空卡诺图，再在表达式含有的最小项所对应的小方格中填入“1”，其余位置则填入“0”，就得到该函数所对应的卡诺图。

例如，函数 $F(A、B、C、D)=\sum m(1，7，12)$

$$=\bar{A}\bar{A}\bar{C}D+\bar{A}BCD+AB\bar{C}\bar{D}$$

则在四变量卡诺图中对应的小方格内填入“1”，其余位置填入“0”，就得到如图 10-9 所示的卡诺图。

利用真值表与标准“与或”式的对应关系，可以从真值表直接得到函数的卡诺图。

只要将真值表中输出为“1”的最小项所对应的小方格填入“1”，其余小方格填入“0”即可，这种方法称为观察法。

如果函数表达式是非标准的“与或”式，可以先用互补律（$A+\overline{A}=1$）对缺少因子的“与”项进行变量补全，然后再填画卡诺图。例如：

$$F(A,B,C)=\overline{A}C+A\overline{B}C+AB$$

$$=\overline{A}(B+\overline{B})C+A\overline{B}C+AB(C+\overline{C})$$

$$=\overline{A}\overline{B}C+\overline{A}BC+A\overline{B}C+ABC\overline{C}+ABC$$

$$=m_1+m_3+m_5+m_6+m_7$$

$$=\sum m(1,3,5,6,7)$$

AB \ CD	00	01	11	10
00	0 0	1 1	0 3	0 2
01	0 4	0 5	1 7	0 6
11	1 12	0 13	0 15	0 14
10	0 8	0 9	0 11	0 10

图 10-9　$F=\sum m(1,7,12)$ 的卡诺图

（四）用卡诺图化简逻辑函数

1. 卡诺图中合并最小项的规律

卡诺图化简逻辑函数的基本原理，是依据关系式 $AB+A\overline{B}=A$，消去其中互反变量。由于卡诺图上两个相邻的小方格代表的最小项中，仅有一个变量互反，所以可以将它们合并成一个较大的区域，并用一个较简单的“与”项来表示。找到的相邻最小项区域越大则函数的简化程度也越高。

图 10-10（a）所示的三变量卡诺图中，将最小项 m_3 和 m_7 对应的“1”方格圈在一起，构成了一个上下相邻的矩形区域。消去互反的变量因子，保留公共变量因子，就可以将该区域合并成一项，即 $m_3+m_7=\overline{A}BC+ABC=BC$。同样，图中 m_4 和 m_6 合并成一项，即：

$m_4+m_6=A\overline{B}\overline{C}+AB\overline{C}=A\overline{C}$ 。

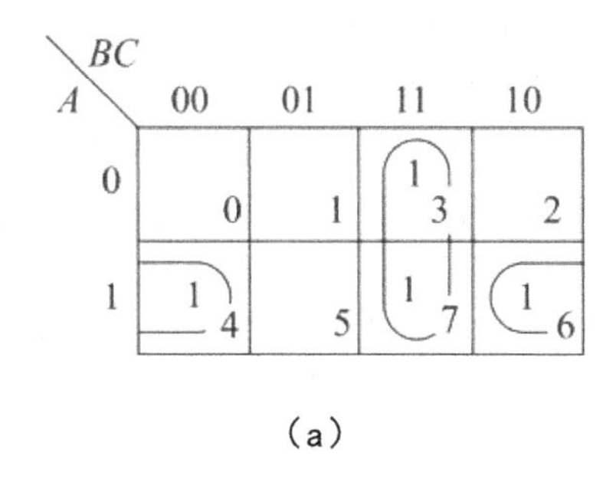

（a）

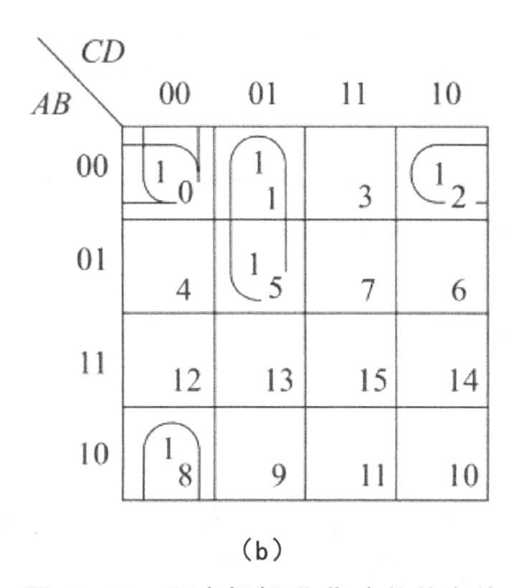

（b）

图 10-10　两个相邻“1”方格的合并

（a）三变量卡诺图相邻项合并；（b）四变量卡诺图相邻项合并

图 10-10（b）所示的四变量卡诺图中，m_1 和 m_5、m_0 和 m_2、m_0 和 m_8 分别构成相邻最小项区域，将它们圈在一起分别合并成：$\overline{A}\overline{C}D,\overline{A}\overline{B}\overline{D},\overline{B}\overline{C}\overline{D}$ 。注意，其中的 m_0 既跟 m_2 左右相邻，又跟 m_8 上下相邻，在找相邻最小项区域时千万别漏圈。

图 10-10（b）所示的四变量卡诺图中若四个项相邻，则四个项合并，如 m_{12}、m_{13}、m_{14} 和 m_{15} 项合并公因子是 AB。

提醒：四变量卡诺图中四个角也是相邻关系。

2. 卡诺图化简逻辑函数实例

根据上述化简原理，可以归纳出卡诺图化简逻辑函数的一般步骤：

（1）将原函数或真值表移植到卡诺图上，使卡诺图中对应函数最小项的所有小方格都填入“1”，其余小方格填入“0”（简洁起见，“0”可以不填）。

（2）对卡诺图中的“1”方格画相邻区域圈。画圈时要遵循“圈越大，与项所含变量因子越少；圈越小，与项项数越少”的原则，尽可能将每个圈扩展到最大，使之覆盖所有的“1”方格。

例：用卡诺图化简函数 $F(A,B,C)=\bar{A}BC+A\bar{B}C+AB\bar{C}+ABC$。

解：①画出与原始函数 $F(A,B,C)$ 对应的卡诺图。

②用圈将相邻项 m_3 和 m_6 、m_5 和 m_6、m_6 和 m_7 两两圈出。

③将每个圈中的互反变量因子消去，保留共有变量因子，得到化简后的表达式：

$$F(A,B,C)=AB+BC+AC$$

第三节　门电路

开关元件经过适当组合构成的电路，可以实现一定的逻辑关系，这种实现一定逻辑关系的电路称为逻辑门电路，简称门电路。

一、分立元件门电路

（一）与门

1．电路组成

实现与逻辑功能的电路称为与门。与门有两个以上输入端和一个输出端。如图10–11所示是一个由二极管构成的与门电路。图中 A 、B 为与门输入端，F 为与门输出端。

2．工作原理

如果 $V_A=V_B=+3V$，都为高电平，则二极管 D_1、D_2 均导通，设二极管的正向导通压降为 $V_D=0.7V$，则 $V_F=V_A+V_D=3V+0.7V=3.7V$，输出为高电平。

如果 A 、B 中有一个处于高电平，另一个处于低电平，设 $V_A=3V$、$V_B=0V$，，二极管优先 D_2 导通，使 F 点 $V_F=V_B+V_{D2}=0.7V$，二极管 D_1 截止，输出为低电平。同理，$V_A=0V$、$V_B=+3V$ 时，D1 导通，D2 截止，输出也低电平。

如果 $V_A=V_B=0V$，都为低电平，则二极管 D1、D2 均导通，$V_F=V_D=0.7V$，输出为低电平。

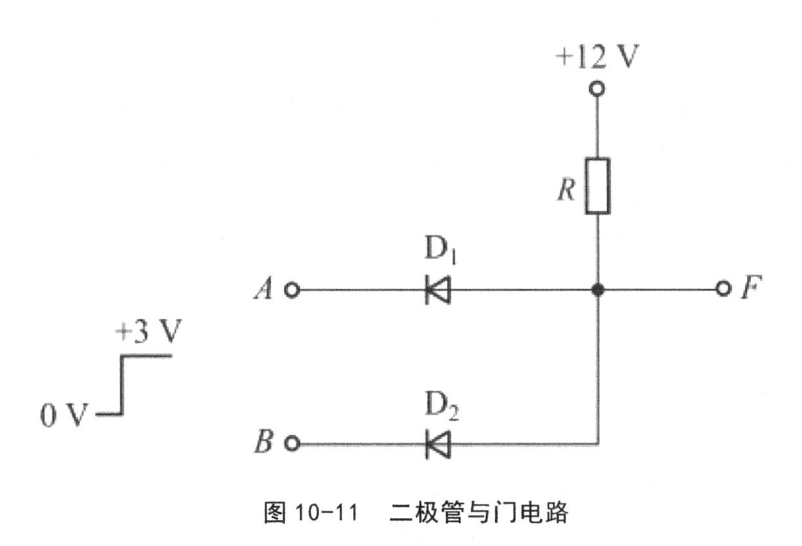

图 10-11　二极管与门电路

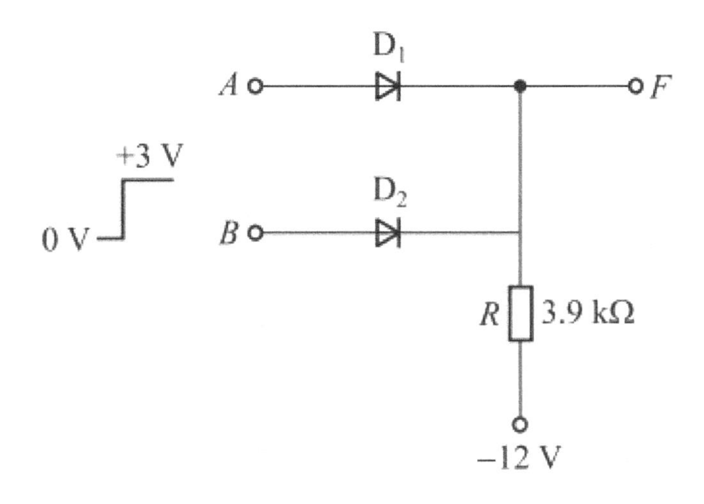

图 10-12　二极管或门电路

（二）或门

1. 电路组成

实现“或”功能的逻辑电路称为或门。或门有两个或两个以上输入端和一个输出端。如图 10-12 所示是一个由二极管构成的或门电路，图中 A、B 为或门的输入端，F 为或门输出端。

2. 工作原理

如果 $V_A=V_B=+3V$，都为高电平，则二极管 D_1、D_2 导通，$V_F=V_A-V_D=3V-0.7V=2.3V$，输出为高电平。

如果 A、B 中有一个处于高电平，另一个处于低电平，设 $V_A=+3V$、$V_B=0V$，二极管 D1 导通，则 $V_F=V_A-V_D=3-0.7=2.3V$，二极管 D2 截止，输出高电平。同理，当 $V_A=0V$、$V_B=+3V$，D_2 导通，D_1 截止，输出也为高电平。

如果 $V_A=V_B=0V$，都为低电平，则二极管 D1、D2 都导通，$V_F=V_A-V_D=0-0.7=-0.7V$，输出为低电平。

（三）非门

1. 电路组成

能实现“非”逻辑功能的电路称为非门，有时也称为反相器或倒相器，图 10-13 所示是一个用双极型三极管构成的非门电路，该电路有一个输入端 A，一个输出端 F。负电源 V_{BB} 的作用是保证输入信号 V_i 为低电平时三极管可靠截止。

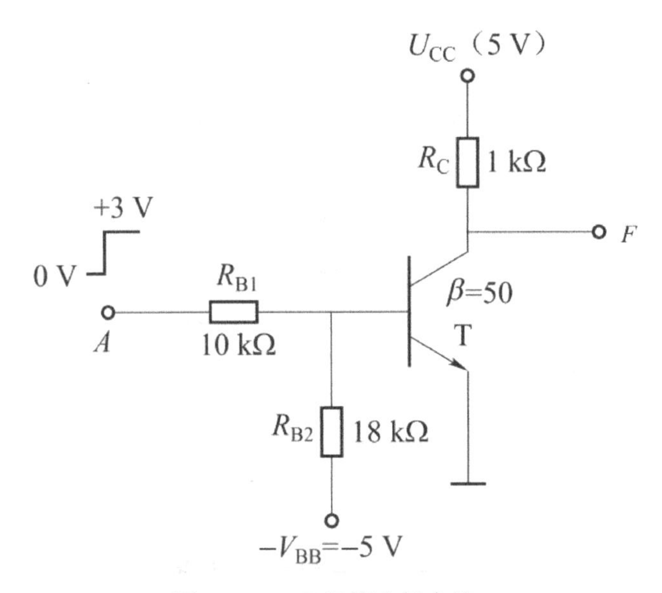

图 10-13　三级管非门电路

2. 工作原理

当接低电平 $V_A=0V$ 时，由电路知基－射极电压 $V_{BE}<0$，三极管 T 发射结处于反偏，所以三极管截止。输出高电平 $V_F=5V$。

当接高电平 $V_A=+3V$ 时，此时基－射极电压 $V_{BE}>0.7V$，使三极管 T 的基极电流 $I_B>I_{BS}$（深度饱和时的基极电流）而饱和导通，输出低电平，$V_F=V_{CES}=0.3V$。

二、集成门电路

数字电路中的各种基本单元电路（逻辑门、触发器等）大量使用的是集成电路。根据制造工艺和工作机制不同，集成数字电路分为双极型（两种载流子）和单极型（一种载流子）电路两大类。TTL 型集成电路是一种双极型单片集成电路。目前应用较多的数字集成电路有 TTL 电路和 CMOS 电路，下面分别予以介绍。

（一）典型 TTL 与非门电路

1. TTL 电路组成

图 10-14（a）所示是 TTL 与非门的典型电路。该电路由输入级、中间级、输出级三部分组成。

输入级由多发射极三极管 T1 和电阻 *R* 构成。它有一个基极、一个集电极和三个发射极，在原理上相当于基极、集电极分别连在一起的三个三极管，其等效电路如图 10-14（b）所示。输入信号通过多发射极三极管实现“与”的作用。

中间级由三极管 T2 和电阻 R_2、R_3 组成中间极，这一级又称为倒相极，即在 T2 管的集电极和发射级同时输出两个相反的信号，能同时控制输出极的 T4、T5 管工作在截然相反的工作状态。

输出极是 T_3、T_4、T_5 管和电阻 R_4、R_5 构成的“推拉式”电路，其中 T_3、T_4 复合管称为达林顿管。当 T_5 导通时，T_3、T_4 管截止；反之，T_5 管截止时，T_3、T_4 管导通。倒相极和输出极等效于逻辑“非”的功能。

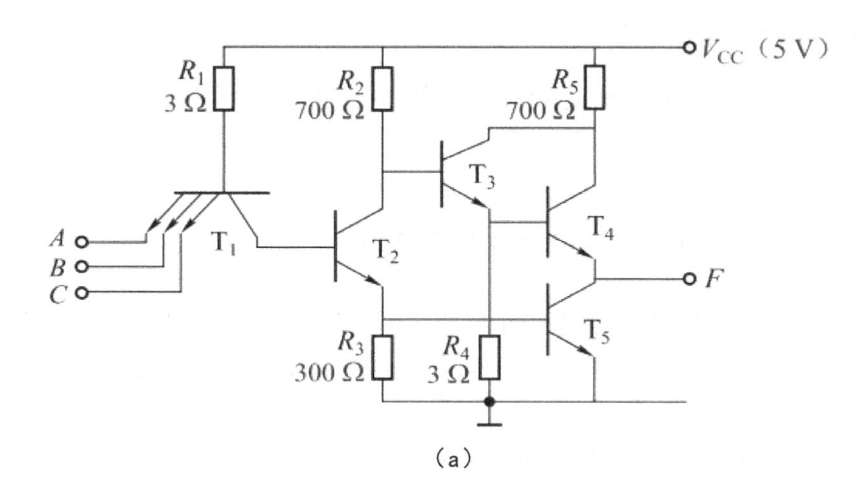

（a）

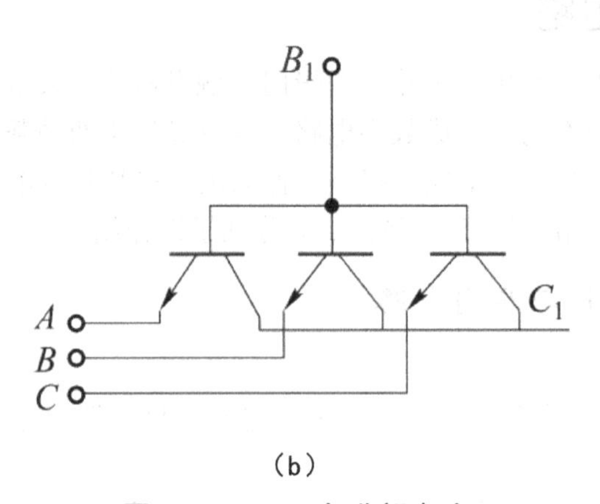

（b）

图 10-14 TTL 与非门电路

（a）TTL 电路；（b）多发射极等效电路

（二）TTL 电路的工作原理

1. 输入全为高电平（3.6V）时的工作情况

电源 V_{CC} 通过 R_1 和 T_1 管的集电极向 T_2 提供基极电流。使 T_2 饱和，从而进一步使 T_5 饱和导通，也即与非门输出呈“0”电平。此时 T_2 集电极电压为：

$$V_{C2}=V_{BE5}+V_{CE2}=0.7V+0.3\ V=1V$$

此时 T_3 微导通、T_4 管必然截止。T_1 管基极电位为：

$$V_{B1}=V_{BC1}+V_{BE2}+V_{BE5}=0.7V+0.7V+0.7V=2.1V$$

T_1 管的发射极电压为：

$$V_{BE1}=V_{B1}-3.6V=2.1V-3.6V=-1.5V<0$$

即 T_1 管处于发射极反偏、集电极正偏的“倒置”放大状态。此时 $I_{B2}=I_{C1}$ 且很大，使 T_2 管进入饱和状态；又由于 $V_{B5}=V_{E2}$，I_{BS} 也很大，使 T_5 管进入深度饱和，r_{ce5} 很小，可允许驱动很大的灌电流负载。

2. 输入有低电平（0.3V）时的工作情况

当 T_1 管发射极中有任一输入为“0”电平（0.3V）时，T_1 管处于深度饱和状态，C–E 间的压降为：$V_{CE1}=V_{CES1}=0.1V$。

此时 T_2 管基极电位为：$V_{B2}=V_{C1}=0.3V+V_{CES1}=0.3V+0.1V=0.4V$

因此，T_2、T_5 管必然截止。由于 T_2 管截止使 V_{C2} 接近 $V_{CC}(+5V)$，可推动 T_3、T_4 管导通，故输出端 F 的电平为：

$$V_F = V_{CC} - V_{BE4} - V_{BE3} = 5V - 0.7V - 0.7V = 3.6V$$

此时，与非门的输出电阻是 T_3、T_4 复合管射极输出器的输出电阻，也很小，可以驱动拉电流。

综上所述，当 T_1 管发射极中有一个输入为“0”时，F 端输出为“1”；当 T_1 管发射极输入全为“1”时，F 端输出为“0”，可见该电路输入、输出之间的逻辑关系为“有0出1，全1出0”，也即实现了与非功能。

在使用TTL电路时要注意输入端悬空问题，当 T_1 管发射极全部悬空时，电源 U_{CC} 仍然通过电阻 R_1 和 T_1 的集电极向T2管提供基极电流，致使 T_2、T_5 管导通，T_3、T_4 管截止，F 端输出为“0”。当 T_1 管发射极中有“0”输入，其余悬空时，则仍由“0”输入的发射极决定，最终 T_2、T_5 管截止，T_3、T_4 管导通，F 端输出为“1”。由此可见，TTL电路输入端悬空相当于接“1”电平。

3. TTL与非门集成电路

图10-15所示是TTL与非门的集成电路的外引线排列图，一片集成电路内的各个逻辑门互相独立，可以单独使用，但共用一根电源地线。常用芯片如74LS00、74LS20等。

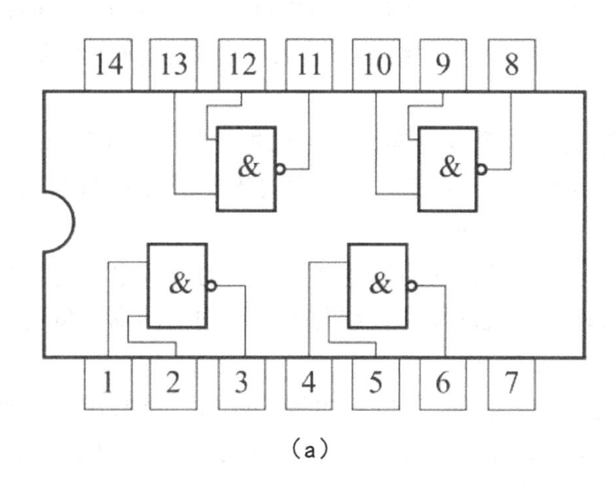

（a）

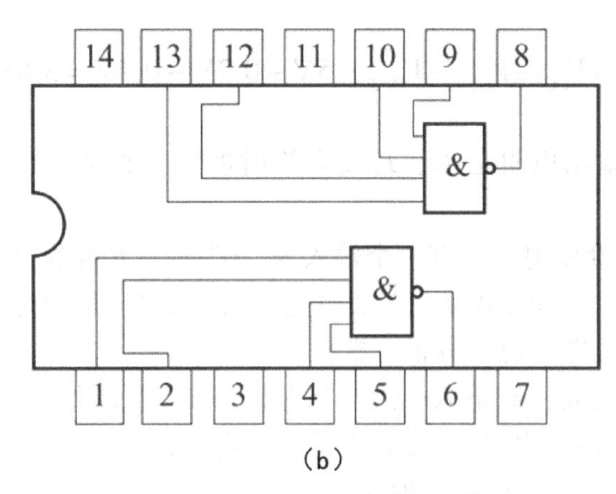

（b）

图 10-15　TTL 与非门的外引线排列

（a）四个二输入的与非门 74LS00；（b）二个四输入的与非门 74LS20

（二）其他类型 TTL 与非门电路

1. 集电极开路门（OC 门）

在逻辑电路中，有时需要对几个门的输出再实现逻辑与，这种将门的输出端直接联在一起实现逻辑与的做法，称为“线与”连接。但是，前面给介绍的典型的 TTL 与非门是不允许线与连接的。

为了使与非门输出端实现线与连接，可以把 TTL 与非门输出级改为三极管集电极开路输出的方式，图 10-16（a）是一个典型的集电极开路与非门电路，简称 OC 门。它的逻辑符号如图 10-16（b）所示。

把 OC 门接成线与形式时，它的集电极是悬空的，输出级的负载采用外接形式。只要这个负载电阻选得适当，就既能保证线与形式下输出的高、低电平，又不致使输出管的电流过大。

当进行线与连接时，几个 OC 门的输出端并联后，可共用一个集电极负载电阻和电源 U_{CC}，如图 10-17 所示，结合图 10-16（a）所示电路可知，只有 F_1，F_2……F_n 均为高电平时，输出端 F 才为高电平，当 F_1，F_2……F_n 有一个为低电平时，F 即为低电平，可知实现了线与连接，即 $F=F_1 \cdot F_2 \cdots F_n$。

OC 门和普通与非门相比功能灵活，可以实现线与连接。所谓线与连接，就是将几个门的输出端连接在一起，构成一个公共输出端，用于完成输出信号的某种逻辑运算。普通不允许进行线与连接。而 OC 门可以实现线与连接

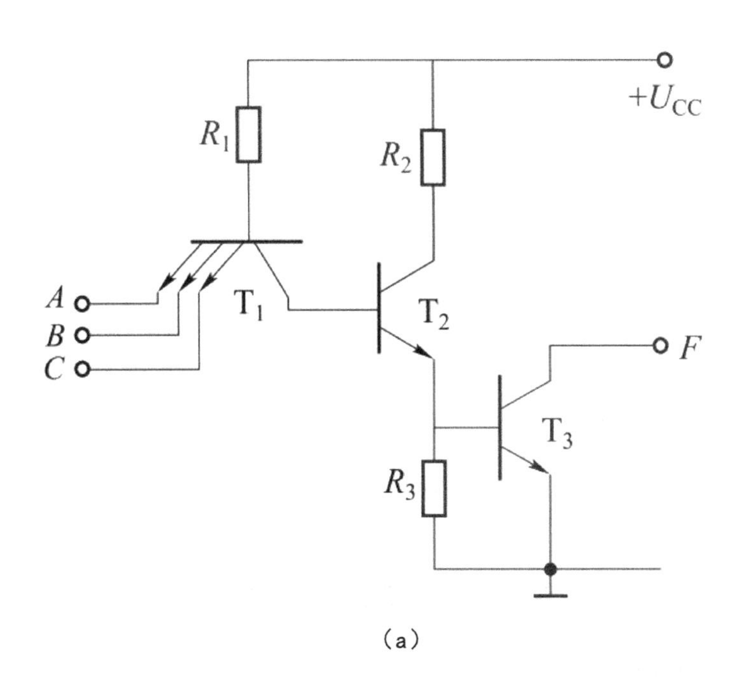

（a）

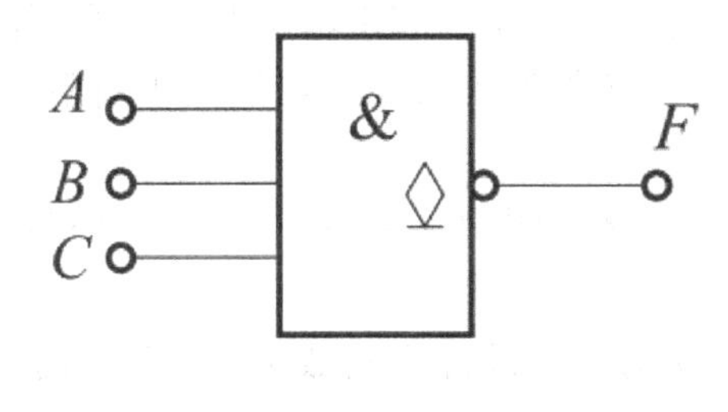

（b）

图 10-16　集电极开路与非门电路

（a）集电极开路与非门；（b）符号

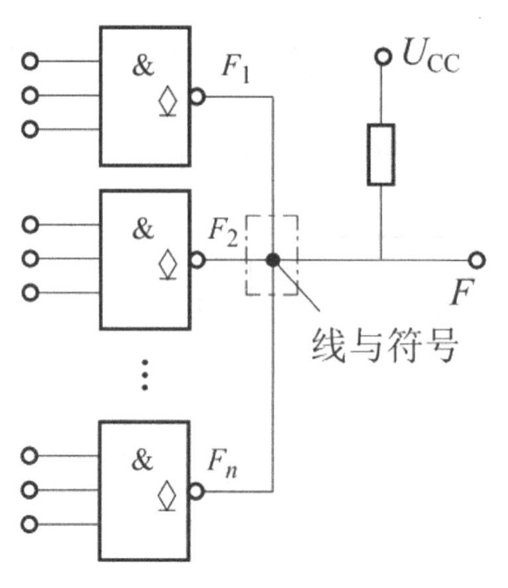

图 10-17　OC 门的线与连接

2. 三态输出门（TSL）

三态输出门是近年来为适应复杂的数字控制系统和计算机系统的需要研制出来的一种新型器件。它的输出，除了通常的逻辑 1 和逻辑 0(即高、低电平)外，还有第三种状态—高阻状态，因而称为三态门，又称为 TSL 门。当门处于高阻状态时，其输出实质上与所连的电路断开。

一个三态输出与非门的电路如图 10-18 所示。该电路实际上是由一个与非门加上一个二极管组成的。

在这个电路中，当 EN=1 时，二极管 D 是截止的，与非门工作不受影响，电路也就呈与非门的工作状态，简称工作态，输出 $F=\overline{AB}$。

当 EN=0 时，T_1 的基极电位被钳制在 0.7V 左右，T_2、T_5 均处于截止状态，电源 U_{cc} 通过电阻 R_2 可使二极管 D 导通，从而又把 T3 的基极电位钳制在 0.7V，进而使 T4 截止。这时，对输出端 F 而言，上、下两个三极管都是截止的，犹如通过了两个极高的电阻分别接到电源和地，从而呈现高阻状态，又称禁止态。

可见，EN 实际上是个控制端。当它接 1 时，电路进入与非门工作状态；当它接 0 时，电路呈现高阻态。因此，常常称 EN 为使能端。

在图 10-18 中，EN=1，电路进入工作态，所以，称该电路是控制端为高电平有效。在使用三态门时，应当注意区分控制端究竟是用高电平，还是用低电平来使之进入工作态的。

在逻辑电路的输出端接上三态门后，就允许多个输出端直接并联，而不需要外接其他电阻，因为在使能端的控制下，只可以有一个门工作，其余的门处于高阻状态。这种接法，主要用在现代计算机内部及与外围设备接口处的总线结构中。

所谓总线，它实际上是一个公共通道，用一根导线同时传送几个不同的信号。依靠三态门使能端的控制，使总线选择接受某一电路的信号，并使其他电路处于与总线切断的状态。采用这种总线结构，可以实现分时轮换传输信号而不会互干扰。

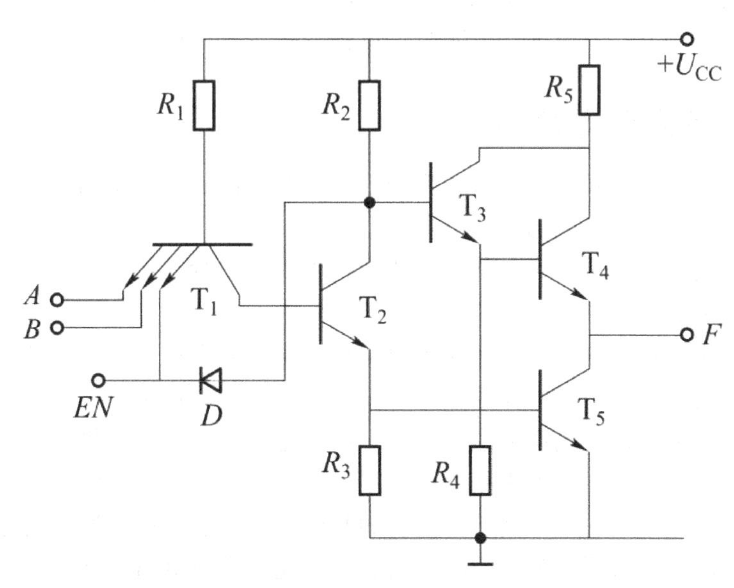

图 10-18　三态输出与非门（TSL 门）

第四节　组合逻辑电路的分析与设计

根据逻辑功能的不同特点，可以将数字电路划分为两大类：一类称为组合逻辑电路（简称组合电路），另一类称为时序逻辑电路（简称时序电路）。

在组合逻辑电路中，任意时刻的输出仅仅取决于该时刻的输入，与电路原来的状态无关，这也就是组合逻辑电路在逻辑功能上的共同特点，同时也决定了在电路结构上，组合电路不包含反馈电路和存储单元，全部是由门电路构成的。

一、组合逻辑电路的分析

分析组合逻辑电路，一般是根据已知的逻辑电路图，求出其逻辑函数表达式或写出其真值表，从而了解并判断它的逻辑功能。有时，分析的目的仅在于验证已知电路的逻辑功能是否正确。

组合逻辑电路分析的步骤是：①根据已知的逻辑电路图，逐级写出逻辑函数表达式。②用公式法或卡诺图法化简函数表达式。③根据化简后的逻辑函数表达式列出真值表。真值表详尽地给出了输入、输出取值关系，它通过逻辑值直观地描述了电路的逻辑功能。④逻辑功能的描述。根据真值表和函数表达式，概括出对电路逻辑功能的文字描述，并对原电路的设计方案进行评定，必要时提出改进意见和改进方案。

以上分析步骤是就一般情况而言的，实际中可根据问题的复杂程度和具体要求对上述步骤进行适当取舍。下面举例说明组合逻辑电路分析的过程。

二、组合逻辑电路的设计

根据给出的实际逻辑问题，求出实现这一逻辑功能的最简单的逻辑电路，这就是设计组合逻辑电路时需要完成的工作。

这里所说的“最简单”，是指电路所用的器件数最少，器件的种类最少，而且器件之间的连线也最少。

组合逻辑电路设计的步骤是：①理解设计要求，并根据设计要求分析所给实际问题的因果关系。将原因（条件）作为输入变量，将结果作为输出函数，并分别以逻辑 1 和逻辑 0 给逻辑变量赋值，然后列出真值表。由于逻辑要求的文字描述一般很难做到全面而确切，往往要靠直觉和经验来获得对文字说明的正确解释，所以正确问题的文字描述是非常重要的，这是建立逻辑问题真值表的基础。真值表是描述逻辑问题的一种重要工具，任何逻辑问题，只要能列出它的真值表，就能把逻辑电路设计出来。然而，建立真值表不是一件容易的事，它要求设计者对所设计的逻辑问题有一个全面的理解，对每一种可能的情况都能作出正确的判断，只要有一种情况判断错了，就是导致整个设计的错误。可见，第一步是关键步。②由真值表写出输出逻辑函数的与或表达式。每一行输入变量间为与逻辑关系，输出的逻辑函数（列）各项为或逻辑关系。③用公式法或卡诺图法化简输出函数表达式。④根据化简后的逻辑函数表达式，画出逻辑电路图。

这里还需要指出一点，在有些情况下，常常只能采用某几种形式的逻辑门进行设计，而不允许自由地采用任何种类的门电路。这时，就需要将化简后的逻辑函数再加以变换，使设计出的电路成为适合实际需要的某种形式。

应当指出，上述设计步骤并不是一成不变的，例如，有的设计要求直接以真值表的形式给出，就可省去逻辑抽象这一步；又如，有的问题逻辑关系比较简单、直观，也可以不经过逻辑真值表而直接写出逻辑函数式来。

第五节　基本组合逻辑部件

实际使用过程中，有些逻辑电路经常、大量地出现在各种数字系统中，这些电路包括编码器、译码器、加法器、选择器、比较器等。为了方便使用，已经把这些逻辑电路制成了中、小规模集成的标准化集成电路产品，下面就分别介绍一下这些器件的工作原理和使用方法。

一、编码器

所谓编码，是将有特定意义的信息（数值、文字或符号等），编成相应的多位二进制代码。用来完成编码工作的电路，称为编码器。例如计算机的输入键盘，就是由编码器组成的，每按下一个键，编码器就将该键的含义转换为一组机器可以识别的二进制代码，用以控制机器的操作。根据实际需要，编码电路有普通编码器、优先编码器等。

（一）普通编码器

对普通编码器来说，每个时刻的输入信号只能是一个，若输入多个时，输出将发生混乱。

以 3 位二进制普通编码器为例，分析一下普通编码器的工作原理。图 10-19 是 3 位二进制编码器的框图，图 10-20 三位二进制编码器的逻辑图，它的输入是 $I_0 \sim I_7$ 8 个高电平信号，输出是 3 位二进制代码 $Y_2Y_1Y_0$。为此，又把它叫做 8 线 -3 线编码器。输出与输入的对应关系由表 10-10 给出。

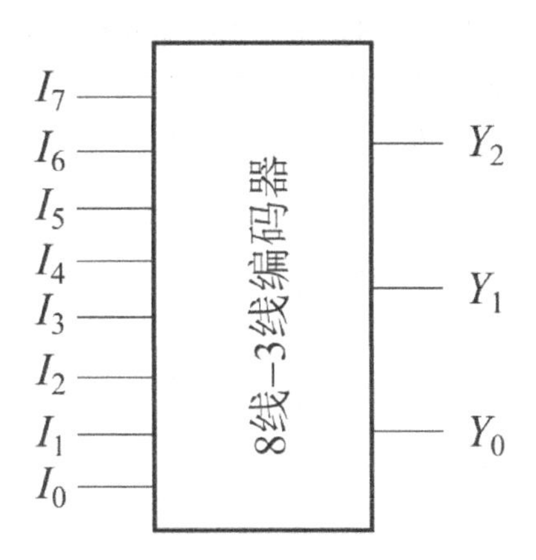

图 10-19　8 线 -3 线编码器框图

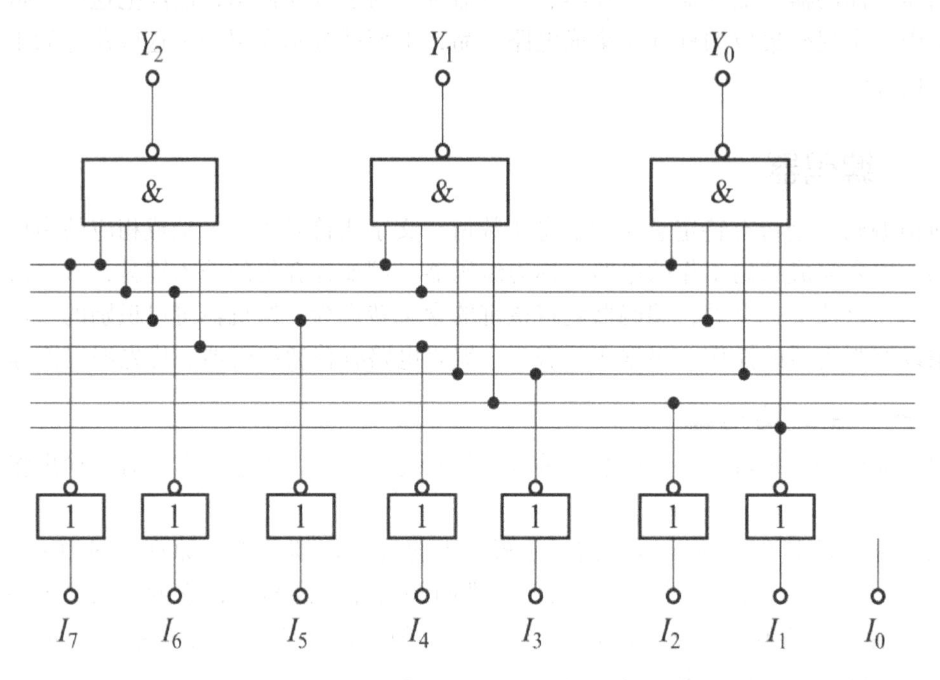

图 10-20　3 位二进制（8 线 -3 线）编码器逻辑图

表 10-10　3 位二进制编码器的真值表

输入								输出		
I_0	I_1	I_2	I_3	I_4	I_5	I_6	I_7	Y_2	Y_1	Y_0
1	0	0	0	0	0	0	0	0	0	0
0	1	0	0	0	0	0	0	0	0	1
0	0	1	0	0	0	0	0	0	1	0
0	0	0	1	0	0	0	0	0	1	1
0	0	0	0	1	0	0	0	1	0	0
0	0	0	0	0	1	0	0	1	0	1
0	0	0	0	0	0	1	0	1	1	0
0	0	0	0	0	0	0	1	1	1	1

（二）优先编码器

1.74LS148 的逻辑符号和管脚功能

在优先编码器中，允许同时输入两个以上信号。不过在设计优先编码器时已经将所有的输入信号按优先顺序排了队，当输入信号同时出现时，只对其中优先级最高的进行编码。以 74LS148 优先编码器为例，为了扩展电路的功能和增加使用的灵活性，在 74LS148 的逻辑电路中附加了控制电路部分。

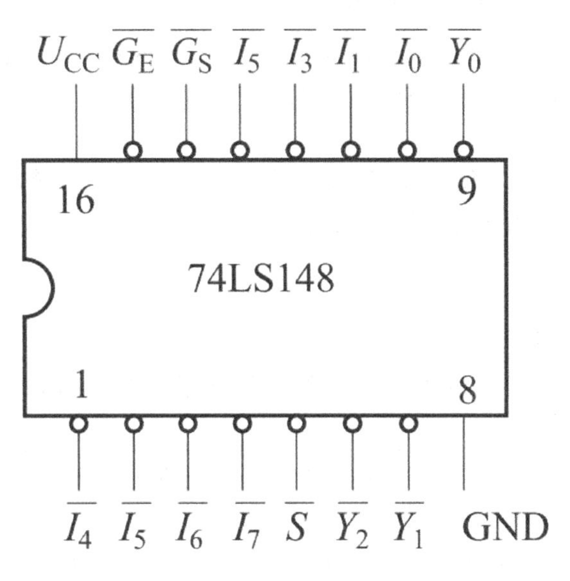

图 10-21　74LS148 管脚图

2. 74LS148 优先编码器功能表

如表 10-11 所示。

表 10-11　74LS148 的功能表

输入									输出				
$\overline{S}$	$\overline{I_0}$	$\overline{I_1}$	$\overline{I_2}$	$\overline{I_3}$	$\overline{I_4}$	$\overline{I_5}$	$\overline{I_6}$	$\overline{I_7}$	$\overline{Y_2}$	$\overline{Y_1}$	$\overline{Y_0}$	$\overline{G_s}$	$\overline{G_E}$
1	x	x	x	x	x	x	x	x	1	1	1	1	1
0	1	1	1	1	1	1	1	1	1	1	1	0	1
0	x	x	x	x	x	x	x	0	0	0	0	1	0
0	x	x	x	x	x	x	0	1	0	0	1	1	0
0	x	x	x	x	x	0	1	1	0	1	0	1	0
0	x	x	x	x	0	1	1	1	0	1	1	1	0
0	x	x	x	0	1	1	1	1	1	0	0	1	0
0	x	x	0	1	1	1	1	1	1	0	1	1	0
0	x	0	1	1	1	1	1	1	1	1	0	1	0
0	0	1	1	1	1	1	1	1	1	1	1	1	0

由表中不难看出，在 $\overline{S}=0$ 电路正常工作状态下，允许 $\overline{I_0}\sim\overline{I_7}$ 当中同时有几个输入端为低电平，即有编码输入信号。$\overline{I_7}$ 的优先级最高，$\overline{I_0}$ 的优先级最低。当 $\overline{I_7}=0$ 时，无论其他输入端有无输入信号，输出端只给出 $\overline{I_7}$ 的编码，即 $\overline{Y_2}\overline{Y_1}\overline{Y_0}$ 输出为 000。当 $\overline{I_7}=1$、$\overline{I_6}=0$ 时，无论其余输入端有无输入信号，只对 $\overline{I_6}$ 编码，$\overline{Y_2}\overline{Y_1}\overline{Y_0}$ 输出为 001。其余的输入状态请读者自行分析。

二、译码器与译码显示电路

译码器又称解码器，译码是编码的相反过程。编码将多位二进制代码赋予特定的含义，译码是将多位二进制代码的原意“翻译”出来。完成译码工作的逻辑电路，称为译码器。

常见的二进制译码有二输入四输出译码器、三输入八输出译码器和四输入十六输出译码器等。以 74LS138 为例介绍这一类电路的功能。

（一）译码器

1. 二进制译码器

图 10-22 给出了线 3-8 线译码器的逻辑图，根据逻辑图可列出 Y 的表达式如下：

$$\overline{Y_0}=\overline{\overline{A_2}\,\overline{A_1}\,\overline{A_0}}=\overline{m_0}\quad Y_1=\overline{\overline{A_2}\,\overline{A_1}A_0}=\overline{m_1}\quad \overline{Y_2}=\overline{\overline{A_2}A_1\overline{A_0}}=\overline{m_2}\quad \overline{\overline{Y_3}}=\overline{\overline{A_2}A_1A_0}=\overline{m_3}$$

$$\overline{Y_4}=\overline{\overline{A_2}A_1A_0}=\overline{m_5}\quad \overline{Y_5}=\overline{A_2\overline{A_1}A_0}=\overline{m_5}\quad \overline{Y_6}=\overline{A_2A_1\overline{A_0}}=\overline{m_6}\quad \overline{Y_7}=\overline{A_2A_1A_0}=\overline{m_7}$$

由此上式可看出，$\bar{Y}_0\sim\bar{Y}_7$ 同时又是 A_2 A_1 A_0 这三个变量的全部最小项的译码输出，所以也把这种译码器叫做最小项译码器。

若考虑逻辑图中的控制信号 $G_1,\overline{G_{2A}},\overline{G_{2B}}$，则可得真值表如表 10-12 所示。

由表 10-12 可知，片选控制端 G_1=0 时，译码器停止译码，输出端全部为高电平（该译码器有效输出电平为低电平）。$G_1=1,\bar{G}_{2A}=\bar{G}_{2B}=1$ 时译码器也不工作，输出端仍为高电平。$G_1=1$，$\bar{G}_{2A}=\bar{G}_{2B}=0$ 时，译码器才开始工作进行译码。

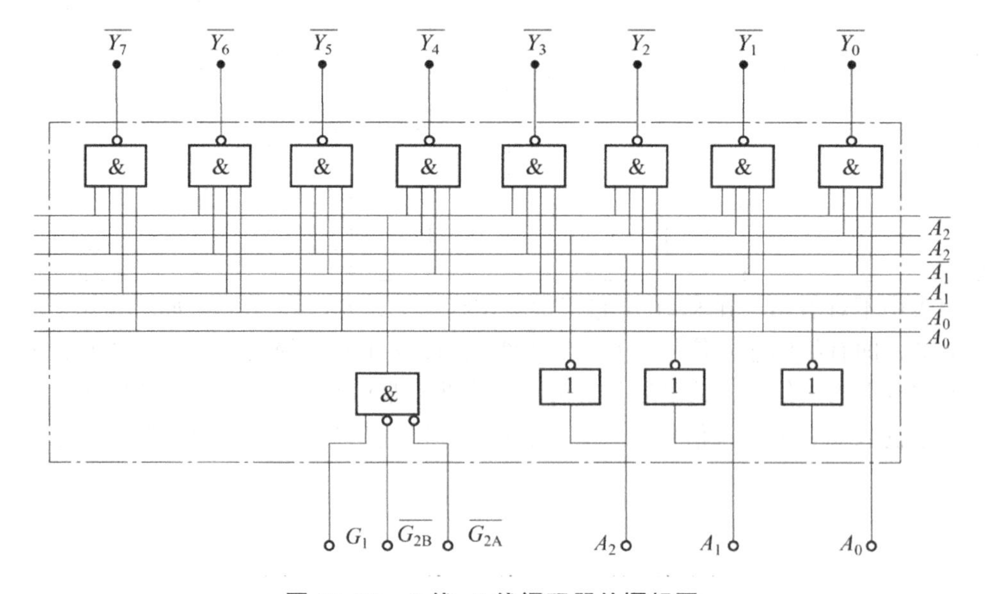

图 10-22 3 线 -8 线译码器的逻辑图

表 10-12　74LS138 真值表

输入					输出							
G_1	$\overline{G}_{2A}+\overline{G}_{2B}$	A_2	A_1	A_0	$\overline{Y}_0$	$\overline{Y}_1$	$\overline{Y}_2$	$\overline{Y}_3$	$\overline{Y}_4$	$\overline{Y}_5$	$\overline{Y}_6$	$\overline{Y}_7$
0					1	1	1	1	1	1	1	1
	1				1	1	1	1	1	1	1	1
1	0	0	0	0	0	1	1	1	1	1	1	1
1	0	0	0	1	1	0	1	1	1	1	1	1
1	0	0	1	0	1	1	0	1	1	1	1	1
1	0	0	1	1	1	1	1	0	1	1	1	1
1	0	0	0	0	1	1	1	1	0	1	1	1
1	0	0	0	1	1	1	1	1	1	0	1	1
1	0	0	1	0	1	1	1	1	1	1	0	1
1	0	0	1	1	1	1	1	1	1	1	1	0

2. 74LS138 的逻辑符号和管脚功能

74LS138 是一个具有 16 个管脚的数字集成电路，除电源、“地”两个端子外，还有 3 个输入端 A_2、A_1、A_0。8 个输出端 $\overline{Y}_7 \sim \overline{Y}_0$，3 个使能端 G_1，$\overline{G}_{2A}$ 和 $\overline{G}_{2B}$，其管脚图和惯用符号如图 10-23 所示。

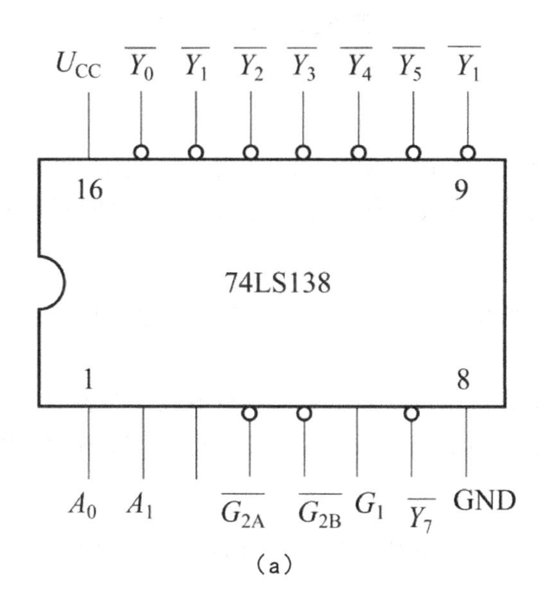

(a)

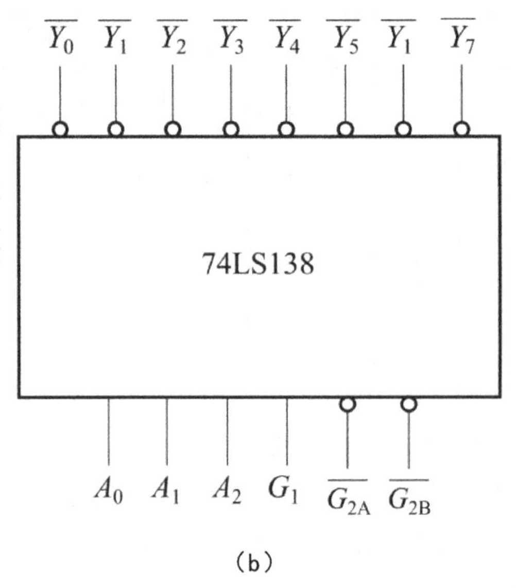

（b）

图 10-23　74LS138 逻辑图与管脚图

（a）管脚图；（b）逻辑符号

三、加法器

两个二进制数之间的算术运算无论是加、减、乘、除，目前在数字计算机中都是化做若干步加法运算进行的。因此，加法器是构成算术运算的基本单元。

（一）半加器

如果不考虑有来自低位的进位，将两个 1 位二进制数相加，称为半加。实现半加运算的电路叫做半加器。

按照二进制加法运算规则可以列出半加器真值表，如表 10-13 所示。其中 A、B 是两个加数，S 是相加的和，C_O 是向高位的进位。将 S，C_O 和 A、B 的关系写成逻辑表达式，则得到：

$$S=\overline{A}B+A\overline{B}=A\oplus B \quad C_O=AB$$

因此，半加器是由一个异或门和一个与门组成的，其逻辑结构图和符号如图 10-24（a）、图 10-24（b）所示。

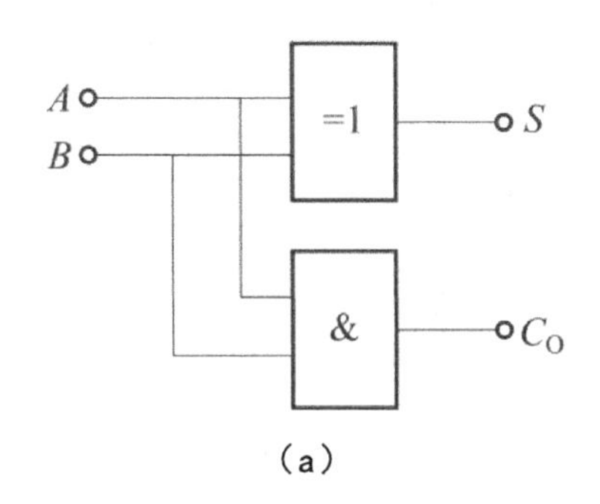

(a)

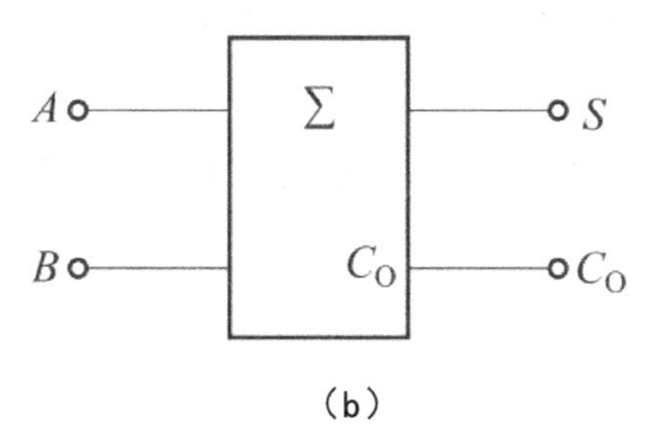

(b)

图 10-24　半加器

(a)逻辑电路图；(b)图符号

表 10-13　半加器真值表

输入	输出	
A　B	S	C_O
0　0	0	0
0　1	1	0
1　0	1	0
1　1	0	1

(二)全加器

在将两个多位二进制数相加时，除了最低位以外，每一位都应该考虑来自低位的进位，即将两个对应位的加数和来自低位的进位 3 个数相加。这种运算叫做全加，所用的电路叫全加器。

设 A_i，B_i 为 2 个 1 位二进制数的被加数和加数，C_{i-1} 表示低位来的进位数，构成了 3 个输入变量。S_i 为相加后的本位和，C_i 为高位的进位数。全加器的真值表 10-14 所示。

表 10-14　全加器真值表

输入	输出	输入	输出
A_i　B_i　C_{i-1}	S_i　C_i	A_i　B_i　C_{i-1}	S_i　C_i
0　0　0	0　0	1　0　0	1　0
0　0　1	1　0	1　0　1	0　1
0　1　0	1　0	1　1　0	0　1
0　1　1	0　1	1　1　1	1　1

由真值表可得其逻辑函数式并化简：

$$S_i=\overline{A}_i\overline{B}_iC_{i-1}+\overline{A}_iB_i\overline{C}_{i-1}+A_i\overline{B}_i\overline{C}_{i-1}+A_iB_iC_{i-1}=\left(\overline{A}_iB_i+A_i\overline{B}_i\right)\overline{C}_{i-1}+\left(\overline{A}_i\overline{B}_i+A_iB_i\right)C_{i-1}$$

$$=\left(A_i\oplus B_i\right)C_{i-1}+\left(\overline{A_i\oplus B_i}\right)C_{i-1}=\left(A_i\oplus B_i\right)\oplus C_{i-1}$$

$$C_i=\overline{A}_iB_iC_{i-1}+A_iB_iC_{i-1}+A_iB_iC_{i-1}+A_iB_iC_{i-1}=\left(A_iB_i+A_iB_i\right)C_{i-1}+A_iB_i$$

$$=\left(A_i\oplus B_i\right)C_{i-1}+A_iB_i$$

参考文献

[1] 李钊年 . 电工电子学 [M]. 北京：北京航空航天大学出版社，2017.08.
[2] 张卫卫，马磊，王美娟 . 电工与电子技术 [M]. 保定：河北大学出版社，2017.06.
[3] 史芸，翟明戈 . 电工电子技术 [M]. 北京：北京理工大学出版社，2017.09.
[4] 董毅主编；张文，霍英杰 . 电工电子技术第 2 版 [M]. 北京：北京邮电大学出版社，2017.11.
[5] 左义军，孙小霞 . 电工电子技术 [M]. 延吉：延边大学出版社，2017.08.
[6] 卢军锋主编; 范凯, 李永琳 . 电工电子技术及应用 [M]. 西安: 西安电子科技大学出版社，2017.02.
[7] 荣红梅 . 电工电子技术 [M]. 北京：北京理工大学出版社，2017.08.
[8] 王赜坤，冯世全，杨阳 . 电工与电子技术 [M]. 成都：电子科技大学出版社，2017.07.
[9] 张云龙，展希才，郭婵 . 电工电子技术 [M]. 北京：北京理工大学出版社，2017.08.
[10] 王智忠主编；杨章勇 . 电工电子学第 2 版 [M]. 西安：西安电子科技大学出版社，2017.12.
[11] 郑火胜，杨可 . 电工与电子技术 [M]. 武汉：华中科技大学出版社，2018.03.
[12] 李英，陈祥光，赫永霞 . 电工电子技术 [M]. 大连：大连海事大学出版社，2018.09.
[13] 宋弘 . 电工电子基础 [M]. 成都：西南交通大学出版社，2018.08.
[14] 崔保记 . 电工电子技术基础教程 [M]. 西安：西北大学出版社，2018.07.
[15] 杨健平，李锦蓉 . 电工电子技术基础与技能 [M]. 北京：国家行政学院出版社，2018.10.
[16] 冯凯主编；轩克辉，谷广超 . 电工电子技术 [M]. 北京：化学工业出版社，2018.03.
[17] 李梅阳 . 实用电工电子技术 [M]. 长沙：中南大学出版社，2018.04.
[18] 姜桂林，洪升，李桂丹 . 电工电子技术 [M]. 沈阳：沈阳出版社，2018.10.
[19] 张树江 . 电工电子技术 [M]. 北京：化学工业出版社，2018.01.
[20] 陈杨，薛小晶，许艳梅 . 电工电子技术 [M]. 长春：吉林科学技术出版社，2018.06.
[21] 孙君曼，方洁 . 电工电子技术 [M]. 北京：北京航空航天大学出版社，2019.08.
[22] 郭宝清 . 电工电子技术基础 [M]. 哈尔滨：哈尔滨工程大学出版社，2019.02.
[23] 谢宇，黄其祥 . 电工电子技术 [M]. 北京：北京理工大学出版社，2019.02.
[24] 牛海霞，李满亮 . 电工电子技术应用 [M]. 北京：机械工业出版社，2019.05.
[25] 范次猛 . 电工电子技术基础 [M]. 北京：北京理工大学出版社，2019.12.

[26] 刘晓惠，辛永哲，侯晓音 . 电工与电子技术基础第 3 版 [M]. 北京：北京理工大学出版社，2019.01.
[27] 陈军，郑莹，管宇 . 电工电子技术 [M]. 北京邮电大学出版社，2019.03.
[28] 胡福云，许会芳 . 电工电子技术 [M]. 延吉：延边大学出版社，2019.09.
[29] 叶文超，张晶，韩东 . 电工电子技术 [M]. 北京：原子能出版社，2019.08.
[30] 杨旭丽，龙光海 . 电工电子技术 [M]. 上海：同济大学出版社，2019.09.
[31] 李艳 . 电工电子技术 [M]. 咸阳：西北农林科技大学出版社，2019.09.